Battran/Linhardt **Brandschutz Kompakt 2026/2027**

Brandschutz Kompakt 2026/2027

Adressen – Bautabellen – Vorschriften

Lutz Battran

Dipl.-Ing. (FH), Berater im Bereich „Vorbeugender Brandschutz“
bei der Versicherungskammer Bayern,
Herausgeber des Brandschutzatlas

Achim Linhardt

Dipl.-Ing. freier Architekt, Fachbuchautor

FeuerTrutz RM Rudolf Müller

Bibliografische Information der Deutschen Nationalbibliothek

Die Deutsche Nationalbibliothek verzeichnet diese Publikation in der Deutschen Nationalbibliografie; detaillierte bibliografische Daten sind im Internet über http://portal.dnb.de abrufbar.

Maßgebend für das Anwenden von Regelwerken, Richtlinien, Merkblättern, Hinweisen, Verordnungen usw. ist deren Fassung mit dem neusten Ausgabedatum, die bei der jeweiligen herausgebenden Institution erhältlich ist. Zitate aus Normen, Merkblättern usw. wurden, unabhängig von ihrem Ausgabedatum, in neuer deutscher Rechtschreibung abgedruckt.

Das vorliegende Werk wurde mit größter Sorgfalt erstellt. Verlag, Herausgeber und Autoren können dennoch für die inhaltliche und technische Fehlerfreiheit, Aktualität und Vollständigkeit des Werkes keine Haftung übernehmen.

Wir freuen uns Ihre Meinung über dieses Fachbuch zu erfahren. Bitte teilen Sie uns Ihre Anregungen, Hinweise oder Fragen per E-Mail: fachmedien.brandschutz@rudolf-mueller.de mit.

Herstellung: Achim Linhardt, Stuttgart
Umschlaggestaltung: Satz + Layout Werkstatt Kluth, Erftstadt
Covergestaltung: Inga Lämmlein Grafikdesign, Rodgau
Druck und Bindearbeiten: Westermann Druck Zwickau GmbH, Zwickau
Printed in Germany

978-3-481-04915-7 (Buch-Ausgabe)
978-3-481-04916-4 (E-Book-Ausgabe als PDF)

FSC
www.fsc.org
MIX
Papier | Fördert gute Waldnutzung
FSC® C110508

Einleitung

Sehr geehrte Leserinnen und Leser,

das hier vorliegende Nachschlagewerk liefert kompakte Infos zu ausgewählten Themen sowie Tabellen aus Normen und Vorschriften zum vorbeugenden Brandschutz. Das handliche Format bietet unterwegs und auf der Baustelle eine schnelle und praxisnahe Arbeitshilfe.

Neben Informationen zu Herstellern und deren Brandschutzprodukten liefert die Arbeitshilfe einen kompakten Überblick über wichtige Musterverordnungen und -richtlinien zum vorbeugenden Brandschutz sowie Informationen zum Brandverhalten von Baustoffen und Bauteilen und weitere zentrale Themen zur Brandschutzplanung.

Bei der Themenwahl wurde bewusst „dem Mut zur Lücke" gefolgt, um Übersichtlichkeit zu bewahren. Hinsichtlich der praktischen Anwendung ist uns Ihre Erfahrung wichtig: Bitte teilen Sie uns mit, wenn Sie Themen vermissen oder Entbehrliches feststellen.

Bei der jährlichen Aktualisierung wird im zweiten Teil des Buches ein neuer Themenschwerpunkt gewählt. Diese Ausgabe widmet sich dem Thema „Fluchtwege in Arbeitsstätten". Dipl.-Wirtsch.-Ing. Daniel Anwander erläutert das Spannungsfeld zwischen Arbeitsschutzrecht und Baurecht und geht dabei auf verschiedene Anforderungen zum vorbeugenden Brandschutz zum Beispiel an Türen in Fluchtwegen, Fluchtweglängen und die Kennzeichnung von Fluchtwegen und Notausgängen ein. Ebenso wird der Umgang mit Abweichungen bei Fluchtwegen in der Planung beleuchtet.

In diesem Sinne wünschen wir allen Anwendern ein erfolgreiches Arbeiten mit der neuen Ausgabe von „Brandschutz Kompakt".

Ihr Team von FeuerTrutz

Inhalt

Teil 1: Adressen

www.brandschutzmarkt.de

Hersteller-, Dienstleister- und Verbandsadressen aus dem vorbeugenden Brandschutz können Sie auch bequem online recherchieren. Unter der Internetadresse www.brandschutzmarkt.de haben Sie Zugriff auf alle Adressen und können sie nach den gewünschten Kriterien filtern.

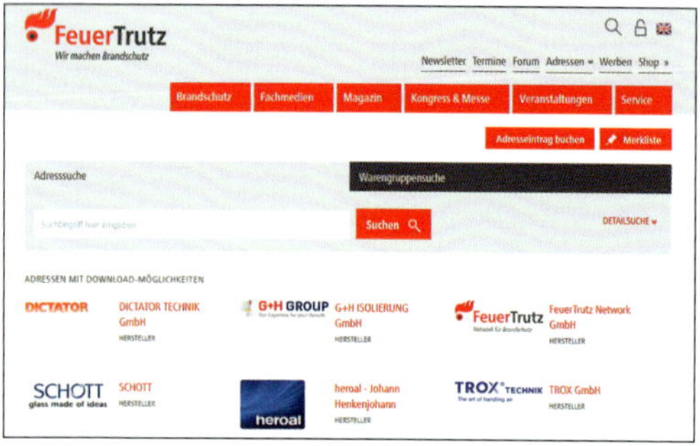

Sie vermissen Ihren Adresseintrag?

Kein Problem. In der nächsten Ausgabe von Brandschutz Kompakt können Sie dabei sein. Die Aufnahme in die Online-Datenbank ist zu jedem beliebigen Zeitpunkt möglich.

Sichern auch Sie sich Ihren Firmeneintrag!

Gerne beraten wir Sie über Ihre Möglichkeiten:

Maren Korr
Leitung Media Sales Consulting
Telefon: +49 (0)221 5497-229
www.feuertrutz.de
m.korr@rudolf-mueller.de

Media-Infos

Weitere Infos zu unseren Werbeangeboten finden Sie online in unseren Media-Infos unter werben.rudolf-mueller.de

Hersteller alphabetisch

Arnold Brandschutzglas Vertriebs GmbH
Kastanienstr. 10
D-09356 St. Egidien
Telefon +49 (0)37204 660-70
brandschutz@arnold-glas.de
www.arnold-glas.de

Atral Security Deutschland GmbH
Eisleber Str. 4
D-69469 Weinheim
Telefon +49 (0)6201 9433040
info.de@daitem.com
www.daitem.com
www.brandwarnanlage.de
Funk-Brandmeldelösungen

BAVARIA Brandschutz Industrie GmbH & Co. KG
Regensburger Str. 16
D-93449 Waldmünchen
Telefon +49 (0)9972 9401-0
Telefax +49 (0)9972 9401-17
info@bavaria-firefighting.de
www.bavaria-firefighting.de

CALANBAU Brandschutzanlagen GmbH
Wenderter Str. 12
D-31157 Sarstedt
Telefon +49 (0)5066 808-0
Telefax +49 (0)5066 808-999
info@calanbau.de
www.calanbau.de

DICTATOR TECHNIK GmbH
Gutenbergstr. 9
D-86356 Neusäß
Telefon +49 (0)821 24673-0
Telefax +49 (0)821 24673-90
www.dictator.de

FireDos GmbH
Auf der Kaulbahn 6
D-61200 Wölfersheim
Telefon +49 (0)6036 9796-0
info@firedos.de
www.firedos.de

FLAMRO

Flamro Brandschutz-Systeme GmbH
Am Sportplatz 2
D-56291 Leiningen
Telefon +49 (0)6746 9410-0
info@flamro.com
www.flamro.com

G+H GROUP
Our Expertise for your Benefit

G+H ISOLIERUNG GmbH
Janderstr. 3
D-68199 Mannheim
Telefon +49 (0)621 502-292
Telefax +49 (0)621 502-599
info@guh-group.com
www.guh-group.com

GFA Fire Protection Solutions

GFA mbH
Zum Wartturm 3
D-63571 Gelnhausen
Telefon +49 (0)6051 486-0
Telefax +49 (0)6051 5604
info@gfa-sprinkler.de
www.gfa-sprinkler.de

GLORIA®
Die Marke für mehr Sicherheit

GLORIA GmbH
Diestedder Str. 39
D-59329 Wadersloh
Telefon +49 (0)2523 79349-900
Telefax +49 (0)2523 79349-93
info@gloria.de
www.gloria.de

GOTTSCHALK
Fire Protection Solutions

Gottschalk Feuerschutzanlagen GmbH
Am Kortenhoop 47
D-32425 Minden
Telefon +49 (0)571 9451-200
Telefax +49 (0)6924 4379817
info@gk-feuerschutz.com
www.gk-feuerschutz.com

GTM Wir produzieren Sicherheit.

GTM Gitterroste + Treppen GmbH
Woorteweg 14
D-46354 Südlohn
Telefon +49 (0)2862 9595-0
Telefax +49 (0)2862 9595-95
info@gtm.de
www.gtm.de

1

heroal - Johann Henkenjohann GmbH & Co. KG
Österwieher Str. 80
D-33415 Verl
Telefon +49 (0)5246 507-0
info@heroal.de
www.heroal.de

IBS Industrie-, Brandschutz & Sicherheit GmbH
Saarbrücker Straße 211
D-66679 Losheim am See
Telefon +49 (0)6872 9224-0
Telefax +49 (0)6872 9224-11
info@ibs-sprinkler.de
www.ibs-sprinkler.de

INDU LIGHT
Produktion & Vertrieb GmbH
Lauterbachstr. 32
D-78586 Deilingen
Telefon +49 (0)7426 5270-0
info@indu-light.de
www.indu-light.de

INOTEC Sicherheitstechnik GmbH
Am Buschgarten 17
D-59469 Ense
Telefon +49 (0)2938 9730-0
Telefax +49 (0)2938 9730-29
info@inotec-licht.de
www.inotec-licht.de

SAINT-GOBAIN ISOVER G+H AG
Bgm.-Grünzweig-Str. 1
D-67059 Ludwigshafen
Telefon +49 (0)621 501-0
info@isover.de
www.isover-ti.de

Kaimann GmbH
Hansastr. 2-5
D-33161 Hövelhof
Telefon +49 (0)5257 9850-0
info.kaimann@saint-gobain.com
www.kaimann.com

KAISER GmbH & Co. KG
Ramsloh 4
D-58579 Schalksmühle
Telefon +49 (0)2355 809-0
Telefax +49 (0)2355 809-21
info@kaiser-elektro.de
www.kaiser-elektro.de

Kolektor Insulation GmbH
Zentrale Fellbach/Stuttgart
Max-Planck-Straße 23
D-70736 Fellbach/Stuttgart
Telefon +49 (0)711 5308-0
Telefax +49 (0)711 5308-149
insulation@kolektor.com
www.kolektor-insulation.com
WhatsApp +49 (0)172 3667768

Franken Maxit Mauermörtel GmbH & Co.
Azendorf 63
D-95359 Kasendorf
Telefon +49 (0)9220 180
info@maxit.de
www.maxit-brandschutz.de

NOHL Brandschutz GmbH
Marienburgstr. 35
D-64297 Darmstadt
Telefon +49 (0)6157 50009-50
Telefax +49 (0)69 244379811
info@nohl-brandschutz.de
www.nohl-brandschutz.de

Nordemann GmbH
Gewerbestr. 2
D-33397 Rietberg-Mastholte
Telefon +49 (0)2944 50900-40
Telefax +49 (0)2944 50900-55
info@nordemann-gmbh.de
www.nordemann-gmbh.de

OBO Bettermann
Vertrieb Deutschland GmbH & Co. KG
Hüingser Ring 52
Postfach 5164
D-58710 Menden
Telefon +49 (0)2373 89-2000
info@obo.de
www.obo.de

Rex Industrie-Produkte
Graf von Rex GmbH
Großaltdorfer Str. 59
D-74541 Vellberg
Telefon +49 (0)7907 9620-0
Telefax +49 (0)7907 9620-80
info@rex-industrie-produkte.de
www.rex-industrie-produkte.de

RM Rudolf Müller Medien
GmbH & Co. KG
Stolberger Straße 84
D-50933 Köln
Telefon +49 (0)221 5497-500
info.feuertrutz@rudolf-mueller.de
www.feuertrutz.de

DEUTSCHE ROCKWOOL
GmbH & Co. KG
Rockwool Str. 37-41
D-45966 Gladbeck
Telefon +49 (0)2043 408-606
www.rockwool.de

Stöbich Brandschutz GmbH
Pracherstieg 6
D-38644 Goslar
Telefon +49 (0)5321 5708-0
Telefax +49 (0)5321 5708-1150
info@stoebich.com
www.stoebich.com

Walraven GmbH
Karl-von-Linde-Str. 22
D-95447 Bayreuth
Telefon +49 (0)921 7560-0
Telefax +49 (0)921 7560-222
info.de@walraven.com
www.walraven.com

Wichmann Brandschutzsysteme
GmbH & Co. KG
Siemensstr. 7
D-57439 Attendorn
Telefon +49 (0)2722 6382-0
Telefax +49 (0)2722 6382-299
info@wichmann.biz
www.wichmann.biz

ZAPP-ZIMMERMANN GmbH
Marconistr. 7-9
D-50769 Köln
Telefon +49 (0)221 97061-700
Telefax +49 (0)221 97061-929
info@z-z.de
www.z-z.de

Sachverständige

Klene – Sachverständigenbüro
Dipl.- Ing. (FH) Matthias Klene
Prüfsachverständiger
Azaleenweg 3
D-49716 Meppen
Telefon +49 (0)5931 9986132
info@sv-klene.de
www.sv-klene.de

Weiterbildung

Akademie der Ingenieure
AkadIng GmbH
Gerhard-Koch-Straße 2
D-73760 Ostfildern
Telefon +49 (0)711 21957590
Telefax +49 (0)711 21957599
info@akading.de
www.akading.de

bo mediaconsult Olav Brunssen
Projekt Constructions-Online.de
Heinrich Renken Str. 18
D-26127 Oldenburg
Telefon +49 (0)441 93924440
Telefax +49 (0)441 93924449
info@bo-mediaconsult.de
www.constructions-online.de

Bildungszentren des
Baugewerbes e. V. (BZB)
Bökendonk 15-17
D-47809 Krefeld
Telefon +49 (0)2151 5155-10
Telefax +49 (0)2151 5155-92
info@bzb.de
www.bzb.de

design security forum AG
Weiherstraße 3
D-63477 Maintal
Telefon +49 (0)6181 906850-0
organisation@design-security-forum.de
www.designsecurityforum.de

Deutsche Ingenieur- und
ArchitektenAkademie e.V. (DIAA)
Edelsbergstraße 8
D-80686 München
Telefon +49 (0)89 570072-24
Telefax +49 (0)89 570072-71
info@dci-seminar-gmbh.de
www.diaa-akademie.de

Donau Universität Krems
Zentrum für Infrastrukturelle
Sicherheit
Dr.-Karl-Dorrek-Straße 30
A-3500 Krems
Telefon +43 (0)2732 893-2394
Telefax +43 (0)2732 893-4304
info@donau-uni.ac.at
www.donau-uni.ac.at/zis

Distance & Independent
Studies Center, TU Kaiserslautern
Erwin-Schrödinger-Straße, Gebäude 57
D-67663 Kaiserslautern
Telefon +49 (0)631 205-4925
Telefax +49 (0)631 205-4940
info@disc-uni-kl.de
www.disc.uni-kl.de

Europäisches Institut für postgraduale Bildung – EIPOS GmbH
Freiberger Str. 37
D-01067 Dresden
Telefon +49 (0)351 404704210
Telefax +49 (0)351 40470490
eipos@eipos.de
www.eipos.de

Haus der Technik e.V. (HDT)
Hollestraße 1
D-45127 Essen
Telefon +49 (0)201 1803-1
Telefax +49 (0)201 1803-269
hdt@hdt.de
www.hdt.de

ift Rosenheim GmbH
Theodor-Gietl-Straße 7-9
D-83026 Rosenheim
Telefon +49 (0)8031 261-0
Telefax +49 (0)8031 261-290
info@ift-rosenheim.de
www.ift-rosenheim.de

Ingenieur-Akademie Hessen GmbH
Abraham-Lincoln-Straße 44
D-65189 Wiesbaden
Telefon +49 (0)611 450438-0
Telefax +49 (0)611 450438-49
info@ingah.de
www.ingah.de

Ingenieurkammer-Bau Nordrhein-Westfalen
Zollhof 2
D-40221 Düsseldorf
Telefon +49 (0)211 13067-0
Telefax +49 (0)211 13067-150
info@ikbaunrw.de
www.ikbaunrw.de

International Security Academy e.V.
Ringstraße 77
D-45527 Hattingen
Telefon +49 (0)1573 5679123
info@isaev.de
www.isaev.de

Management Forum Starnberg GmbH
Maximilianstraße 2b
D-82319 Starnberg
Telefon +49 (0) 8151 2719-0
Telefax +49 (0) 8151 2719-19
info@management-forum.de
www.management-forum.de

Technische Akademie Esslingen Fort- und Weiterbildungszentrum (TA Esslingen)
An der Akademie 5
D-73760 Ostfildern
Telefon +49 (0)711 34008-0
Telefax +49 (0)711 34008-27
info@tae.de
www.tae.de

Technische Akademie Südwest e.V. (TAS)
Mühlstraße 47
D-67659 Kaiserslautern
Telefon +49 (0)631 3724-4720
Telefax +49 (0)631 3724-4474
tas@hs-kl.de
www.tas-kl.de

Technische Akademie Wuppertal e.V. (TAW)
Hubertusallee 18
D-42117 Wuppertal
Telefon +49 (0)202 7495-0
Telefax +49 (0)202 7495-202
webmaster@taw.de
www.taw.de

TÜV SÜD Akademie GmbH (TÜV Süd)
Westendstraße 199
D-80686 München
Telefon +49 (0)89 5791-0
Telefax +49 (0)89 5791-1551
info@tuvsud.de
www.tuvsud.de

Umweltinstitut Offenbach GmbH
Aliceplatz 11
D-63065 Offenbach a. M.
Telefon +49 (0)69 810679
Telefax +49 (0)69 823493
mail@umweltinstitut.de
www.umweltinstitut.de

VDI Wissensforum GmbH
VDI-Platz 1
D-40468 Düsseldorf
Telefon +49 (0)211 62 14-201
Telefax +49 (0)211 62 14-154
wissensforum@vdi.de
www.vdi-wissensforum.de

VdS Schadenverhütung GmbH (VDS)
Amsterdamer Straße 174
D-50735 Köln
Telefon +49 (0)221 7766-0
Telefax +49 (0)221 7766-341
info@vds.de
www.vds.de

Zentrum für akademische Qualifikation und wissenschaftliche Weiterbildung der TH Köln e.V. (ZaQwW)
Gustav-Heinemann-Ufer 54
D-50968 Köln
Telefon +49 (0)221 8275-5112
Telefax +49 (0)221 8275-5150
weiterbildung@th-koeln.de
www.th-koeln.de/zaqww

ZVEI-Services GmbH
Amelia-Mary-Earhart-Str. 12
D-60549 Frankfurt am Main
Telefon +49 (0)69 6302-200
Telefax +49 (0)69 6302-482
zsg@zvei.org
www.zvei-services.de

Verbände/Organisationen

Aktionsgemeinschaft Entrauchung (AGE)
Marientaler Straße 41
D-12359 Berlin
Telefon +49 (0)30 6007126
Telefax +49 (0)30 6007180
info@ age-info.de
www.age-info.de

Arbeitsgemeinschaft der Leiter der Berufsfeuerwehren in der Bundesrepublik Deutschland (AGBF)
Lievelingsweg 112
D-53119 Bonn
Telefon +49 (0)228 717762
Telefax +49 (0)228 717183
feuerwehr@bonn.de
www.agbf.de

Arbeitsgemeinschaft Errichter und Planer im ZVEI e.V.
Amelia-Mary-Earhart-Str. 12
D-60549 Frankfurt am Main
Telefon +49 (0)69 6302-0
Telefax +49 (0)69 6302-317
zvei@zvei.org
www.zvei.org

Arbeitskreis Rauchschutz-Druck-Anlagen (RDA)
Trifte 72
D-32657 Lemgo
Telefon +49 (0)5261 965886
Telefax +49 (0)5261 965866
info@rda-arbeitskreis.de
www.rda-arbeitskreis.de

ARGEBAU (Bauministerkonferenz)
Hiroshimastraße 12-16
D-10785 Berlin
Telefon +49 (0)30 27575-228
Telefax +49 (0)30 27575-293
BMK-Geschaeftsstelle@lv-bund.nrw.de
www.is-argebau.de

bauforumstahl e.V.
Sohnstraße 65
D-40237 Düsseldorf
Telefon +49 (0)211 6707-828
Telefax +49 (0)211 6707-829
zentrale@bauforumstahl.de
www.bauforumstahl.de

Bundesanstalt für Materialforschung und -prüfung (BAM)
Unter den Eichen 87
D-12205 Berlin
Telefon +49 (0)30 8104-0
Telefax +49 (0)30 8104-72222
info@bam.de
www.bam.de

Bundesverband Betrieblicher Brandschutz Werkfeuerwehrverband Deutschland e.V. (WFVD)
c/o Deutscher Feuerwehrverband
Reinhardtstraße 25
D-10117 Berlin
team@wfvd.de
www.wfvd.de

Bundesverband Brandschutz e.V. (Bundesverband BS)
Olivaer Platz 16
D-10707 Berlin
Telefon +49 (0)30 88727466
Telefax +49 (0)30 887274677
info@bv-brandschutz.de
www.bv-brandschutz.de

Bundesverband Brandschutz-Fachbetriebe e.V. (bvbf)
Brunnenstraße 156
D-10115 Berlin
Telefon +49 (0)30 93622861-0
Telefax +49 (0)30 93622861-29
info@bvbf-brandschutz.de
www.bvbf-brandschutz.de

Bundesverband Sicherheitstechnik e.V. (BHE)
Feldstraße 28
D-66904 Brücken
Telefon +49 (0)6386 9214-0
Telefax +49 (0)6386 9214-99
info@bhe.de
www.bhe.de

Bundesverband Technischer Brandschutz e.V. (Bvfa)
Koellikerstraße 13
D-97070 Würzburg
Telefon +49 (0)931 35292-25
Telefax +49 (0)931 35292-29
info@bvfa.de
www.bvfa.de

Deutscher Feuerwehrverband e.V. (DFV)
Reinhardtstraße 25
D-10117 Berlin
Telefon +49 (0)30 2888488-00
Telefax +49 (0)30 2888488-09
info@dfv.org
www.feuerwehrverband.de

Deutsches Institut für Bautechnik (DIBt)
Kolonnenstraße 30B
D-10829 Berlin
Telefon +49 (0)30 78730-0
Telefax +49 (0)30 78730-320
dibt@dibt.de
www.dibt.de

Deutsches Institut für Normung e.V. (DIN)
Am DIN-Platz
Burggrafenstraße 6
D-10787 Berlin
Telefon +49 (0)30 2601-0
Telefax +49 (0)30 2601-1231
info@din.de
www.din.de

Deutsches Institut für vorbeugenden Brandschutz e.V. (DIvB)
Brunnenstr. 156
D-10115 Berlin
Telefon +49 (0)30 25732103
info@divb.org
www.divb.org

Fachverband Tageslicht und Rauchschutz e.V. (FVLR)
Bad Meinberger Straße 1
D-32760 Detmold
Telefon +49 (0)5231 30959-0
Telefax +49 (0)5231 30959-29
info@fvlr.de
www.fvlr.de

Gesellschaft für Materialforschung und Prüfungsanstalt für das Bauwesen Leipzig mbH (MFPA Leipzig)
Hans-Weigel-Straße 2B
D-04319 Leipzig
Telefon +49 (0)341 6582-0
Telefax +49 (0)341 6582-135
kontakt@mfpa-leipzig.de
www.mfpa-leipzig.de

Gütegemeinschaft für Blitzschutzsysteme e.V. (RAL)
Hein-Janssen-Str. 16
D-52070 Aachen
Telefon +49 (0)241 955 99 730
Telefax +49 (0)241 955 99 731
info@ral.blitzschutz.com
https://ral.blitzschutz.com/

hagebau - BRANDSCHUTZ-ALLIANZ hagebau Handelsgesellschaft für Baustoffe mbH & Co. KG
Celler Straße 47
D-29614 Soltau
Telefon +49 (0)5191 802-0
Telefax +49 (0)5191 802-253
brandschutz@hagebau.com
www.hagebau-brandschutzallianz.com

Hauptverband der Deutschen Bauindustrie e.V. – Bundesfachabteilung Wärme-, Kälte-, Schall- und Brandschutz
Kurfürstenstraße 129
D-10785 Berlin
Telefon +49 (0)30 21286-0
Telefax +49 (0)30 21286-240
info@bauindustrie.de
www.bauindustrie.de

Industrieverband Tore Türen Zargen e.V. (ttz)
Neumarktstr. 2B
D-58095 Hagen
Telefon +49 (0)2331 2008-0
Telefax +49 (0)2331 2008-40
info@ttz-online.de
www.ttz-online.de

Informationszentrum Entwässerungstechnik Guss e.V. (IZEG)
Steinriedendamm 15
D-38108 Braunschweig
Telefon +49 (0)176 23345166
info@izeg.de
www.izeg.de

Institut für Schadenverhütung und Schadenforschung der öffentlichen Versicherer e.V. (IFS)
Preetzer Straße 75
D-24143 Kiel
Telefon +49 (0)431 77578-0
Telefax +49 (0)431 77578-99
info@ifs-ev.org
www.ifs-ev.org

Materialprüfanstalt für das Bauwesen (MPA Braunschweig)
Beethovenstraße 52
D-38106 Braunschweig
Telefon +49 (0)531 391-5400
Telefax +49 (0)531 391-5900
info@mpa.tu-bs.de
www.mpa.tu-bs.de

Materialprüfanstalt für das Bauwesen und Produktionstechnik Hannover (MPA Bau Hannover)
Nienburger Straße 3
D-30167 Hannover
Telefon +49 (0)511 762-8708
Telefax +49 (0)511 762-4001
office@mpa-hannover.de
www.mpa-hannover.de

Materialprüfungsamt Nordrhein-Westfalen (MPA NRW)
Marsbruchstraße 186
D-44287 Dortmund
Telefon +49 (0)231 4502-0
Telefax +49 (0)231 4585-49
info@mpanrw.de
www.mpanrw.de

Materialprüfungsanstalt Universität Stuttgart (MPA Stuttgart)
Pfaffenwaldring 32
D-70569 Stuttgart
Telefon +49 (0)711 685-63058
(Bereich Maschinenbau)
Telefon +49 (0)711 685-63323
(Bereich Bauwesen)
Telefax +49 (0)711 685-67779
info@mpa.uni-stuttgart.de
www.mpa.uni-stuttgart.de

Prüfinstitut Hoch
Lerchenweg 1
D-97650 Fladungen
Telefon +49 (0)9778 7480-200
Telefax +49 (0)9778 7480-209
hoch.fladungen@t-online.de
www.brandverhalten.de

TROX GmbH
Heinrich-Trox-Platz
D-47504 Neukirchen-Vluyn
Telefon +49 (0)2845 202-0
Telefax+49 (0)2845 202-265
trox-de@troxgroup.com
www.trox.de

TU München Forschungs- und Versuchslabor für Haustechnik
Karl-Benz-Straße 15
D-85221 Dachau
Telefon +49 (0)8131 333959-0
ernest.berghofer@tum.de
www.arc.ed.tum.de/klima/forschung/forschungslabore/forschungslabor-fu-er-haustechnik/

TU München Holzforschung München (HFM)
Winzererstraße 45
D-80797 München
Telefon +49 (0)89 2180-6420
Telefax +49 (0)89 2180-6429
hfm@tum.de
www.hfm.tum.de

VdS Schadenverhütung GmbH
Amsterdamer Str. 174
D-50735 Köln
Telefon +49 (0)221 7766-0
Telefax +49 (0)221 7766-341
info@vds.de
www.vds.de

Verein der Brandschutzbeauftragten in Deutschland e.V. (Vbbd)
Dahlweg 120a
D-48153 Münster
Telefon +49 (0)251 14981694
office@vbbd.de
www.vbbd.de

Vereinigung zur Förderung des Deutschen Brandschutzes e.V. (Vfdb)
Postfach 4967
D-48028 Münster
Telefon +49 (0)251 3112-1604
Telefax +49 (0)251 3112-1603
geschaeftsstelle@vfdb.de
www.vfdb.de

Verein zur Förderung von Ingenieurmethoden im Brandschutz e.V. (VIB)
Friedrichstraße 10
D-70174 Stuttgart
Telefon +49 (0)711 577355-60
Telefax +49 (0)711 577355-90
gs.stuttgart@vib-brandschutz.de
www.vib-brandschutz.de

Verband Deutscher Maschinen- und Anlagenbau e.V. (VDMA) Fachverband Sicherheitssysteme
Lyoner Straße 18
D-60528 Frankfurt am Main
Telefon +49 (0)69 6603-0
Telefax +49 (0)69 6603-1511
info@vdma.eu
www.vdma.eu

Verband Deutscher Blitzschutzfirmen e.V.
Steinfelder Gasse 9
D-50670 Köln
Telefon +49 (0)221 122869
Telefax +49 (0)221 138639
vdb@blitzschutz.eu
www.blitzschutz.eu

Wirtschaftsverband Brandschutz e.V. (WVB)
Wilhelmstraße 77
D-10117 Berlin
Telefon +49 (0)30 22489079
info@wvb-ev.de

Zentralverband Elektrotechnik- und Elektronikindustrie e.V. (ZVEI) Fachverband Sicherheit
Amelia-Mary-Earhart-Str. 12
D-60549 Frankfurt am Main
Telefon +49 (0)69 6302-0
Telefax +49 (0)69 6302-317
zvei@zvei.org
www.zvei.org/verband/fachverbaende/fachverband-sicherheit

Warengruppen

1

Wandkonstruktionen

DEUTSCHE ROCKWOOL
GmbH & Co. KG
Rockwool Str. 37-41
D-45966 Gladbeck
Telefon +49 (0)2043 408-606
www.rockwool.de

Wärmedämmverbundsysteme

DEUTSCHE ROCKWOOL
GmbH & Co. KG
Rockwool Str. 37-41
D-45966 Gladbeck
Telefon +49 (0)2043 408-606
www.rockwool.de

Fassadenkonstruktionen

heroal - Johann Henkenjohann GmbH & Co. KG
Österwieher Str. 80
D-33415 Verl
Telefon +49 (0)5246 507-0
info@heroal.de
www.heroal.de

Unterdeckenkonstruktionen

G+H GROUP
Our Expertise for your Benefit

G+H ISOLIERUNG GmbH
Janderstr. 3
D-68199 Mannheim
Telefon +49 (0)621 502-292
Telefax +49 (0)621 502-599
info@guh-group.com
www.guh-group.com

1

Türen (FSA und RS)

DICTATOR

DICTATOR TECHNIK GmbH
Gutenbergstr. 9
D-86356 Neusäß
Telefon +49 (0)821 24673-0
Telefax +49 (0)821 24673-90
www.dictator.de

nordemann

Nordemann GmbH
Gewerbestr. 2
D-33397 Rietberg-Mastholte
Telefon +49 (0)2944 50900-40
Telefax +49 (0)2944 50900-55
info@nordemann-gmbh.de
www.nordemann-gmbh.de

heroal

heroal - Johann Henkenjohann GmbH & Co. KG
Österwieher Str. 80
D-33415 Verl
Telefon +49 (0)5246 507-0
info@heroal.de
www.heroal.de

1

Textile Feuer- und Rauchschutzvorhänge

STÖBICH®

Stöbich Brandschutz GmbH
Pracherstieg 6
D-38644 Goslar
Telefon +49 (0)5321 5708-0
Telefax +49 (0)5321 5708-1150
info@stoebich.com
www.stoebich.com

Förderanlagenabschlüsse

STÖBICH®

Stöbich Brandschutz GmbH
Pracherstieg 6
D-38644 Goslar
Telefon +49 (0)5321 5708-0
Telefax +49 (0)5321 5708-1150
info@stoebich.com
www.stoebich.com

Brandschutzgläser

Arnold Brandschutzglas Vertriebs GmbH
Kastanienstr. 10
D-09356 St. Egidien
Telefon +49 (0)37204 660-70
brandschutz@amold-glas.de
www.amold-glas.de

Brandschutzputzsysteme

Franken Maxit Mauermörtel GmbH & Co.
Azendorf 63
D-95359 Kasendorf
Telefon +49 (0)9220 180
info@maxit.de
www.maxit-brandschutz.de

1

Abschottungen/Abdichtungen

ROCKWOOL

DEUTSCHE ROCKWOOL GmbH & Co. KG
Rockwool Str. 37-41
D-45966 Gladbeck
Telefon +49 (0)2043 408-606
www.rockwool.de

ZAPP-ZIMMERMANN
INNOVATIVE BRANDSCHUTZSYSTEME

ZAPP-ZIMMERMANN GmbH
Marconistr. 7-9
D-50769 Köln
Telefon +49 (0)221 97061-700
Telefax +49 (0)221 97061-929
info@z-z.de
www.z-z.de

Kabeldurchführungen

G+H GROUP
Our Expertise for your Benefit

G+H ISOLIERUNG GmbH
Janderstr. 3
D-68199 Mannheim
Telefon +49 (0)621 502-292
Telefax +49 (0)621 502-599
info@guh-group.com
www.guh-group.com

KAISER

KAISER GmbH & Co. KG
Ramsloh 4
D-58579 Schalksmühle
Telefon +49 (0)2355 809-0
Telefax +49 (0)2355 809-21
info@kaiser-elektro.de
www.kaiser-elektro.de

Brandschutzdosen, -gehäuse, -abschottungen

Kabeldurchführungen

FST®-Kombibox®
Die Abschottung.

Kolektor Insulation GmbH
Zentrale Fellbach/Stuttgart
Max-Planck-Straße 23
D-70736 Fellbach/Stuttgart
Telefon +49 (0)711 5308-0
Telefax +49 (0)711 5308-149
insulation@kolektor.com
www.kolektor-insulation.com
WhatsApp +49 (0)172 3667768

WICHMANN
Brandschutzsysteme

Wichmann Brandschutzsysteme GmbH & Co. KG
Siemensstr. 7
D-57439 Attendorn
Telefon +49 (0)2722 6382-0
Telefax +49 (0)2722 6382-299
info@wichmann.biz
www.wichmann.biz

walraven

Walraven GmbH
Karl-von-Linde-Str. 22
D-95447 Bayreuth
Telefon +49 (0)921 7560-0
Telefax +49 (0)921 7560-222
info.de@walraven.com
www.walraven.com

ZAPP-ZIMMERMANN
INNOVATIVE BRANDSCHUTZSYSTEME

ZAPP-ZIMMERMANN GmbH
Marconistr. 7-9
D-50769 Köln
Telefon +49 (0)221 97061-700
Telefax +49 (0)221 97061-929
info@z-z.de
www.z-z.de

1

Rohrdurchführungen

G+H ISOLIERUNG GmbH
Janderstr. 3
D-68199 Mannheim
Telefon +49 (0)621 502-292
Telefax +49 (0)621 502-599
info@guh-group.com
www.guh-group.com

Kaimann GmbH
Hansastr. 2-5
D-33161 Hövelhof
Telefon +49 (0)5257 9850-0
info.kaimann@saint-gobain.com
www.kaimann.com

SAINT-GOBAIN ISOVER G+H AG
Bgm.-Grünzweig-Str. 1
D-67059 Ludwigshafen
Telefon +49 (0)621 501-0
info@isover.de
www.isover-ti.de

Kolektor Insulation GmbH
Zentrale Fellbach/Stuttgart
Max-Planck-Straße 23
D-70736 Fellbach/Stuttgart
Telefon +49 (0)711 5308-0
Telefax +49 (0)711 5308-149
insulation@kolektor.com
www.kolektor-insulation.com
WhatsApp +49 (0)172 3667768

Rohrdurchführungen

walraven

Walraven GmbH
Karl-von-Linde-Str. 22
D-95447 Bayreuth
Telefon +49 (0)921 7560-0
Telefax +49 (0)921 7560-222
info.de@walraven.com
www.walraven.com

ZZ ZAPP-ZIMMERMANN
INNOVATIVE BRANDSCHUTZSYSTEME

ZAPP-ZIMMERMANN GmbH
Marconistr. 7-9
D-50769 Köln
Telefon +49 (0)221 97061-700
Telefax +49 (0)221 97061-929
info@z-z.de
www.z-z.de

1

Kombischottsysteme

FLAMRO®

Flamro Brandschutz-Systeme GmbH
Am Sportplatz 2
D-56291 Leiningen
Telefon +49 (0)6746 9410-0
info@flamro.com
www.flamro.com

FST®-Kombibox®
Die Abschottung.

Kolektor Insulation GmbH
Zentrale Fellbach/Stuttgart
Max-Planck-Straße 23
D-70736 Fellbach/Stuttgart
Telefon +49 (0)711 5308-0
Telefax +49 (0)711 5308-149
insulation@kolektor.com
www.kolektor-insulation.com
WhatsApp +49 (0)172 3667768

WICHMANN
Brandschutzsysteme

Wichmann Brandschutzsysteme GmbH & Co. KG
Siemensstr. 7
D-57439 Attendorn
Telefon +49 (0)2722 6382-0
Telefax +49 (0)2722 6382-299
info@wichmann.biz
www.wichmann.biz

ZZ ZAPP-ZIMMERMANN
INNOVATIVE BRANDSCHUTZSYSTEME

ZAPP-ZIMMERMANN GmbH
Marconistr. 7-9
D-50769 Köln
Telefon +49 (0)221 97061-700
Telefax +49 (0)221 97061-929
info@z-z.de
www.z-z.de

Fugenabdichtungen

G+H GROUP
Our Expertise for your Benefit

G+H ISOLIERUNG GmbH
Janderstr. 3
D-68199 Mannheim
Telefon +49 (0)621 502-292
Telefax +49 (0)621 502-599
info@guh-group.com
www.guh-group.com

ZZ ZAPP-ZIMMERMANN
INNOVATIVE BRANDSCHUTZSYSTEME

ZAPP-ZIMMERMANN GmbH
Marconistr. 7-9
D-50769 Köln
Telefon +49 (0)221 97061-700
Telefax +49 (0)221 97061-929
info@z-z.de
www.z-z.de

REX

Rex Industrie-Produkte
Graf von Rex GmbH
Großaltdorfer Str. 59
D-74541 Vellberg
Telefon +49 (0)7907 9620-0
Telefax +49 (0)7907 9620-80
info@rex-industrie-produkte.de
www.rex-industrie-produkte.de

1

Kabelkanäle

G+H ISOLIERUNG GmbH
Janderstr. 3
D-68199 Mannheim
Telefon +49 (0)621 502-292
Telefax +49 (0)621 502-599
info@guh-group.com
www.guh-group.com

Wichmann Brandschutzsysteme GmbH & Co. KG
Siemensstr. 7
D-57439 Attendorn
Telefon +49 (0)2722 6382-0
Telefax +49 (0)2722 6382-299
info@wichmann.biz
www.wichmann.biz

Brandschutzgehäuse/-schränke

KAISER GmbH & Co. KG
Ramsloh 4
D-58579 Schalksmühle
Telefon +49 (0)2355 809-0
Telefax +49 (0)2355 809-21
Info@kaiser-elektro.de
www.kaiser-elektro.de

Brandschutzdosen, -gehäuse, -abschottungen

Sicherheit für Batteriespeicher

STÖBICH®

Stöbich Brandschutz GmbH
Pracherstieg 6
D-38644 Goslar
Telefon +49 (0)5321 5708-0
Telefax +49 (0)5321 5708-1150
info@stoebich.com
www.stoebich.com

Lüftung/Entrauchung

ROCKWOOL®

DEUTSCHE ROCKWOOL
GmbH & Co. KG
Rockwool Str. 37-41
D-45966 Gladbeck
Telefon +49 (0)2043 408-606
www.rockwool.de

1

Natürliche Rauch-/ Wärmeabzugsanlagen (NRA)

INDU LIGHT

INDU LIGHT
Produktion & Vertrieb GmbH
Lauterbachstr. 32
D-78586 Deilingen
Telefon +49 (0)7426 5270-0
info@indu-light.de
www.indu-light.de

Maschinelle Rauch-/ Wärmeabzugsanlagen (MRA)

INDU LIGHT

INDU LIGHT
Produktion & Vertrieb GmbH
Lauterbachstr. 32
D-78586 Deilingen
Telefon +49 (0)7426 5270-0
info@indu-light.de
www.indu-light.de

Warn-/Meldesysteme

CALANBAU
Fire Protection Solutions

CALANBAU
Brandschutzanlagen GmbH
Wenderter Str. 12
D-31157 Sarstedt
Telefon +49 (0)5066 808-0
Telefax +49 (0)5066 808-999
info@calanbau.de
www.calanbau.de

Stationäre Brandmeldesysteme

DAITEM

Atral Security Deutschland GmbH
Eisleber Str. 4
D-69469 Weinheim
Telefon +49 06201 9433040
info.de@daitem.com
www.daitem.com
www.brandwarnanlage.de

Funk-Brandmeldelösungen

Videobasierte Branderkennung

Stöbich Brandschutz GmbH
Pracherstieg 6
D-38644 Goslar
Telefon +49 (0)5321 5708-0
Telefax +49 (0)5321 5708-1150
info@stoebich.com
www.stoebich.com

Wasserlöschanlagen

CALANBAU
Brandschutzanlagen GmbH
Wenderter Str. 12
D-31157 Sarstedt
Telefon +49 (0)5066 808-0
Telefax +49 (0)5066 808-999
info@calanbau.de
www.calanbau.de

Gaslöschanlagen

GOTTSCHALK
Fire Protection Solutions

Gottschalk
Feuerschutzanlagen GmbH
Am Kortenhoop 47
D-32425 Minden
Telefon +49 (0)571 9451-220
Telefax +49 (0)6924 4379817
info@gk-feuerschutz.com
www.gk-feuerschutz.com

Schaumlöschanlagen

CALANBAU
Fire Protection Solutions

CALANBAU
Brandschutzanlagen GmbH
Wenderter Str. 12
D-31157 Sarstedt
Telefon +49 (0)5066 808-0
Telefax +49 (0)5066 808-999
info@calanbau.de
www.calanbau.de

FireDos®

FireDos GmbH
Auf der Kaulbahn 6
D-61200 Wölfersheim
Telefon +49 (0)6036 9796-0
info@firedos.de
www.firedos.de

1

Löschgeräte

GLORIA
Die Marke für mehr Sicherheit

GLORIA GmbH
Diestedder Str. 39
D-59329 Wadersloh
Telefon +49 02523 79349-900
Telefax +49 02523 79349-93
info@gloria.de
www.gloria.de

Sauerstoffreduzierungsanlagen

WICHMANN
Brandschutzsysteme

Wichmann Brandschutzsysteme GmbH & Co. KG
Siemensstr. 7
D-57439 Attendorn
Telefon +49 (0)2722 6382-0
Telefax +49 (0)2722 6382-299
info@wichmann.biz
www.wichmann.biz

Fluchtleitsysteme

INOTEC Sicherheitstechnik GmbH
Am Buschgarten 17
D-59469 Ense
Telefon +49 (0)2938 9730-0
Telefax +49 (0)2938 9730-29
info@inotec-licht.de
www.inotec-licht.de

Treppen/Ausstiege

GTM Gitterroste + Treppen GmbH
Woorteweg 14
D-46354 Südlohn
Telefon +49 (0)2862 9595-0
Telefax +49 (0)2862 9595-95
info@gtm.de
www.gtm.de

Fachinformationen

FeuerTrutz

RM Rudolf Müller Medien GmbH & Co. KG
Stolberger Straße 84
D-50933 Köln
Telefon +49 (0)221 5497-500
info.feuertrutz@rudolf-mueller.de
www.feuertrutz.de

Fachverlage

FeuerTrutz

RM Rudolf Müller Medien GmbH & Co. KG
Stolberger Straße 84
D-50933 Köln
Telefon +49 (0)221 5497-500
info.feuertrutz@rudolf-mueller.de
www.feuertrutz.de

Teil 2: Fluchtwege in Arbeitsstätten

Dipl.-Wirtsch.-Ing. (FH) Daniel Anwander

2

Fluchtwege in Arbeitsstätten

Das staatliche Arbeitsschutzrecht dient dem Schutz jedes Arbeitnehmers, damit dieser sein Arbeitsleben lang jeden Arbeitstag gesund von der Arbeit nach Hause kommen und bis zum Renteneintritt unversehrt seiner Arbeit nachgehen kann. Aufgrund der Arbeitsstätte können sich weitergehende Anforderungen an Fluchtwege und Notausgänge ergeben, die frühzeitig im Planungsprozess einer Arbeitsstätte zu berücksichtigen sind und die über die bauordnungs-rechtlichen Anforderungen der Länder hinausgehen können. In den beiden Rechtsgebieten Bauordnungsrecht und Arbeitsschutz werden unterschiedliche Begriffe zur Definition von Anforderungen an Wege zur Entfluchtung von Gebäuden verwendet. Nicht nur bei den Begrifflichkeiten, sondern auch an den gesetzlichen Hintergründen ist zu erkennen, dass zwar teilweise dieselben Anforderungen bestehen, der Arbeitsschutz aber meistens weitergehende Anforderungen definiert. Um den Unterschied in der Bewertung von Fluchtwegen gemäß Arbeitsstättenverordnung (ArbStättV) [1] zu erkennen, müssen die Begrifflichkeiten definiert werden, um die einzelnen Vorschriften bzw. technischen Regeln richtig anzuwenden.

Rettungsweg und Fluchtweg

Das Arbeitsstättenrecht spricht nicht wie das Bauordnungsrecht von **Rettungswegen**, sondern von **Fluchtwegen und Notausgängen**. Hier geht es um Fluchtwege sowie Notausgänge für die Beschäftigten und andere Personen, die anwesend sind, um einen möglichen Gefährdungsbereich zu verlassen.

Im Bauordnungsrecht handelt es sich wiederum um den Rettungsweg für Personen im Gebäude und den Angriffsweg für die Feuerwehr im Brandfall.

Festzuhalten ist, dass in diesem Artikel nur die **Belange des Brandschutzes** beleuchtet werden. Fluchtwege in Arbeitsstätten können auch für andere Gefahrenlagen erforderlich sein und sind im Rahmen der Gefährdungsbeurteilung zu betrachten.

Fluchtweg

Der Fluchtweg ermöglicht Beschäftigten, einen möglichen Gefahrenbereich zu verlassen, und zwar über Verkehrswege, an die besondere Anforderungen zu stellen sind. Bei der Betrachtung der Fluchtwege ist außerdem die Anwesenheit von anderen Personen zu berücksichtigen, denn dies kann Auswirkungen insbesondere auf die Fluchtwegbreite haben.

Bauordnungsrechtliche Rettungswege können als Fluchtwege nur angesetzt werden, wenn diese selbstständig begangen werden können. Der Fluchtweg beginnt an allen Orten in der Arbeitsstätte, zu denen Beschäftigte im Rahmen ihrer Arbeit Zugang haben oder sich bei der Nutzung von Neben-, Sanitär-, Kantinen-, Pausen- und Bereitschaftsräumen, Erste-Hilfe-Räumen und Unterkünften aufhalten [2]. Ob neben dem Hauptfluchtweg ein weiterer Nebenfluchtweg erforderlich ist, ergibt sich im Rahmen der Gefährdungsbeurteilung (siehe Punkt 3).

- Hauptfluchtwege (gemäß alter ASR A 2.3 „erster Fluchtweg“) sind insbesondere die zur Flucht erforderlichen Verkehrswege, die nach dem Bauordnungsrecht notwendigen Flure und Treppenräume für notwendige Treppen sowie die Notausgänge.
- Nebenfluchtwege (gemäß alter ASR A 2.3 „zweiter Fluchtweg“) sind zusätzliche Fluchtwege, die ebenfalls ins Freie oder in einen gesicherten Bereich führen.

Notausgang

Ein Notausgang ist ein Ausgang im Verlauf eines Hauptfluchtweges, der auf möglichst kurzem Weg direkt ins Freie oder in einen gesicherten Bereich führt. Hier ist zu berücksichtigen, dass nicht jede Tür im Verlauf eines Fluchtweges ein Notausgang ist. Bei Notausgängen handelt sich ausschließlich um Türen in gesicherte Bereiche und ins Freie. Der „gesicherte Bereich" ist gemäß ASR A2.3 [2] ein Bereich, in dem Personen vorübergehend vor einer unmittelbaren Gefahr für Leben und Gesundheit geschützt sind, z.B. benachbarte Brandabschnitte oder notwendige Treppenräume.

2

Notausgangstüren sind nur Türen, die über einen Ausgang ins Freie verfügen bzw. einen Ausgang in einen gesicherten Bereich haben. Andere Türen im Verlauf eines Fluchtweges können im Rahmen der Gefährdungsbeurteilung bewertet werden. Siehe hierzu auch Kapitel 7.8 Punkt 4 des Brandschutzatlas.

Mit dem Begriff „ins Freie" im Sinne der ArbStättV ist ein Ort außerhalb der baulichen Einrichtungen gemeint, von dem aus die Flucht selbständig in einen Bereich fortgesetzt werden kann, in dem die fluchtauslösende Gefahrensituation nicht wirksam werden kann. Ist z.B. der offene Gang (Fluchtbalkon) an der Außenfassade nicht gegen einen Brandüberschlag durch die angrenzenden Fenster geschützt, gilt dies aus Sicht der zuständigen Behörden in der Regel nicht als „gesicherter Bereich" (Klarstellung zur Auslegung der ArbStättV durch die Kommunale Unfallversicherung Bayern (KUVB)) [3].

Für welche Bereiche sind Fluchtwege erforderlich?

Fluchtwege sind für Gebäude und vergleichbare Einrichtungen erforderlich, zu denen Beschäftigte im Rahmen ihrer Arbeit Zugang haben. Davon ausgeschlossen werden Bereiche in Gebäuden und vergleichbaren Einrichtungen, in denen sich Beschäftigte nur im Fall der Instandhaltung aufhalten müssen.

Bei der Planung von Fluchtwegen ist der Angriffsweg der Feuerwehr nicht zu berücksichtigen.

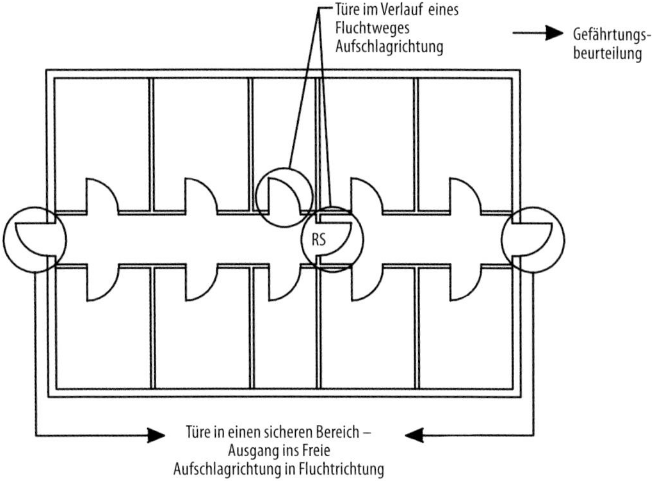

Abbildung 1: Türen in Fluchtwegen

Anforderungen an Türen in Fluchtwegen

Die Aufschlagrichtung von Türen in Fluchtwegen kann im Rahmen der Gefährdungsbeurteilung berücksichtigt werden. Hierzu sind die örtlichen und betrieblichen Verhältnisse vor Ort zu bewerten. Unabhängig von der Gefährdungsbeurteilung müssen manuell betätigte Türen in Notausgängen in Fluchtrichtung aufschlagen. Diese Forderung basiert nicht nur auf der technischen Regel, sondern wird bereits im Anhang zur ArbStättV [1] präzisiert. Daraus resultiert ein Abweichungstatbestand nach § 3a ArbStättV.

Grundsätzlich wird im Rahmen der ASR auf die Einhaltung der technischen Baubestimmungen verwiesen: Muster-Richtlinie über elektrische Verriegelungssysteme von Türen in Rettungswegen (M-EltVTR) [4] sowie Muster-Richtlinien über automatische Schiebetüren in Rettungswege (M-AutschR) [5].

Generell dürfen automatische Türen nicht in Notausgängen eingerichtet und betrieben werden, die ausschließlich für den Notfall konzipiert und nur im Notfall benutzt werden. Manuell betätigte Schiebetüren im Hauptfluchtweg sind grundsätzlich nicht zulässig. Ausgenommen werden Schiebetüren, wenn betrieblich eine Drehflügeltür nicht zum Einsatz kommen kann, z.B. im OP-Bereich. Darüber hinaus werden in der ASR A 2.3 die Anforderungen an kraftbetätigte Tore abschließend beschrieben.

Verschlossene Türen und Tore im Verlauf von Fluchtwegen müssen jederzeit von innen, ohne besondere Hilfsmittel und leicht zu öffnen sein. Dies ist gewährleistet, wenn sie ausgestattet sind

- z.B. mit Panikschloss,
- mit bauordnungsrechtlich zugelassenen elektrischen Verriegelungssystemen gemäß Muster Richtlinie über elektrische Verriegelungssysteme von Türen in Rettungswegen (M-EltVTR) [4].

Solange Personen im Gefahrenfall auf die Nutzung des entsprechenden Fluchtweges angewiesen sind, müssen Türen im Verlauf von Fluchtwegen und Notausstiegen leicht und unmittelbar von jeder Person geöffnet werden können. „Leicht zu öffnen" bedeutet hier, dass die Öffnungseinrichtung gut erkennbar und an zugänglicher Stelle angebracht ist (insbesondere Entriegelungshebel bzw. -knöpfe zur Handbetätigung von automatischen Türen). Die

Betätigungsart muss leicht verständlich und das Öffnen mit nur geringer Kraft möglich sein.

Falls erforderlich, sind Türen von Notausgängen von außen zu kennzeichnen. Der Bereich im Freien bzw. der gesicherte Bereich muss so gestaltet und bemessen sein, dass sich kein Rückstau bilden kann und alle über den Fluchtweg flüchtenden Personen ohne Gefahren aufgenommen werden können, z.B. durch Verkehrswege oder öffentliche Straßen.

Für weitergehende Anforderungen an Türen in Fluchtwegen und besonders an das Erfordernis von Panikbeschlägen wird auf Kapitel 7.8. des Brandschutzatlas verwiesen.

Erfordernis eines Nebenfluchtweges

Die Technischen Regeln für Arbeitsstätten (ASR) fordern für Aufenthaltsräume nicht grundsätzlich einen Nebenfluchtweg. Dieser ist nur erforderlich, wenn die Gefahr besteht, dass der Hauptfluchtweg nicht mehr sicher begehbar ist. Im Rahmen einer Gefährdungsbeurteilung sind die Gefährdungen zu bewerten, um die Anforderungen an einen Nebenfluchtweg zu definieren. Folgende Kriterien können z.B. gemäß ASR A2.3 [2] einen Nebenfluchtweg erforderlich machen:

- der Hauptfluchtweg führt durch Bereiche mit erhöhter Brandgefährdung
- bei einer hohen Anzahl von Personen im Hauptfluchtweg ist eine geordnete Flucht nicht mehr möglich
- bei Produktions- und Lagerräumen oder Werkstätten, deren Grundfläche mehr als 200 m^2 beträgt
- bei sonstigen Arbeitsräumen, deren Grundflächen mehr als 400 m^2 beträgt, z.B. Großraumbüros bzw. Kombibüros (z.B.

Open-Space-Büros, Coworking Spaces)
- entsprechende Anforderungen anderer Rechtsvorschriften, z.B. in Versammlungsstätten, Schulen, Kindertageseinrichtungen

Haupt- und Nebenfluchtwege dürfen auch nach den Vorgaben des Arbeitsstättenrechts über denselben Flur zu verschiedenen Ausgängen führen, sofern der Flur die Anforderungen an einen Hauptfluchtweg erfüllt. Hierbei ist nicht von einem bauordnungsrechtlichen notwendigen Flur die Rede. Im Rahmen der ASR werden keine weitergehenden Anforderungen bzgl. der materiellen Anforderungen an einen Flur definiert. Hieraus ist abzuleiten, dass es sich um einen Flur als Verkehrsweg handeln kann, wie z.B. in einer bauordnungsrechtlichen Verwaltungsnutzung bis 400 m^2.

Die genaue Definition des Hauptfluchtweges sowie des Nebenfluchtweges ist mit Blick auf die Aufschlagrichtung von Türen zwingend zu berücksichtigen. Da der Ausgang eines Nebenfluchtweges nach entsprechendem Ergebnis in der Gefährdungsbeurteilung als Notausstieg ausgeführt werden darf, kann hier z.B. auch die Schwelle einer Terrassentür bzw. eine Aufschlagrichtung nach innen – analog zu einem Fenster – akzeptiert werden.

Der Nebenfluchtweg

Wird im Rahmen der Gefährdungsbeurteilung festgelegt, dass ein Nebenfluchtweg erforderlich ist, kann dieser im Arbeitsstättenrecht nicht über die Rettungsgeräte der Feuerwehr sichergestellt werden: Fluchtwege müssen, unabhängig davon, ob es sich um den ersten oder zweiten Fluchtweg handelt, selbstständig begangen werden können.

An Nebenfluchtwege, die nicht über Hauptfluchtwege führen, sind Erleichterungen zulässig. So darf z.B. der Nebenfluchtweg über Fahrsteige und Fahrtreppen sowie über Steiggänge führen.

Für Treppen gilt, dass Treppen gerade Läufe haben sollen. Ist dies nicht möglich, sind Wendeltreppen gegenüber Spindeltreppen, Spindeltreppen gegenüber Steigleitern und Steigleitern gegenüber Steigeisengängen zu bevorzugen.

Ist ein Nebenfluchtweg erforderlich und kann gemäß Gefährdungsbeurteilung dieser über einen Notausstieg geführt werden, müssen die Abmessungen von Notausstiegen in Wandöffnungen im Lichten über eine Breite von 0,90 m und min. 1,20 m in der Höhe verfügen. Notausstiege in Boden- oder Deckenöffnungen sollen gemäß ASR A2.3 im Lichten mindestens 0,70 m x 0,70 m oder einen lichten Durchmesser von 0,70 m aufweisen.

Fluchtweglängen

Grundsätzlich ist die Länge eines bauordnungsrechtlichen Rettungsweges gleichbedeutend mit der Wegstrecke des Fluchtweges und beginnt an allen Orten in der Arbeitsstätte, zu denen Beschäftigte im Rahmen ihrer Arbeit Zugang haben oder sich bei der Nutzung von Neben-, Sanitär-, Kantinen-, Pausen- und Bereitschaftsräumen, Erste-Hilfe-Räumen und Unterkünften aufhalten.
Die Fluchtweglänge ist die kürzeste Wegstrecke in Luftlinie gemessen vom entferntesten Aufenthaltsort bis zu einem Notausgang. Gemäß ASR A2.3 darf die tatsächliche Laufweglänge nicht mehr als das 1,5-Fache der maximal zulässigen Hauptfluchtweglänge betragen.

In der Tabelle verweist die ASR A2.3 bei den Punkten 1, 2 und 3 explizit auf die bauordnungsrechtlichen Anforderungen der Länder und ihre Erfüllung. Bei der Planung von Industrie- bzw. Gewerbebauten ist auf diese Nutzungen ein besonderes Augenmerk zu legen. Im Rahmen der bauordnungsrechtlichen Prüfung erfolgt nicht zwingend eine Bewertung dieser Räume. Hier ist aus Sicht des Arbeitsschutzes eine Gefährdungsbeurteilung durchzuführen, um die Anforderungen der ASR, aber auch weitergehende rechtliche Anforderungen (z.B. TRGS) zu bewerten und unabhängig des Bauordnungsrechts kürzere Rettungswege zu planen, falls erforderlich. Bei einem entsprechenden Raum mit explosionsgefährlichen Stoffen können sich so bedeutend kürzere Rettungswege ergeben, als sie z.B. im Rahmen der MIndBauRL (bis zu 105 m) zulässig wären.

Tabelle 1: Bemessung der Hauptfluchtweglänge gemäß ASR A2.3 [2]

1. für Räume (ausgenommen Räume nach 2) bis 4))	bis zu 35 m
2. für Räume mit erhöhter Brandgefährdung mit selbsttätigen Feuerlöscheinrichtungen	bis zu 35 m
3. für Räume mit erhöhter Brandgefährdung ohne selbsttätige Feuerlöscheinrichtungen	bis zu 25 m
4. für Räume, in denen eine Gefährdung durch explosionsgefährliche Stoffe besteht	bis zu 10 m

2

Einstufung der Brandgefährdung

Grundsätzlich liegt eine Brandgefährdung vor, wenn entzündbare Stoffe vorhanden sind und die Möglichkeit für eine Brandentstehung vorliegt.

Eine normale Brandgefährdung besteht, wenn z.B.
- die Wahrscheinlichkeit einer Brandentstehung,
- die Geschwindigkeit der Brandausbreitung,
- die dabei freiwerdenden Stoffe und
- die damit verbundene Gefährdung für Personen, Umwelt und Sachwerte

vergleichbar sind mit denen einer Büronutzung (ASR A2.3) [2].

Erhöhte Brandgefährdung liegt vor, wenn z.B.

- Stoffe mit erhöhter Entzündbarkeit vorhanden sind,
- durch betriebliche Verhältnisse große Möglichkeiten für eine Brandentstehung gegeben sind und

- in der Anfangsphase des Brandes mit einer schnellen Brandausbreitung oder Rauchfreisetzung zu rechnen ist (ASR A2.3).

Eine beispielhafte Aufzählung von Betrieben ober Betriebsbereichen mit erhöhter Brandgefahr kann der ASR A2.2 entnommen werden.

Mindestbreite von Hauptfluchtwegen

Die Mindestbreite von Fluchtwegen ergibt sich durch Tabelle 2. Wichtig ist hier, dass neben den Beschäftigten auch andere Personen berücksichtigt werden müssen. Im Unterschied zum Bauordnungsrecht, das eine weitergehende Anforderung an Rettungswegbreiten nur im Bereich des Sonderbaus beinhaltet, kann das Arbeitsstättenrecht für Beschäftigte bedeutend höhere Anforderungen an die Breite eines Fluchtweges stellen. Es unterscheidet hierbei nicht zwischen notwendigen Fluren und sonstigen Verkehrswegen. Für diese Fluchtwege gelten dieselben Anforderungen.

Darüber hinaus werden im Rahmen der ASR A2.3 für mehrgeschossige Gebäuden Erleichterungen bzgl. der Fluchtwegbreiten geschaffen, wenn bestimmte Rahmenbedingungen eingehalten werden.

Grundsätzlich gilt, dass die in der Tabelle dargestellten Rettungswegbreiten auf denen im Fachgutachten ermittelten Erkenntnisse basieren. Da diese Erkenntnisse auf der DIN 18009-2 „Brandschutzingenieurwesen – Teil 2: Räumungssimulationen und Personensicherheit“ [6] aufbauen, kann zur Bewertung und Auslegung der Fluchtwege die Norm herangezogen werden, um Abweichungen mit Unterstützung von ingenieurtechnischen Verfahren zu kompensieren.

Hinweis:
Die Werte der Spalten B und C entsprechend den Anforderungen für die Flucht und berücksichtigen nicht mögliche Auswirkungen durch den Einbau von Türen, z.B. können für Flure durch den Einbau von Türen gegebenenfalls entsprechend größere Breiten erforderlich werden.

Tabelle 2: Lichte Mindestbreiten von Hauptfluchtwegen in Abhängigkeit von der Gesamtzahl der Personen im Einzugsgebiet (Quelle: Tabelle 1 in ASR A2.3 [2])

	A	B	C
Nr.	Anzahl der Personen (Einzugsgebiet)	Lichte Mindestbreiten von Durchgängen und **Türen** im Verlauf von Hauptfluchtwegen, z.B. Türen von Notausgängen (in m)	Lichte Mindestbreiten von **Hauptfluchtwegen** (in m)
1	bis 5	0,80*)	0,90
2	bis 20	0,90	1,00
3	bis 50	0,90	1,20
4	bis 100	1,00	1,20
5	bis 200	1,05	1,20
6	bis 300	1,65	1,80
7	bis 400	2,25	2,40
	Bei Einzugsgebieten von mehr als 200 Personen sind Zwischenwerte der Mindestbreiten (ermittelt durch lineare Interpolation) zulässig. Der Begriff Einzugsgebiet beschreibt einen Bereich, aus dem alle dort anwesenden Personen denselben Hauptfluchtweg nutzen müssen. Dies entspricht z.B. bei mehrgeschossigen Gebäuden der Gesamtanzahl der Personen, die über alle Ebenen (auch als Etagen Geschosse, Stockwerke bezeichnet) demselben Hauptfluchtweg zugeordnet sind, unabhängig davon, ob diese Personen Abschnitte des Hauptfluchtweges im Fluchtfall zeitgleich oder zeitlich versetzt nutzen. *) Hinweis: Bei Neubauten und wesentlichen baulichen Erweiterungen oder Umbauten wird empfohlen, für Einzugsgebiete von bis zu 5 Personen nach Nr. 1 Spalte B eine lichte Mindestbreite von Durchgängen und Türen im Verlauf von Hauptfluchtwegen von 0,90 m einzuhalten, um auch in diesen Bereichen eine barrierefreie Zugänglichkeit zu ermöglichen. Zudem lassen sich auf diesem Wege bauliche Maßnahmen im Sinne der ASR V3a.2„ Barrierefreie Gestaltung von Arbeitsstätten" und in der Folge Umbaukosten vermeiden.		
	Abweichend für **Fluchtwege aus besonderen Bereichen**		Lichte Mindestbreiten (m)
8	Gänge zu persönlich zugewiesenen Arbeitsplätzen		0,6
9	Nebengänge von Lagereinrichtungen für die ausschließliche Be- und Entladung von Hand		0,75
10	Türen von Toilettenzellen und von Toilettenräumen mit nur einer Toilette entsprechend ASR A4.1 „Sanitärräume"		0,55

2

Einengungen von Fluchtwegen

Gemäß Fachgutachten zu Fluchtwegen in Arbeitsstätten – Einfluss von Wegbreite, Treppen, Türen und Einengungen auf die Entfluchtung [7] ist der Einfluss von Einengungen bei horizontalen Fluchtwegen auf die Entfluchtungsrate bei kurzen Einengungen im Rahmen der Werte ASR A2.3 gering: Selbst bei einer kurzzeitigen Einengung von 15 cm (z.B. Türzarge) können keine signifikanten Verzögerungen in der Entfluchtungszeit für die zugelassene Personenzahl der Gangbreite festgestellt werden.

Anders verhält es sich mit der Hindernislänge: Besteht ein Hindernis über eine längere Strecke, reduziert dies die Entfluchtungsrate und führt zu Verzögerungen. Der Einfluss steigt hier linear: Je länger das Hindernis, desto größer der Einfluss [7]. Die Erkenntnisse des Fachgutachtens wurden in der Tabelle 1 der ASR A 2.3 (hier Tabelle 2) entsprechend berücksichtigt, Spalte B zeigt die zulässigen Einengungen in Abhängigkeit der Personenzahl und der lichten Mindestbreiten von Hauptfluchtwegen.

Die lichte Höhe über Fluchtwegen soll 2,10 m betragen, darf aber 2 m nicht unterschreiten. Darüber hinaus sind die lichten Höhen von Türen im Verlauf von Rettungswegen gemäß ASR A2.3 im Rahmen der Planung zu berücksichtigen

Brandlasten im Bereich von Fluchtwegen

Das Arbeitsstättenrecht stellt über das Bauordnungsrecht hinaus keine weitergehenden Anforderungen an Brandlasten im Verlauf von Fluchtwegen. Die Einengung durch Lagerung u.Ä. im Bereich von Fluchtwegen ist nicht zulässig. Fluchtwege sollten so breit wie möglich, aber auch so schmal wie zulässig geplant werden. Eine Lagerung oder anderweitige Nutzung ist dann oft aufgrund der täglichen Nutzung nicht möglich.

Treppen

Im Rahmen des Bauordnungsrechts ist bei der Ausführung von Treppen DIN 18065 [8] als Technische Baubestimmung (TB) heranzuziehen. Sie ermöglicht bei notwendigen Treppen die Ausführung von geraden wie gewendelten Treppenläufen – bei Arbeitsstätten muss jedoch der erste Fluchtweg gemäß ASR über gerade Läufe führen. Gebogene Treppenläufe sind unter gewissen Rahmenbedingungen zulässig [2].

Gefangene Räume

Ein gefangener Raum ist ein Raum, der ausschließlich durch einen anderen Raum betreten oder verlassen werden kann. Der Begriff findet im Bereich des Bauordnungsrechts keine Verwendung. Daher ist im Rahmen der Planung von Arbeitsstätten besonders auf diese Räume zu achten, da weitergehende Anforderungen an selbige gestellt werden. Gerade wenn bauordnungsrechtlich Nutzungseinheiten geplant werden, besteht die Gefahr, dass gefangene Räume entstehen. Die ASR weist explizit darauf hin, dass diese Regelungen für gefangene Räume in Arbeitsstätten gelten, unabhängig von der Größe der in LBOs genannten Nutzungseinheiten.

Gefangene Räume dürfen nur dann als Arbeits-, Bereitschafts-, Liege-, Erste-Hilfe- und Pausenräume genutzt werden, wenn

- die Nutzung lediglich durch eine geringe Anzahl von Personen erfolgt,
- die Alarmierung im Gefahrenfall sichergestellt ist, z.B. durch eine automatische Brandmeldeanlage mit Alarmierung **oder**
- eine Sichtverbindung zum vorgelagerten Raum sichergestellt ist, sofern der gefangene Raum nicht zum Schlafen genutzt wird und im vorgelagerten Raum nicht mehr als eine normale Brandgefährdung vorhanden ist.

Kennzeichnung von Fluchtwegen und Notausgängen

Die Kennzeichnung der Fluchtwege, Notausgänge, Notausstiege und Türen im Verlauf von Fluchtwegen muss entsprechend der ASR A1.3 „Sicherheits- und Gesundheitsschutzkennzeichnung“ [9] erfolgen.

Fluchtwege und Notausgänge müssen in angemessener Form und dauerhaft gekennzeichnet sein.

Folgende Ausführungen können gewählt werden:

- Langnachleuchtende Sicherheitskennzeichnung
- Diese muss mindestens die Anforderungen der Klasse C in DIN 67510-1:2020-05 [10] erfüllen. Die ausreichende Anregung der langnachleuchtenden Materialien ist sicherzustellen.
- Innenbeleuchtete Ausführung der Sicherheitskennzeichnung
- Es handelt sich hierbei um ein Zeichen, das von einer Lichtquelle von innen beleuchtet wird.
- Außenbeleuchtete Ausführung der Sicherheitskennzeichnung
- Es handelt sich hierbei um ein Zeichen, das durch Tageslicht oder durch eine künstliche Lichtquelle von außen beleuchtet wird.

Die Dauer der Erkennbarkeit der Sicherheitszeichen aller Varianten muss bei Ausfall der Allgemeinbeleuchtung auf Grundlage einer Gefährdungsbeurteilung festgelegt werden. Sie muss mindestens 30 Minuten betragen.

Die dauerhafte Kennzeichnung ist deutlich erkennbar und in geeigneter Höhe anzubringen, die Beleuchtung muss am Anbringungsort ausreichend sein. Hierbei ist die Möblierung bzw. der Aufstellort von Maschinen usw. zu berücksichtigen. Die Erkennbarkeit ist gemäß den Vorzugsgrößen der ASR A1.3 sicherzustellen.

Innenbeleuchtete Sicherheitszeichen haben dabei bei gleicher Größe eine höhere Erkennungsweite als außenbeleuchtete bzw. langnachleuchtende Zeichen.

Tabelle 3: Vorzugsgrößen von Fluchtwegkennzeichnungen (nach ASR A1.3 [1])

Erkennungsweite	Schriftzeichen (h)	Rettungszeichen Höhe (a)
5 m	17 mm	50 mm
10 m	34 mm	100 mm
20 m	67 mm	200 mm
30 m	100 mm	300 mm

Sind Fluchtwege in Räumen (z.B. in Einzelbüros mit einer Tür) eindeutig und jederzeit erkennbar, muss keine Kennzeichnung der Fluchtwege vorgenommen werden. Zur Kennzeichnung von Fluchtwegen und Notausgängen siehe auch Kap. 7.9 des Brandschutzatlas.

Sicherheitsbeleuchtung

In den einzelnen Sonderbauvorschriften des Bauordnungsrechts wird teilweise die Ausführung einer Sicherheitsbeleuchtung gefordert, wenn dies aufgrund der Nutzung des Gebäudes grundsätzlich erforderlich ist.

Die Nutzung der Arbeitsstätte und das Ergebnis der Gefährdungsbeurteilung ergeben, ob die Fluchtwege mit einer Sicherheitsbeleuchtung auszurüsten sind, insbesondere wenn bei Ausfall der allgemeinen Beleuchtung das gefahrlose Verlassen der Arbeitsstätte nicht gewährleistet ist.

Die Gefährdungsbeurteilung kann u.a. bei Arbeitsstätten mit folgenden Merkmalen zu dem Ergebnis kommen, dass eine Sicherheitsbeleuchtung erforderlich ist:

- hohe Personenbelegung
- besondere Flächenausdehnung (z.B. Hallen, Großraumbüros, Verkaufsstätten)
- Anwesenheit ortunkundiger Personen
- unübersichtliche Fluchtwegführung

Wesentliche Anforderungen an eine Sicherheitsbeleuchtung gemäß ASR A2.3:

- Die Beleuchtungsstärke der Sicherheitsbeleuchtung für Fluchtwege muss mind. 1 lx mit einer Gleichmäßigkeit (Verhältnis der maximalen zur minimalen Beleuchtungsstärke) weniger als 40:1 betragen. Die Beleuchtungsstärke ist auf der Mittellinie des Fluchtweges in max. 20 cm Höhe über dem Fußboden oder den Treppenstufen zu messen.
- Nach Ausfall der Allgemeinbeleuchtung muss die Sicherheitsbeleuchtung für Fluchtwege 50 % der erforderlichen Beleuchtungsstärke nach Absatz 1 innerhalb von 5 Sek. erreichen; 100 % der erforderlichen Beleuchtungsstärke müssen nach 60 Sek. erreicht werden. Für bereits vorhandene Sicherheitsbeleuchtungsanlagen entfällt die Anforderung nach Satz 1, 100 % der erforderlichen Beleuchtungsstärke müssen dabei nach 15 Sek. erreicht werden. Dies gilt, bis die jeweiligen Bereiche dieser Arbeitsstätten wesentlich erweitert oder umgebaut werden. Die Sicherheitsbeleuchtung für Fluchtwege muss für die Dauer, die für das gefahrlose Verlassen der Arbeitsstätte ins Freie erforderlich ist, jedoch mindestens für einen Zeitraum von 30 Min. nach Ausfall der Allgemeinbeleuchtung die erforderliche Beleuchtungsstärke erbringen.

- In Arbeitsstätten, in denen regelmäßig eine größere Anzahl ortsunkundiger Personen auf einen Fluchtweg angewiesen sein kann, ist mit einem erhöhten Unfallrisiko aufgrund des Ausfalls der Allgemeinbeleuchtung zu rechnen. Im Rahmen der Gefährdungsbeurteilung sind solche Fluchtwege zu ermitteln. Auf diesen Fluchtwegen muss die erforderliche Beleuchtungsstärke der Sicherheitsbeleuchtung innerhalb von 1 Sek. erreicht werden.
- Die Funktion der Sicherheitsbeleuchtung darf durch den Ausfall der allgemeinen Stromversorgung nicht beeinträchtigt werden. Die

Stromversorgung für die Sicherheitsbeleuchtung darf nur dann zusätzlich für andere Zwecke verwendet werden, wenn die Stromversorgung der Sicherheitsbeleuchtung dadurch nicht beeinträchtigt wird.

Die Sicherheitsbeleuchtung ist instand zu halten und in regelmäßigen Abständen auf ihre Funktionsfähigkeit zu prüfen. Die Abstände und der Umfang für die Prüfung sowie die Dokumentationspflicht ergeben sich aus den Herstellerangaben und den anerkannten Regeln der Technik. Festgestellte Mängel sowie Schäden, die die Funktionsfähigkeit beeinträchtigen können, sind unverzüglich sachgerecht zu beseitigen.

Weitere Anforderungen sind der ASR A2.3 [2] sowie Kapitel 6.12.5 des Brandschutzatlas zu entnehmen.

Flucht- und Rettungsplan

Die Forderung nach einem Flucht- und Rettungsplan besteht nicht grundsätzlich in einer Arbeitsstätte. Das Aufstellen eines entsprechenden Plans ist nur dann erforderlich, wenn die Lage, Ausdehnung oder Art der Benutzung der Arbeitsstätte dies erfordern. Für die Bewertung, ob entsprechende Gefahren vorliegen, wird auf Kapitel 12.2 des Brandschutzatlas verwiesen. Der Plan ist an geeigneten Stellen in der Arbeitsstätte auszulegen oder auszuhängen.

Organisatorische Maßnahmen zur Sicherstellung der Fluchtwege

Die Beschäftigten sind vor Arbeitsaufnahme und danach in regelmäßigen Zeitabständen (min. 1 x jährlich) über die bei Nutzung der Fluchtwege und Notausgänge erforderlichen Maßnahmen und die Kennzeichnung sowie über das Verhalten im Gefahrenfall zu unterweisen. Im Rahmen der Unterweisung sind, wenn vorhanden, die Inhalte der Flucht- und Rettungspläne darzustellen und entsprechende Evakuierungsübungen durchzuführen.

Planung von Fluchtwegen in Arbeitsstätten

Ist bei der Planung von Arbeitsstätten die Nutzung bereits klar definiert, ist im Planungsprozess die Gefährdungsbeurteilung durch den Arbeitgeber einzufordern und entsprechend zu berücksichtigen. Kann dies aufgrund fehlender Angaben oder noch nicht bekanntem Arbeitgeber nicht gewährleistet werden, sind die Vorgaben der ArbStättV [1] in Verbindung mit den technischen Regeln einzuhalten. Bauordnungsrechtliche Abweichungen von Rettungswegen bleiben hiervon unberührt und sind immer im Genehmigungsverfahren zu behandeln.

Werden im Rahmen der Bewertung der Fluchtwege weitergehende Anforderungen festgestellt, sollten diese Ergebnisse nicht im Brandschutzkonzept im Rahmen des bauordnungsrechtlichen Verfahrens aufgeführt werden. Durch die Regelungen des Arbeitsstättenrechts besteht bei einer getrennten Betrachtung die Möglichkeit, flexibel auf Veränderungen innerhalb der Arbeitsstätte zu reagieren (Neubewertung im Rahmen der Gefährdungsbeurteilung). Werden die Anforderungen hingegen im Brandschutzkonzept verankert, sind bei Veränderung der Arbeitsstätte auch Anpassungen im bauordnungsrechtlichen Genehmigungsverfahren erforderlich.

Umgang mit Abweichungen bei Fluchtwegen

Im Bereich des Bauordnungsrechtes sind Abweichungen von den bauordnungsrechtlichen Vorschriften grundsätzlich bei der zuständigen Unteren Bauaufsichtsbehörde, in manchen Bundesländern auch beim Prüfsachverständigen bzw. Prüfingenieur für Brandschutz zu beantragen.

Im Arbeitsschutz ist hier zwischen den einzelnen Vorschriften zu differenzieren: Abweichungen von Vorgaben aus der ArbStättV und deren Anhang (z.B. Aufschlagrichtung von manuell betätigten Türen von Notausgängen) sind grundsätzlich durch die zuständige (Gewerbeaufsichts-)Behörde genehmigungspflichtig. Diese kann gemäß § 3a ArbStättV auf schriftlichen Antrag des Arbeitgebers Ausnahmen von den Vorschriften dieser Verordnung einschließlich ihres Anhanges zulassen, wenn

- der Arbeitgeber andere und ebenso wirksame Maßnahmen trifft oder
- die Durchführung der Vorschrift im Einzelfall zu einer unverhältnismäßigen Härte führen würde und die Abweichung mit dem Schutz der Beschäftigten vereinbar ist.

2

Die Beurteilung der Fluchtsituation wird vom Arbeitgeber vorgenommen. Sie stellt einen wesentlichen Bestandteil der Gefährdungsbeurteilung dar. Dabei ist in diesem Rahmen die Leistungsfähigkeit aller anwesenden Mitarbeiter zu berücksichtigen, so dass hier auch individuelle Anforderungen von Einzelpersonen mit einfließen können bzw. bei Bedarf mit einfließen müssen.

Daraus können als Ergebnis der Gefährdungsbeurteilung über das Bauordnungsrecht hinausgehende Maßnahmen erforderlich werden, um das vorhandene Restrisiko für jeden der anwesenden Arbeitnehmer auf ein akzeptables Maß zu senken.

Sollte aufgrund einer Anforderung seitens der Arbeitsstätte einer bauordnungsrechtlichen Vorgabe nicht entsprochen werden können, so bedarf es einer bauordnungsrechtlichen Abweichung. Hier muss unbedingt darauf hingewiesen werden, dass die etwaigen Erleichterungen im Rahmen der Gefährdungsbeurteilung vom Arbeitgeber zu tragen sind. Im Arbeitsschutz gibt es keinen Bestandschutz: Bei einer Änderung des Arbeitgebers kann sich ein Anpassungsverlangen ergeben, siehe Kapitel 5.9 des Brandschutzatlas.

Berücksichtigung der bauordnungsrechtlichen Anforderungen

Grundsätzlich sind beim Einrichten und Betreiben von Fluchtwegen und Notausgängen die bauordnungsrechtlichen Anforderungen an Rettungswege zu beachten. Beide Rettungswege müssen die Anforderungen des

Bauordnungsrechts erfüllen. Hier ergeben sich auch die materiellen Anforderungen an die Ausgestaltung der Rettungswege, die in der ASR A2.3 nicht geregelt werden. Es ist zu berücksichtigen, dass die unterschiedlichen Rechtsgebiete die Anforderungen an die Rettungswege unterschiedlich definieren. Unabhängig davon müssen die Anforderungen des Arbeitsstättenrechts sowie des Bauordnungsrechts erfüllt werden.

Literatur und Quellen

[1] Arbeitsstättenverordnung (ArbStättV) vom 12. August 2004, zuletzt geändert am 22.12.2020
[2] ASR A2.3: Fluchtwege und Notausgänge, Flucht- und Rettungsplan, März 2022
[3] KUVB Bayern: Klarstellung zur Auslegung der ArbStättV, Christine Wunderlich, Juli 2017
[4] Muster-Richtlinie über elektrische Verriegelungssysteme von Türen in Rettungswegen (M-EltVTR), Fassung 1997
[5] Muster-Richtlinien über automatische Schiebetüren in Rettungswege (M-AutschR), Fassung 1997
[6] DIN 18009-2:2022-08: Brandschutzingenieurwesen – Teil 2: Räumungssimulationen und Personensicherheit
[7] Kneidl, A., Könnecke, R, Fachgutachten zu Fluchtwegen in Arbeitsstätten – Einfluss von Wegbreite, Treppen, Türen und Einengungen auf die Entfluchtung, Bundesanstalt für Arbeitsschutz und Arbeitsmedizin, 2020
[8] DIN 18065:2020-08: Gebäudetreppen – Begriffe, Maßregeln, Hauptmaße
[9] ASR A1.3:Sicherheits- und Gesundheitsschutzkennzeichnung, Februar 2013, zuletzt geändert 2017
[10] DIN 67510-1:2020-05: Langnachleuchtende Pigmente und Produkte – Teil 1: Messung und Kennzeichnung beim Hersteller

Teil 3: Tabellen

3

Sicherheitskennzeichnung – Symbole

Brandschutzzeichen nach DIN EN ISO 7010 (2020-07 und A1 bis A6:2023-06)

Symbol	Beschreibung	Symbol	Beschreibung
	F001 Feuerlöscher *		F010 Tragbare Schaumlösch-Einheit
	F002 Löschschlauch *		F011 Wassernebelrohr
	F003 Feuerleiter *		F012 Fest eingebaute Feuerlösch-Einrichtung
	F004 Mittel und Geräte zur Brandbekämpfung *		F013 Fest eingebaute Feuerlösch-Flasche
	F005 Brandmelder *		F014 Auslösestation für Raumschutz
	F006 Brandmeldetelefon *		F015 Feuerlöschmonitor
	F007 Brandschutztür		F016 Löschdecke
	F008 Fest eingebaute Feuerlöschmittel-Batterie		F017 Feuerwehraufzug
	F009 Fahrbarer Feuerlöscher		F018 Brandalarm Blitzleuchte

* Symbol ist in ASR A1.3 (2013-02, zuletzt geändert 2022-03) enthalten.

Brandschutzzeichen nach DIN EN ISO 7010 (Fortsetzung)

Symbol	Beschreibung	Symbol	Beschreibung
	F019 Löschschlauch, nicht angeschlossen		
	Rettungsweg (nach DIN ISO 23601)		Standort

Verbotszeichen nach DIN EN ISO 7010

Symbol	Beschreibung	Symbol	Beschreibung
	P002 Rauchen verboten *		P016 Mit Wasser spritzen verboten *
	P003 Keine offene Flamme; Feuer, offene Zündquelle und Rauchen verboten *		P020 Aufzug im Brandfall nicht benutzen *
	D-P006 Zutritt für Unbefugte verboten *		P023 Abstellen oder Lagern verboten *
	P011 Mit Wasser löschen verboten *		P073 Deckel nicht schließen, wenn die Brenner im Betrieb sind
	P013 Eingeschaltete Mobiltelefone verboten *		

* Symbol ist in ASR A1.3 (2013-02, letzte Aktualisierung 2022-03) enthalten.

Rettungszeichen nach DIN EN ISO 7010

Symbol	Beschreibung	Symbol	Beschreibung
	E001 Notausgang links * (Verwendung nur in Verbindung mit Richtungspfeil)		E011 Augenspüleinrichtung *
	E002 Notausgang rechts * (Verwendung nur in Verbindung mit Richtungspfeil)		E012 Notdusche *
	E003 Erste Hilfe *		E013 Krankentrage *
	E004 Notruftelefon *		E014 Erkennungssystem für Vorhandensein/Orientierung eines Kindersitzes (en: CPOD)
	Richtungspfeil links/rechts (darf nur als Zusatzzeichen verwendet werden) *		E015 Trinkwasser
	Richtungspfeil diagonal (darf nur als Zusatzzeichen verwendet werden) *		E016 Notausstieg mit Fluchtleiter *
	E007 Sammelstelle *		E018 Öffnung durch Linksdrehung
	E008 Notausgangsvorrichtung		E019 Öffnung durch Rechtsdrehung
	E009 Arzt *		E020 Not-Halt-Knopf
	E010 Automatisierter externer Defibrillator *		E022 Tür öffnet durch Drücken an der linken Seite

Rettungszeichen nach DIN EN ISO 7010 (Fortsetzung)

Symbol	Beschreibung	Symbol	Beschreibung
	E023 Tür öffnet durch Drücken an der rechten Seite		E057 Tür öffnet durch Ziehen auf der linken Seite
	E024 Vorläufige Evakuierungsstelle		E058 Tür öffnet durch Ziehen auf der rechten Seite
	E025 Nothammer		E059 Fluchtleiter
	E026 Notausgang für nicht-gehfähige oder gehbeeinträchtigte Personen (links)		E060 Rettungsstuhl
	E027 Medizinischer Notfallkoffer		E064 Ersthelfer
	E028 Wiederbelebungsgerät		E067 Evakuierungsmatratze
	E029 Fluchtretter		E068 Rettungsring mit Licht und Rauch
	E030 Notausgang für nicht-gehfähige oder gehbeeinträchtigte Personen (rechts)		E069 Person-über-Bord-Melder
	E033 Schiebetür öffnet nach rechts *		E070 Rettungsaufzug für nicht-gehfähige oder gehbeeinträchtigte Personen
	E034 Schiebetür öffnet nach links *		Notausstieg * (aus DIN 4844-2:2021-11)

* Symbol ist in ASR A1.3 (2013-02, letzte Aktualisierung 2022-03) enthalten.

Feuerwehrplansymbole nach DIN 14034-6 (2024-06)

Symbol	Lfd.Nr. + Bedeutung	Symbol	Lfd.Nr. + Bedeutung
	1 Brandschutzrollladen 1, 2)		11 Feuerschutztür 1, 2, 4, 5)
	2 Feuerschutzvorhang 1) (Feuerwiderstandsklasse hier z.B. 60)		12 Feuerschutzschiebetor 1, 2, 4, 5)
	3 Feuerwehr-Aufzug		13 Rauchschutztür 6)
	4 Rauch- und Wärme-abzugseinrichtung		14 F-Verglasung 1, 5)
	5 Zuluftöffnung manuell für Rauch- und Wärmeabzugseinrichtung		15 G-Verglasung 1, 5)
	6 mechanische Entrauchung 3)	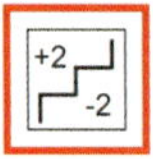	16 Treppenraum; mit brandschutztechnisch bemessener baulicher Abtrennung, erreichbare Geschosse
	7 Brandwand	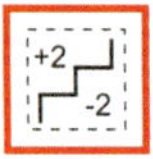	17 Treppenraum wie 16; ohne brandschutztechnisch bemessener baulicher Abtrennung
	8 Komplextrennwand	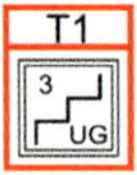	18 Sicherheitstreppenraum, erreichbare Geschosse (Bsp. Treppenraum T1)
	9 Geschossdecke mit Durchbruch		19 Anleiterstelle
	10 Gebäude mit weicher Bedachung		20 Fluchttunnel

Feuerwehrplansymbole nach DIN 14034-6 (Fortsetzung)

Symbol	Lfd.Nr. + Bedeutung
	21 Information für die Feuerwehr [7)]
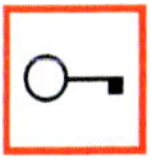	22 Feuerwehrschließung (nur i.V.m. lfd. Nr. 72 bis 75)
BMZ	23 Brandmeldezentrale [8)]
FAT	24 Feuerwehr-Anzeigetableau
FSD	25 Feuerwehr-Schlüsseldepot
FBF	26 Feuerwehr-Bedienfeld
	27 Feuerwehr-Gebäudefunkbedienfeld
	28 Feuerwehr-Blitzleuchte [9)] (dient dem Auffinden des Feuerwehr-Schlüsseldepots)
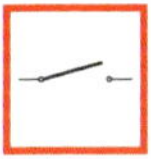	29 Hauptschalter (sollte mit textlicher Ergänzung näher erläutert werden)
FSE	30 Freischaltelement
	31 Feuerwehr-Stromversorgung
	32 Erdungseinrichtung
	33 Feuerwehr-Einsprechstelle

3

Feuerwehrplansymbole nach DIN 14034-6 (Fortsetzung)

Symbol	Lfd.Nr. + Bedeutung	Symbol	Lfd.Nr. + Bedeutung
	34 Löschwasserteich [10] (m^3-Angabe beispielhaft)		44 Unterflurhydrant [12]
	35 Löschwasserbrunnen [11]		45 Überflurhydrant [12]
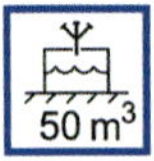	36 Löschwasserbehälter, überirdisch [10] (m^3-Angabe beispielhaft)		46 Schlauchanschlussventil trocken [13]
	37 Löschwasserbehälter, unterirdisch [10] (m^3-Angabe beispielhaft)		47 Schlauchanschlussventil nass [13]
	38 Saugstelle für Löschmittel		48 Wandhydrant Typ F
	39 Wasser-Staueinrichtung, vorbereitet		49 Löschwasser-Einspeise-einrichtung [13]
	40 Oberflächenwasser-Schacht		50 Löschwasser-Pumpe, Bedienstelle
	41 Oberflächenwasser-Einlauf		51 Löschwasser-Druckerhöhungspumpe, Bedienstelle
	42 Löschwasser-Sauganschluss, unterflur		52 Sprinkleranlage
	43 Löschwasser-Sauganschluss, überflur		53 Sprinklerzentrale

Feuerwehrplansymbole nach DIN 14034-6 (Fortsetzung)

Symbol	Lfd.Nr. + Bedeutung	Symbol	Lfd.Nr. + Bedeutung
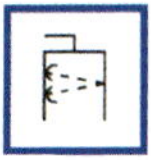	54 Pulverlöschanlage		64 Schmutz-/ Mischwasserschacht
	55 Gaslöschanlage		65 Löschwasserrückhaltung
	56 Gaslöschzentrale		66 Verschluss/Abdeckung Oberflächenwasser-Einlauf
	57 Schaumlöschanlage	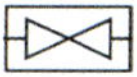	67 Absperreinrichtung, Rohrleitung
	58 Schaumlöschanlage, Einspeisung		68 Hinweis auf Gashaupthahn [14]
	59 Sprühflutanlage		69 Hinweis auf Wasserhaupthahn [14]
	60 Berieselungsanlage		70 Photovoltaikanlage [15]
	61 Sauerstoffreduktionsanlage	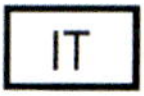	71 Informationstechnologie hardwarebasiert
	62 Stationärer Werfer (Monitor)		72 Gebäudehaupteingang
	63 Löschmittelvorrat, Inhalt und Bezeichnung (Bsp. 200 L AFFF)		73 Gebäudenebeneingang

3

Feuerwehrplansymbole nach DIN 14034-6 (Fortsetzung)

Symbol	Lfd.Nr. + Bedeutung	Symbol	Lfd.Nr. + Bedeutung
	74 Feuerwehr-Hauptzufahrt		79 Aufzug, erreichbare Geschosse
	75 Feuerwehr-Nebenzufahrt	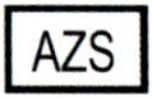	80 Aufzugssteuerung

Zusatzfeld, darf an Symbole in gleicher Breite und Farbe für bauliche Einrichtungen angefügt werden, für

- zusätzliche Informationen/Kennzeichnungen (oberhalb des Hauptsymbols)
- Klassifizierungen oder Angabe des verwendeten Löschgases (unterhalb des Hauptsymbols

Bedienstelle allgemein
Symbol darf verwendet werden für Symbole für bauliche Einrichtungen, die eine Bedienstelle haben

[1] In das graphische Symbol darf die Feuerwiderstandsklasse in Kurzform als Zahl gesetzt werden, z.B. 90 für EI 90-C5 (Beispieldarstellung siehe lfd. Nr 15).

[2] Bei einer Kombination von Feuerschutz- und Rauchschutzabschlüssen (RS) darf der Buchstabe S (für Rauch (en: smoke)) mit aufgenommen werden.

[3] Bei einer Rauchschutzdruckanlage (RDA) kann ein Rechteck mit RDA darunter gesetzt werden.

[4] Mit „Fb" oder „Fh" gekennzeichnete Türen sind abweichend mittels Schriftzeichen zu kennzeichnen.

[5] In Feuerwehrplänen darf die Feuerwiderstandsklasse ohne das Symbol direkt als Zahl in roter Schrift dort aufgenommen werden.

[6] In Feuerwehrplänen darf die Rauchschutzkennzeichnung ohne das Symbol direkt als Buchstabe S in roter Schrift dort aufgenommen werden.

[7] Kann auch die Erstinformationsstelle für die Feuerwehr sein, wenn z.B. keine Brandmeldeanlage vorhanden ist.

[8] Kann auch die Erstinformationsstelle für die Feuerwehr bei baulichen Anlagen mit Brandmeldeanlage sein.

[9] In DIN 14675-1 als Hinweisleuchte zum Anfahrtspunkt bezeichnet.

[10] In das graphische Symbol darf unter das Symbol innerhalb des Rahmens der Löschwasserinhalt gesetzt werden; z.B. 30 m^3, 50 m^3, 100 m^3.

[11] An das graphische Symbol darf die Ergiebigkeit gesetzt werden.

[12] An das graphische Symbol darf der Nenndurchmesser des Hydranten der versorgenden Hauptleitung gesetzt werden.

[13] In das Symbol darf die genormte Bezeichnung des Kupplungsanschlusses gesetzt werden.

[14] Kein graphisches Symbol sondern lediglich ein eingerahmtes Wort.

[15] Die zugehörige Batterie ist meistens anderswo verortet; in DIN EN ISO 7010 gibt es Warnzeichen vor Gefahren durch Batterien und vor elektrischer Spannung.

Symbole für die Feuerwehrlaufkarten

Auswahl nach DIN 14675-1:2020-01 sowie weitere wichtige Symbole für die Erstellung der Feuerwehrlaufkarten

Symbol	Bedeutung	Symbol	Bedeutung
BMZ	01 Brandmeldezentrale		10 Einsatzweg
FBF	02 Feuerwehrbedienfeld		11 Handfeuermelder
ÜE	03 Übertragungseinrichtung		12 Standort
FSD	04 Feuerwehrschlüssel-Depot	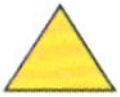	13 Automatischer Brandmelder Verdeckt
FAT	05 Feuerwehr-Anzeigetableau Laufweg vom Standort zum Meldebereich	EG	14 Etagenkennzeichnung
SPZ	06 Sprinklerzentrale.		15 Standort Brandmelder-Tableaus
LZ	07 Löschzentrale Öffentliche Verkehrsfläche	EG-2.OG 18/1-18/3	16 Meldergruppe verschiedene Treppenräume
	08 Zugang Objekt		17 Überwachungsbereich einer Löschanlage
	09 Automatischer Brandmelder	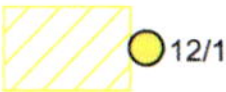	18 Überwachungsbereich Sonderbrandmeldesysteme

Symbole für die Feuerwehrlaufkarten (Fortsetzung)

Symbol	Bedeutung	Symbol	Bedeutung
	19 Freischaltelement		Öffentliche Verkehrsfläche
	20 Feuerwehreinsprechstelle		Nordpfeil

Zusätzliche Symbole für die Feuerwehrlaufkarte

gemäß den Gestaltungsrichtlinien für FW-Laufkarten der AGBF-VB-Nds.

Gebäudeübersicht			Nebenzugang
	Befahrbare Flächen für die Feuerwehr		Eingänge
	nicht befahrbare Flächen		Freischaltelement
	Räume und Flächen mit besonderen Gefahren		Blitzleuchte
	gesprinklerte Bereiche		Informationen für die Feuerwehr
	Überwachungsflächen von Rauchansaugsystemen		Feuerwehr-Anzeigetableau

Erklärungen

In Deutschland sind die Symbole in den Technischen Regeln für Arbeitsstätten (ASR) geregelt. Die ASR A1.3 regelt die genauen Kennzeichnungspflichten für Arbeitsstätten. Seit 2013 sind nach ASR die Symbole nach internationaler Norm DIN EN ISO 7010 verbindlich.

Im Rahmen der Neufassung der ASR A1.3 [1)] „Sicherheits- und Gesundheitsschutzkennzeichnung" hat das Bundesministerium für Arbeit und Sozialeszusätzlich folgendes bekannt gemacht:

„Im Wesentlichen wurden die folgenden Anpassungen vorgenommen:

- *Es wurden zusätzliche Sicherheitszeichen, die in der Norm DIN EN ISO 7010 enthalten und international und europäisch abgestimmt sind, in die ASR A1.3 übernommen. Insbesondere die Zeichen F001, F002, F003, F004, F005, F006, E009 und W029 wurden erheblich verändert.*
- *Der Flucht- und Rettungsplan wurde an die Norm DIN ISO 23601 angepasst.*

Die ASR A1.3 "Sicherheits- und Gesundheitsschutzkennzeichnung" in der Fassung vom Februar 2013 enthält den aktuellen Stand der Technik zur Sicherheits- und Gesundheitsschutzkennzeichnung in Arbeitsstätten. Bei der bestimmungsgemäßen Verwendung dieser Sicherheitszeichen kann der Arbeitgeber davon ausgehen, dass er die Arbeitsstättenverordnung hinsichtlich der Sicherheits- und Gesundheitsschutzkennzeichnung einhält.

Wendet der Arbeitgeber die geänderten Sicherheitszeichen beim Betreiben von bestehenden Arbeitsstätten nicht an, so hat er mit der Gefährdungsbeurteilung zu ermitteln, ob die in der Arbeitsstätte verwendeten Sicherheitszeichen nach ASR A1.3 (GMBl 2007, S. 674) weiterhin angewendet werden können."

Bei der Gestaltung von Flucht- und Rettungspläne ist auch die DIN ISO 23601 zu berücksichtigen. Sie gibt folgendes vor:

1) Ausgabe: Februar 2013 (GMBl 2013, S. 334, zuletzt geändert März 2022 (GMBl 2022, S. 242)

3

- Die Kennzeichnung des Standorts soll in blau erfolgen.
- Keine farbliche Unterscheidung der horizontalen und vertikalen Fluchtwege.
- Angabe der Fluchtrichtung durch grüne Pfeile (optional).
- Verwendung der internationalen Sicherheitszeichen ISO 7010.

Exkurs zur Entstehung der DIN EN ISO 7010:

Das europäische Komitee für Normung (CEN – Comité Européen de Normalisation) nahm im Juni 2012 die ISO 7010 als europäische Norm für Graphische Symbole – Sicherheitsfarben und Sicherheitszeichen – Registrierte Sicherheitszeichen an. Gestaltungsgrundlage für Form, Farbe sowie die Symbole war hierbei die.

Entsprechend der Geschäftsordnung sind Deutschland sowie andere Mitgliedsländer angehalten, dieser europäischen den Status einer nationalen Norm zu geben und andere, mit den Bestimmungen der ISO 7010 kollidierende Normen bis Januar 2013 zurückzuziehen. In Deutschland war dies beispielsweise die Norm DIN 4844-2.

Die ISO 7010 ist nun der Kennzeichnungsstandard in Europa. Doch was bedeutet das in der Praxis?

Seit Anfang 2013 ist die ISO 7010 der gültige Normstandard. Es besteht aber immer noch ein Bestandsschutz für die alten Sicherheitszeichen nach DIN 4844-2 (aktuelle Ausgabe 2021-11). Im Schadens- oder Unglücksfall muss nachgewiesen werden, dass die alte Sicherheitskennzeichnung den gleichen Sicherheitsstandard besaß wie eine aktuelle Ausschilderung. Dies kann durch eine Gefährdungsbeurteilung geschehen.

Eine Aktualisierung der Beschilderung auf moderne Standards ist aus professioneller Sicht anzuraten. Eine Mischbeschilderung ist zu vermeiden, da diese zu Verwirrungen führen kann. Sie widerspricht auch dem Prinzip des „1 Sicherheitszeichen = 1 Sicherheitsaussage“.

Legende und Abkürzungen für den Brandschutzatlas

Wände	Kurzbeschreibung	Bauaufsichtliche Benennung
	KTW	Komplextrennwand
	BW	Brandwand
	fb Bauart BW	feuerbeständig und in der Bauart von Brandwänden
	fb	feuerbeständig
	FW fb	Feuerwiderstandsfähigkeit feuerbeständiger Bauteile
	hf Bauart BW	hochfeuerhemmend u. in der Bauart von Brandwänden
	hf	hochfeuerhemmend
	FW hf	Feuerwiderstandsfähigkeit hochfeuerhemmender Bauteile
	fh	feuerhemmend
	fh oder nb	feuerhemmend oder aus nichtbrennbaren Baustoffen
	nb	aus nichtbrennbaren Baustoffen
	se	aus schwer entflammbaren Baustoffen
	hb	harte Bedachung

Hinweis: Zuordnung der bauaufsichtlichen Benennung zu DIN 4102 und DIN 13501 siehe Seite 264 ff

Räume

	notwendiger Treppenraum		Aufenthaltsraum		Raum mit erhöhter Brandgefahr
	notwendiger Flur		kein Aufenthaltsraum (z.B. Speicher)		

Legende und Abkürzungen für den Brandschutzatlas (Fortsetzung)

Türen, Tore, Abschottungen und Öffnungsverschlüsse	
	Feuerschutzabschlüsse, dicht und selbstschließend
	Rauchschutztüren
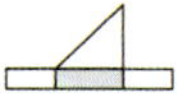	Türen mit geringen Anforderungen an den Rauchschutz und nicht definierter Mindestanforderung gegen Durchbrennen (länderspezifisch unterschiedlich) D = dichtschließend S = selbstschließend V = vollwandig
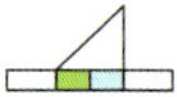	Feuerschutzabschlüsse mit Rauchschutz
	sonstige Öffnungsverschlüsse u. Abschottungen mit Feuerwiderstandsdauer, z.B. Kabelabschottungen, Rohrabschottungen, Brandschutzverglasungen
	Leitungen mit Feuerwiderstandsdauer, z. B. Lüftungsleitungen, Installationskanäle u. -schächte, Funktionserhalt
	Absperrvorrichtungen für Lüftungsleitungen mit Feuerwiderstandsdauer, z.B. Brandschutzklappen

Sonstiges	
	Rauch- u. Wärmeabzugsöffnungen RWA/NRA
	Rauchschürze
	durch Sprinkleranlage geschützter Bereich
	durch Gaslöschanlage geschützter Bereich
	durch Brandmeldeanlage überwachter Bereich
	Fluchtweg
	anleiterbare Stelle mit tragbarer Leiter
	anleiterbare Stelle mit Hubrettungsgerät
	Rettungsweglänge
	Feuerwehrzufahrt
	Feuerwehrzugang
	Ausgang
	Notausgang

Abkürzungen und Zeichen

0	keine Anforderungen	nb	nicht brennbar	GK	Gebäudeklassen
fb	feuerbeständig	k.A.	keine Angaben enthalten	VG	Vollgeschoss
hf	hochfeuerhemmend	–	keine Angaben enthalten	Whg.	Wohnung
fh	feuerhemmend	AR	Aufenthaltsraum	FW	Feuerwiderstandsdauer

Brandschutzpläne – Legende (Fortsetzung)

	Brandwand/Bauart Brandwand
	feuerbeständig
	hochfeuerhemmend
	feuerhemmend
	anleiterbare Stelle
	1. Rettungsweg
	2. Rettungsweg
	Notausgang
	notwendiger Treppenraum
	notwendiger Flur
	Raumbezeichnung für bestimmte Räume, z.B. Räume mit erhöhter Brandgefahr
	durch Brandmeldeanlage überwachter Bereich
	durch Sprinkleranlage geschützter Bereich

3

Fristen nach VOB/B nach Ausgabe 2016

Vorgang nach VOB/B	Fristen
Abhilfe bei unzureichender Ausstattung der Baustelle (Arbeitskräfte etc.) (§ 5 Nr. 3)	**unverzüglich** auf Verlangen
Abnahme	
auf Verlangen des Auftragnehmers nach Fertigstellung (§ 12 Nr. 1)	**12 Werktage** oder nach Vereinbarung
Eintritt der Abnahme, wenn keine Abnahme verlangt wird (§ 12 Nr.5 (1))	**12 Werktage** nach schriftlicher Mitteilung über Fertigstellung
Eintritt Abnahme durch Benutzung der Bauleistung u. keine Abnahme verlangt (§ 12 Nr. 5 (2))	**6 Werktage** nach Beginn der Benutzung, soweit nicht anders vereinbart
Abschlagszahlung – Fälligkeit (§ 16 Nr. 1 (3))	**21 Tage** nach Zugang der Aufstellung
Bedenken gegen die vorgesehene Art der Ausführung (§ 4 Nr. 3)	**unverzüglich**, möglichst vor Beginn der Arbeiten und schriftlich
Beginn Ausführung nach Aufforderung durch Auftraggeber, wenn keine Frist vereinbart (§ 5 Nr. 2)	**12 Werktage** nach Aufforderung
Behinderung – Anzeige (§ 6 Nr. 1)	**unverzüglich** und schriftlich
Wiederaufnahme der Arbeit nach Wegfall der Behinderung (§ 6 Nr. 3)	**unverzüglich** und mit Benachrichtigung des Auftraggebers
Kündigung	
wegen Abrede unzulässiger Wettbewerbs beschränkung (§ 8 Nr. 4)	**12 Werktage** nach Bekanntwerden des Grundes, schriftlich
Vorlage prüfbarer Rechnung nach Kündigung durch Auftraggeber (§ 8 Nr. 6)	**unverzüglich**
Aufstellung der Mehrkosten durch Leistungen Dritter nach Auftragsentzug (§ 8 Nr. 3 (4))	**12 Werktage** nach Abrechnung mit dem Dritten

Vorgang nach VOB/B	Fristen
Nachunternehmer	
Bekanntgabe des/der beauftragten Nachunternehmer (Namen, gesetzlicher Vertreter, Kontaktdaten) (§ 4 Abs. 8, Nr. 3)	unaufgefordert spätestens bis zum Leistungsbeginn des Nachunternehmers
Schlussrechnung	
Einreichung bei Ausführungsfrist bis zu 3 Monaten (§ 14 Nr. 3)	nach Vereinbarung, sonst **12 Werktage** nach Fertigstellung
Einreichung bei Ausführungsfrist von mehr als 3 Monaten (§ 14 Nr. 3)	wie vor, plus 6 Werktage je 3 weiterer Monate Ausführungsfrist
Fälligkeit (§ 16 Nr. 3 (1)) – wenn dies vereinbart und sachlich gerechtfertigt ist	**30 Tage** nach Zugang der Schlussrechnung **60 Tage** nach Zugang der Schlussrechnung
Schlusszahlung	
Erklärung Vorbehalt gegen die Schlusszahlung (§ 16 Nr. 3 (5))	**28 Tage** nach Zugang der Mitteilung über Schlusszahlung
Begründung Vorbehalt gegen die Schlusszahlung oder prüfbare Rechnung (§ 16 Nr. 3 (5))	**28 Tage** nach Erklärung des Vorbehalts
Sicherheitsleistung	
durch Einbehalt Einzahlung einbehaltener Teilbeträge (von Abschlagszahlungen) auf Sperrkonto (§ 17 Nr. 6 (1))	**18 Werktage** nach Mitteilung des Einbehalts
durch Hinterlegung Erbringen der Sicherheitsleistung (§ 17 Nr. 7)	**18 Werktage** nach Vertragsabschluss oder nach Vereinbarung
Streitigkeiten bei öffentlichen Aufträgen	
schriftliche Entscheidung durch vorgesetzte Behörde (§ 18 Nr. 2)	**2 Monate** nach Anrufung
Einspruchsfrist gegen Entscheidung	**3 Monate** nach Zugang der Entscheidung
Stundenlohnrechnung – Einreichung durch den Auftragnehmer (§ 15 Nr. 4)	spätestens in Abständen von **4 Wochen**

Vorgang nach VOB/B	Fristen
Stundenlohnzettel – Rückgabe der Stundenlohnzettel durch den Auftraggeber (§ 15 Nr. 3)	**unverzüglich,** spätestens **6 Werktage** nach Zugang
Unterbrechung als Kündigungsgrund (§ 6 Nr. 7)	**länger als 3 Monate**
Verjährungsfrist – Mängelansprüche für	soweit nicht anders vereinbart
Bauwerke (§ 13 Nr. 4, (1))	**4 Jahre**
andere Werke, deren Erfolg in Herstellung, Wartung oder Veränderung einer Sache besteht sowie für feuerberührte Teile von Feuerungsanlagen (§ 13 Nr. 4, (1))	**2 Jahre**
feuerberührte und abgasdämmende Teile industr. Feuerungsanlagen (§ 13 Nr. 4, (1))	**1 Jahr**
maschinelle u. elektrotechn./elektronische Anlagen, bei denen die Wartung Sicherheit und Funktion beeinflusst (§ 13 Nr. 4, (2))	**2 Jahre**, wenn AN nicht für die Dauer der Gewährleistung mit Wartung beauftragt ist
Verjährungsfrist – Anspruch auf Beseitigung schriftlich gerügter Mängel (§ 13 Nr. 5 (1))	**2 Jahre** ab Zugang des schriftl. Verlangens, mind. Regelfristen
Verjährungsfrist – Mängelansprüche für beseitigte Mängel	**2 Jahre** (neu) nach Abnahme der Mängelbeseitigung, mind. Regelfristen

Teil 4: Musterbauordnung, Musterverwaltungsvorschrift und Muster-Richtlinien

4

Einführung

Die Fachkommission Bauaufsicht in der Arbeitsgemeinschaft der für das Bau-, Wohnungs- und Siedlungswesen zuständigen Minister und Senatoren der Länder (kurz: ARGEBAU oder Bauministerkonferenz) erarbeitet Musterentwürfe für die Landesbauordnungen sowie für Landesverordnungen und Richtlinien. Von einigen Ländern wurden einige dieser Muster durch Einführungserlass direkt übernommen. Zum Teil wurden die Muster zwar ebenfalls eingeführt, jedoch – entsprechend den Vorstellungen der jeweiligen Länder – geändert oder ergänzt. Andere der von der ARGEBAU erarbeiteten Mustervorschriften wurden jedoch von den Ländern nicht in gültiges Recht umgesetzt. Dies hat zur Folge, dass in Deutschland eine einheitliche Behandlung der Bauvorhaben nicht möglich ist. Musterentwürfe der ARGEBAU für Verordnungen und Richtlinien können jedoch im Einzelfall, soweit keine Landesvorschriftenbestehen, zur Entscheidungshilfe bzw. Orientierung dienen.

Gültigkeit sowie Inhalte der jeweiligen Vorschriften unterscheiden sich in den einzelnen Bundesländern teils erheblich. Um ein rechtskonformes Bauvorhaben zu erstellen, ist es unerlässlich, ausschließlich die in den jeweiligen Bundesländern gültigen Vorschriften in der aktuellen Fassung zu verwenden.

Fußnoten zur Tabelle auf der folgenden Seite:

- * enthalten in Berliner Betriebs-Verordnung
- ** enthalten in der Verordnung über Bau und Betrieb von Sonderbauten (Sonderbauverordnung NRW)
- *** Muster in Hamburg nicht eingeführt; stattdessen nicht bindender „Bauprüfdienst (BPD) 1-2008"
- **** Muster in Hamburg nicht eingeführt; stattdessen nicht bindender „Bauprüfdienst (BPD) 6-2011"

Einführung von Musterrichtlinien in den Bundesländern

(Quelle: FeuerTrutz Magazin, Stand 11/2025)

Monat und Jahr der Bekanntmachung, bei MVV TB des Erlasses:

	BB	BE	BR	BW	BY	HH	HE	MV	ND	NW	RP	SH	SL	ST	SN	TH
MVV TB 2024/1	05/23	04/25	11/25	02/25	12/24	11/25	10/25	01/23	11/25	11/25	10/25	06/25	11/25	11/25	07/25	11/22
MBO 23.11.2023	09/23	12/24	05/24	03/25	07/25	03/25	10/25	04/24	06/25	10/23	09/25	07/24	08/25	06/24	03/24	07/24
MIndBauRL 01.05.2019	05/19	05/19	05/19	12/22	05/19	05/19	05/19	05/19	03/21	05/19	01/20	05/19	05/19	05/19	05/19	05/19
MLAR 03.09.2020	09/20	09/20	09/20	12/22	09/20	09/20	09/20	04/16	03/21	09/20	09/20	09/20	09/20	09/20	04/16	09/20
M-LüAR 03.09.2020	09/20	09/20	12/15	12/22	09/20	09/20	09/20	12/15	03/21	09/20	09/20	12/15	09/20	09/20	12/15	09/20
M-HolzBauRL 26.09.2024	09/24	09/24	09/24	12/22	09/24	11/25	09/24	09/24	11/25	11/25	09/24	09/24	11/25	11/25	09/24	
MSysBöR 01.09.2005	09/05	09/05	09/05	11/06	09/05	09/05	09/05	08/06	05/06	09/05	12/06	09/05	09/05	09/05	09/05	09/05
MRFlFw 01.10.2009	10/09	10/09	10/09	12/20	10/09	10/09	10/09	08/06	09/12	09/09	02/25	02/07	10/09	10/09	10/09	10/09
MBeVO 01.05.2014	11/25	05/19*	05/14		08/18	08/03	06/18	02/20	05/23	08/19**		03/22	04/23	05/15	04/17	
EltBauVO 22.02.2022	03/23	02/22	01/09	12/21	12/97	*****	02/22	02/22	01/11	08/19**	07/23	05/22	01/24	10/09	08/12	08/24
MGarVO 14.07.2022	11/17	05/19*	05/19	12/21	12/24	11/25	05/24	03/13	05/22	08/19**	01/25	07/23	08/08	05/15	07/11	03/95
MHHR 01.02.2012	02/12	05/19*	02/12		04/15	***	06/18	03/09		08/19**			03/22			
MVKVO 01.07.2014	11/25	05/19*	07/14	06/24	12/22	11/25	06/18	02/17	11/12	08/19**	01/25	06/22	07/15		04/17	06/97
MVStättVO 01.07.2014	11/25	05/19*	07/14	06/24	08/18	06/25	06/18	01/18	11/21	08/19**	01/25	09/22	03/22	05/15	12/19	
MSchulbauR 01.04.2009	04/09	04/09	04/09			****	04/09	03/09	11/12	11/20	03/04		12/11	03/10	08/12	11/10

Fußnoten siehe vorhergehende Seite / neue Einträge rot

Erläuterungen zur MBO und zur Verwaltungsvorschrift Technische Baubestimmungen (VV TB) (Stand November 2025)

Dipl.-Ing. Thomas Krause-Czeranka

Mit der MBO 2016 erfolgte eine Novellierung der Nachweisführung mit einer deutlicheren Differenzierung zwischen:

- harmonisierten Bauprodukten mit mit einer Leistungserklärung und CE-Kennzeichnung nach EU-BauPVO,
- Bauprodukten mit (nationalen) Verwendbarkeitsnachweisen und
- Bauarten mit Anwendbarkeitsnachweisen.

Mit der am 31.08.2017 in ihrer ersten Fassung veröffentlichten Muster-Verwaltungsvorschrift Technische Baubestimmungen (MVV TB) liegt den am Bau Beteiligten ein wesentliches Werkzeug zur Konkretisierung der Bauwerksanforderungen vor.

Das Deutsche Institut für Bautechnik (DIBt) veröffentlicht im Einvernehmen mit den obersten Bauaufsichtsbehörden und nach Anhörung der beteiligten Kreise die Technischen Baubestimmungen als Muster-Verwaltungsvorschrift. Wie die Bauregellisten wird auch die MVV TB in regelmäßigen Abständen angepasst und aktualisiert. Da die Musterfassung in den Ländern nicht unmittelbar anwendbar ist und zunächst in Landesrecht überfuhrt werden muss, ergeben sich in den Ländern unterschiedliche Stande von Verwaltungsvorschriften mit Bezug auf unterschiedliche Musterfassungen. Das DIBt veröffentlicht auf ihrer Website regelmäßig einen Stand der Umsetzungen in den Ländern.

Eine Übersicht der wesentlichen Änderungen in den unterschiedlichen Ausgaben der MVV TB bietet die Tabelle auf Seite 104.

Bauprodukte/Bausätze und Bauarten

Harmonisierte Bauprodukte	Bauprodukte ...
MBO - dritter Abschnitt Bauprodukte	
MBO § 16 c	**MBO § 17-25**
Bauprodukt oder Bausatz auf Grundlage von harmonisierten technischen Spezifikationen.	*„geregelte"* **Bauprodukte**
hEN Produktnorm **EAD** (European Assessment Document) Hersteller kann auf Grundlage des EAD eine ETA (European Technical Assessment) beantragen.	Bauprodukt in Übereinstimmung mit einer technischen Regel / Baubestimmung
LE / DoP Hersteller erstellt eine *Leistungserklärung* (LE) bzw. *Declaration of Performance* (DoP) mit der Angabe mindestens einer Leistung bezogen auf die wesentlichen Merkmale der hEN / EAD; weitere wesentliche Merkmale werden als NPD (**N**o **P**erformance **D**etermined) deklariert.	Technische Regel / Baubestimmung gemäß VV TB C2 (ehemals BRL A Teil 1)
Bauprodukt ist verwendbar, wenn die erklärten Leistungen den Bauwerksanforderungen (MBO/MVV TB) entsprechen! Im Einzelfall sind zusätzliche Anwendungsregeln zu beachten.	Übereinstimmungsbestätigung[1]
CE-Kennzeichnung	**Ü-Zeichen**[2]

1) Maßgebend ist die öffentlich-rechtlich geforderte Art der Übereinstimmungsbestätigung (siehe auch §§ 21 und 22 MBO).

2) Bauprodukte nach aaRdT (VV TB D2.1) bzw. ohne aaRdT und von untergeordneter Bedeutung (VV TB D2.2 (ehemals „Liste C") tragen kein Ü-Zeichen

gemäß MBO 2023

... mit Verwendbarkeitsnachweis	Bauarten	
	MBO - zweiter Abschnitt – Allgemeine Anforderungen an die Bauausführung	
MBO § 17-25	**MBO § 16 a**	
„nicht geregelte" Bauprodukte	*„geregelte"* Bauarten	*„nicht geregelte"* Bauarten
Bauprodukt abweichend von technischer Regel/ Baubestimmungen bzw. ohne technische Regel	Bauarten in Übereinstimmung mit einer technischen Regel / Baubestimmung; z.B. nach DIN 4102-4	Bauarten abweichend von technischer Regel / Baubestimmung
abZ oder **ZiE** oder **abP** auf Grundlage VV TB C3 (ehemals BRL A Teil 2)		**aBg** oder **vBg** oder **abP für Bauarten** auf Grundlage VV TB C4 (ehemals BRL A Teil 3)
Übereinstimmungsbestätigung[1]	**Übereinstimmungsbestätigung** durch den Anwender/Errichter[3]	
Ü-Zeichen		

3) Für Bauarten bestätigt der Anwender bzw. der Errichter der Bauart die Übereinstimmung mit dem Anwendbarkeitsnachweis gemäß §16a Abs. 5 MBO. Die Übereinstimmungsbestätigung ist ein wesentlicher Bestandteil der bauordnungsrechtlichen Dokumentation.

Aufbau der Muster-Verwaltungsvorschrift Technische Baubestimmungen sowie die Überführung der Bauregellisten und der Listen der technischen Baubestimmungen

VV TB A						VV TB B			
Konkretisierung der „Grundanforderungen an Bauwerke" gemäß Anhang I der BauPVO						Ergänzungen zu VV TB A für Bauteile und Sonderkonstrukltionen			
§ 85a Abs. 2 Nr. 1, 2, 3 MBO						§ 85a Abs. 2 Nr. 1, 2, 3 MBO			
A1	**A2**	**A3**	**A4**	**A5**	**A6**	**B1**	**B2**	**B3**	**B4**
Mechanische Festigkeit und Standsicherheit	Brandschutz	Hygiene, Gesundheit und Umweltschutz	Sicherheit und Barrierefreiheit bei der Nutzung	Schallschutz	Wärmeschutz	Allgemeines	Techn. Regelungen für Sonderkonstruktionen und Bauteile gemäß § 85a (2) MBO	TGA/Teile von Anlagen (wassergefährdende Stoffe) – CE-Kennzeichnung nicht nach BauPVO	Bauprodukte und Bauarten mit Anforderungen nach Rechtsvorschriften nach § 85 (4a) MBO
Technische Regeln für Planung, Bemessung und Ausführung; Angabe von Leistungsstufen und -klassen; Verweis bzgl. fehlender wesentlicher Merkmale									
Überführung von Bauregellisten und Liste Technische Baubestimmungen									
BRL B Teil 1, sowie MLTB und LTB II									
								BRL B Teil 2	LTB III

VV TB C				VV TB D		
Regelungen für Bauprodukte und Bauarten, die nicht die CE-Kennzeichnung tragen				Bauprodukte die keines Verwendungsnachweises bedürfen		
§ 85a Abs. 2 Nr. 4 und 5 MBO				§ 85a Abs. 4 MBO		
C1	**C2**	**C3**	**C4**	**D1**	**D2**	**D3**
Allgemeines	Voraussetzungen zur Abgabe der Übereinstimmungserklär. für Bauprodukte (§ 22 MBO)	Bauprodukte, die nur eines allgem. bauaufsichtl. Prüfzeugnisses bedürfen (§ 19 (1) S.2 MBO)	Bauarten, die nur eines allgem. bauaufsichtl. Prüfzeugnisses bedürfen (§ 16a (3) MBO)	Allgemeines	Liste nach § 85a (4) MBO	Techniche Dokumentaton nach § 85a 2 Nr. 6 MB
Voraussetzungen und Angaben für Bauprodukte und Bauarten mit allgemeinem bauaufsichtlichen Prüfzeugnis (abP)				Nicht abschließende Auflistung von Bauprodukten; D3 enthält Regelungen zur technischen Dokumentation nach § 85a Abs. 2 Nr. 6 MBO		
Überführung von Bauregellisten und Liste Technische Baubestimmungen						
	BRL A Teil1	BRL A Teil 2	BRL A Teil 3	Liste C		

(nach Bauprodukte AKTUELL Ausgabe 1/2017, Tabelle 1)

4

Tabelle: Wesentlichen Änderungen der unterschiedlichen Ausgaben der MVV TB

Musterfassung MVV TB	Inhalte und wesentliche Änderungen (insbesondere zum Brandschutz)
Ausgabe 2017/1	Erstausgabe mit Überführung der BRL und Liste der Technischen Baubestimmungen
Ausgabe 2019/1	Umfangreiche Änderungen und Korrekturen; Änderung der Zuordnung „schwerentflammbar" bei harmonisierten Bauprodukten; neuer Anhang 14 als Technische Regel TGA
Ausgabe 2020/1	Redaktionelle Änderungen und Aktualisierungen; neuer Anhang 15 (Bauwerksabdichtung) und Anhang 16 (Asbest-Richtlinie)
Ausgabe 2020/2	Redaktionelle Änderungen und Aktualisierungen; Ergänzungen zu Holzbau hinsichtlich der Konkretisierung von § 26 Abs. 2 Satz 4 MBO und Ergänzung in den Zuordnungstabellen in Anhang 4
Ausgabe 2021/1	Redaktionelle Änderungen und Aktualisierungen; u.a. Anhang 8 (Anforderungen an bauliche Anlagen bzgl. des Gesundheitsschutzes (ABG) sowie Anhang 10 (Anforderungen an bauliche Anlagen bzgl. der Auswirkungen auf Boden und Gewässer (ABuG); neuer Anhang 17 (Stahlwannen-Richtlinie)
Ausgabe 2023/1	Änderungen in der Zuordnungstabelle Brandverhalten von harmonisierten Bauprodukten hinsichtlich der Anforderung „geringe Rauchentwicklung"; neuer Anhang 18 (Verwendung von normalentflammbaren Verglasungen in Außenwänden).
Ausgabe 2024/1	Aktualisierung von Anhang 4; Ergänzungen zu Brandwänden und Wänden anstelle von Brandwänden; Aufnahme von C 4.1.1 (Bauart-abP für Brandwände oder Wänden anstelle von Brandwänden)
Ausgabe 2025/1	Umfangreiche Änderungen und Ergänzungen durch die M-HolzBauRL: 2024-09 in Kapitel A 2 (Anforderungen) und Anhang 4 (Zuordnungstabellen für Bauteile). Ergänzungen in Kapitel C 3 und C 4 für feuerwiderstandsfähige Stromschienenabschottungen und Bodenabläufe.

Muster-Liste der Technischen Baubestimmungen

[aus den Vorbemerkungen der MVV TB]

Es gilt der Grundsatz, dass nur solche Inhalte in die MVV TB als Technische Baubestimmungen aufgenommen werden, die zur Erfüllung der Anforderungen der Bauordnungen an bauliche Anlagen, Bauprodukte und andere Anlagen und Einrichtungen unerlässlich sind. Die Bauaufsichtsbehörden können jedoch im Rahmen ihrer Entscheidungen zur Ausfüllung unbestimmter Rechtsbegriffe auch auf allgemein anerkannte Regeln der Technik zurückgreifen, die keine Technischen Baubestimmungen sind. Das DIBt macht nach Anhörung der beteiligten Kreise im Einvernehmen mit den obersten Bauaufsichtsbehörden die Technischen Baubestimmungen als Muster-Verwaltungsvorschrift bekannt.
Technische Baubestimmungen, die bei der Erfüllung der Grundanforderungen an Bauwerke zu beachten sind, werden in der MVV TB im Teil A aufgeführt. Teil A gliedert sich nach den Grundanforderungen für Bauwerke gemäß Anhang I der BauPVO:

A 1 - Mechanische Festigkeit und Standsicherheit,
A 2 - Brandschutz,
A 3 - Hygiene, Gesundheit und Umweltschutz,
A 4 - Sicherheit und Barrierefreiheit bei der Nutzung,
A 5 - Schallschutz
A 6 - Wärmeschutz.

Technische Baubestimmungen hinsichtlich der Grundanforderung Brandschutz gemäß MVV TB, Ausgabe 2025/1, Teil A2 Brandschutz

(Rot: Änderungen zu Ausgabe 2024/1)

Nr.	Technische Regeln/Ausgabe	Anforderungen gem. § 85a (2) MBO [1)]
A 2.2.1	**Planung, Bemessung und Ausführung**	
A 2.2.1.1	M-R. über Flächen für die Feuerwehr: 2009-10 [2)]	Flächen für die Feuerwehr [1)] + MVV TB Anlage A 2.2.1.1/1
A 2.2.1.2	Bauaufsichtliche Anforderungen, Zuordnung der Klassen, Verwendung von Bauprodukten, Anwendung von Bauarten:2022-11 [2)] (Verweis auf Anhang 4)	Bauprodukte und Bauarten
A 2.2.1.3	DIN 4102-4:2016-05	Klassifizierte Baustoffe u. Bauteile; Ausführungsregeln + MVV TB Anlage A 2.2.1.3/1

4

Nr.	Technische Regeln/Ausgabe	Anforderungen gem. § 85a (2) MBO [1]
A 2.2.1.4	Muster-Richtlinie über brandschutztechnische Anforderungen an Bauteile und Außenwandbekleidung in Holzbauweise (M-HolzBauRL):2024-09 [2]	Hochfeuerhemmende Bauteile in Holzbauweise und feuerwiderstandsfähige Bauteile in Massivholzbauweise, Außenwandbekleidungen aus Holz und Holzwerkstoffen + MVV TB Anlage A 2.2.1.4/1
A 2.2.1.5	WDVS mit EPS, Sockelbrandprüfverfahren, gestrichen in MVV TB 2025/1	
A 2.2.1.6	Hinterlüftete Außenwandbekleidungen: 2024-05 (Verweis auf Anhang 6)	Hinterlüftete Außenwandbekleidungen
A 2.2.1.7	„Feststellanlagen" gestrichen in der MVV TB 2019/1	
A 2.2.1.8	Muster-Richtlinie über brandschutztechnische Anforderungen an Leitungsanlagen (MLAR): Fassung 10.02.2015, zul. geänd. 03.09.2020 [4]	Leitungsanlagen
A 2.2.1.9	Muster-Richtlinie über brandschutztechnische Anforderungen an Systemböden (MSysBöR):2005-09	Systemböden
A 2.2.1.10	Muster einer Verordnung über den Bau von Betriebsräumen für elektrische Anlagen (EltBauVO):2009-01 [2] zul. geänd. 22.02.2022	Elektrische Betriebsräume
A 2.2.1.11	Muster-Richtlinie über brandschutztechnische Anforderungen an Lüftungsanlagen (M-LüAR): Fassung 29.09.2005, zul. geänd. 03.09.2020 [4]	Lüftungsanlagen
A 2.2.1.12	Muster-Feuerungsverordnung (MFeuV): 2007-09, zuletzt geändert 28.11.2023 [2]	Feuerungsanlagen [1], sonstige Anlagen zur Wärmeversorgung, Brennstoffversorgung
A 2.2.1.13	„Löschwasser-Rückhalteanlagen" gestrichen in der MVV TB 2019/1	
A 2.2.1.14	Muster-Richtlinie über den Brandschutz bei der Lagerung von Sekundärstoffen aus Kunststoff (MKLR):1996-06 [2]	Lagerung von Sekundärstoffen aus Kunststoff
A 2.2.1.15	Muster-Richtlinie über den baulichen Brandschutz im Industriebau (MIndBauRL):2019-05 [2]	Industriebau [1]
A 2.2.1.16	Technische Regel Technische Gebäudeausrüstung (TR TGA):2024-11 [4] (Verweis auf Anhang 14)	Technische Gebäudeausrüstung

Nr.	Technische Regeln/Ausgabe	Anforderungen gem. § 85a (2) MBO [1]
A 2.2.1.17	Verwendung von normalentflammbaren Verglasungen in Außenwänden, ausgenommen Außenwandkonstruktionen mit geschossübergreifenden Hohl- oder Lufträumen und Fassaden: 2022-07 [2] (Verweis auf Anhang 18)	Normalentflammbare Verglasungen
A 2.2.2	Garagen und Sonderbauten [*]	
A 2.2.2.1	Muster einer Verordnung über den Bau und Betrieb von Garagen und Stellplätzen (M-GarVO): 2022-07 [2]	Garagen [1, 4] + MVV TB Anlage A 2.2.2.1/1
A 2.2.2.2	Muster-Verordnung über den Bau und Betrieb von Beherbergungsstätten (MBeVO):2014-05 [2]	Beherbergungsstätten [1, 4]
A 2.2.2.3	Musterverordnung über den Bau und Betrieb von Verkaufsstätten (MVKVO):2014-07 [2]	Verkaufsstätten [1, 4]
A 2.2.2.4	Musterverordnung über den Bau und Betrieb von Versammlungsstätten (MVStättVO): 2014-07 [2]	Versammlungsstätten [1, 4]
A 2.2.2.5	Muster-Richtlinie über bauaufsichtliche Anforderungen an Schulen: 2009-04 [2]	Schulen [1, 4]
A 2.2.2.6	Muster-Richtlinie über bauaufsichtliche Anforrungen an Wohnformen für Menschen mit Pflegebedürftigkeit oder mit Behinderung:2012-05 [2]	Wohnformen für Menschen mit Pflegebedürftigkeit oder mit Behinderung [1, 4]
A 2.2.2.7	Muster-Richtlinie über den Bau und Betrieb von Hochhäusern (MHHR):2008-04, zuletzt geändert 2012-02 [2]	Hochhäuser [1, 4]
A 2.2.2.8	Muster-Richtlinie über den baulichen Brandschutz im Industriebau (Muster-Industriebaurichtlinie - MIndBauRL): 2019-05 [2]	Industriebau [1, 4]

1) nach Landesrecht

2) Für bauordnungsrechtliche Anforderungen in dieser Technischen Baubestimmung ist eine Abweichung nach § 85a (1) Satz 3 MBO ausgeschlossen; eine Abweichung von bauordnungsrechtlichen Anforderungen kommt nur nach § 67 MBO in Betracht. § 16a (2) und § 17 (1) MBO bleiben unberührt.

4) Vorschriften zur Erfüllung der anderen Grundanforderungen an bauliche Anlagen sind zu beachten.

*) § 85a Abs. 1 Satz 3 MBO [1] gilt nicht für Technische Baubestimmungen nach Abschn. A 2.2.2

Musterbauordnung 2002 (MBO) (zuletzt geändert durch Beschluss der Bauministerkonferenz vom 26./27.09.2024) *

Lutz Battran

Ausgangsvorschriften für alle Bauvorhaben sind die Landesbauordnungen, die jeweils als Gesetz in den 16 Bundesländern verabschiedet wurden.

Die Musterbauordnung (MBO), bzw. deren Fortschreibungen werden, wie andere Muster-Bauvorschriften, von der Bauministerkonferenz (kurz: ARGEBAU) bekannt gemacht. Danach liegt es an den Bundesländern, diese, ggf. mit entsprechenden Anpassungen, als Landesgesetz, in die Landesbauordnungen zu überführen. Im Folgenden sind Anforderungen der MBO auszugsweise wiedergegeben.

§ 2 Begriffe

Gebäudeklassen (GK) (§ 2 Abs. 3 MBO)

Viele Anforderungen der MBO sind anhängig von den GK:

- „GK 1: a) freistehende Gebäude mit einer Höhe bis zu 7 m und nicht mehr als zwei NE von insgesamt nicht mehr als 400 m^2 und b) freistehende land- oder forstwirtschaftlich genutzte Gebäude,
- GK 2: Gebäude mit einer Höhe bis zu 7 m und nicht mehr als zwei NE von insgesamt nicht mehr als 400 m^2,
- GK 3: sonstige Gebäude mit einer Höhe bis zu 7 m,
- GK 4: Gebäude mit einer Höhe bis zu 13 m und NE mit jeweils nicht mehr als 400 m^2,
- GK 5: sonstige Gebäude einschließlich unterirdischer Gebäude."

Bei der, für die GK maßgeblichen Höhe handelt es sich nicht im die tatsächliche Gebäudehöhe, sondern um das Maß der Fußbodenoberkante des höchstgelegenen Geschosses, in dem ein Aufenthaltsraum möglich ist, über der Geländeoberfläche im Mittel. Die, hinsichtlich der GK vorgegebenen Grundflächen sind hierbei die Brutto-Grundflächen, wobei Flächen in Kellergeschossen außer Betracht bleiben.

Sonderbauten

Die Anforderungen der MBO sind primär auf Standardbauten abgestimmt, gelten zunächst aber für alle Arten oder Nutzungen. Die LBOs enthalten jedoch, abhängig vom Bundesland, abschließende oder beispielhafte Aufzählungen (vgl. § 2 Abs. 4 MBOl), wonach bestimmte Gebäude, aufgrund ihrer besonderen Art oder Nutzung als Sonderbauten eingestuft werden. Für Sonderbauten gibt es teilweise besondere Vorschriften (geregelte Sonderbauten).

* **Abkürzungen:** Gebäudeklasse (GK) / Nutzungseinheit (NE)

Für Sonderbauten ohne Sonderbauvorschriften (ungeregelte Sonderbauten) schafft die MBO eine Eingriffsmöglichkeit für die Bauaufsicht, hier von der MBO abweichende Vorgaben zu treffen (§ 51 MBO).

Geschosse

„Geschosse sind oberirdische Geschosse, wenn ihre Deckenoberkanten im Mittel mehr als 1,40 m über die Geländeoberfläche hinausragen; im Übrigen sind sie Kellergeschosse. Hohlräume zwischen der obersten Decke und der Bedachung, in denen Aufenthaltsräume nicht möglich sind, sind keine Geschosse."

§ 5 Zugänge und Zufahrten auf den Grundstücken

„Von öffentlichen Verkehrsflächen ist insbesondere für die Feuerwehr ein geradliniger Zu- oder Durchgang zu rückwärtigen Gebäuden zu schaffen; zu anderen Gebäuden ist er zu schaffen, wenn der zweite Rettungsweg dieser Gebäude über Rettungsgeräte der Feuerwehr führt. Zu Gebäuden, bei denen die Oberkante der Brüstung von zum Anleitern bestimmten Fenstern oder Stellen mehr als 8 m über Gelände liegt, ist in den o.g. Fällen anstelle eines Zu- oder Durchgangs eine Zu- oder Durchfahrt zu schaffen. Ist für die Personenrettung der Einsatz von Hubrettungsfahrzeugen erforderlich, sind die dafür erforderlichen Aufstell- und Bewegungsflächen vorzusehen."

§ 6 Abstandsflächen, Abstände

„Vor den Außenwänden von Gebäuden sind Abstandsflächen von oberirdischen Gebäuden freizuhalten. Diese dürfen sich nicht überdecken. Die Tiefe der Abstandsfläche bemisst sich nach der Wandhöhe; sie wird senkrecht zur Wand gemessen. Wandhöhe ist das Maß von der Geländeoberfläche bis zum Schnittpunkt der Wand mit der Dachhaut oder bis zum oberen Abschluss der Wand." Die detaillierte Bemessung siehe § 6 MBO.

4

Schutzziele Brandschutz

Den materiellen Brandschutzanforderungen vorangestellt sind die Schutzziele:

§ 14 Brandschutz

„Bauliche Anlagen sind so anzuordnen, zu errichten, zu ändern und instand zu halten, dass der Entstehung eines Brandes und der Ausbreitung von Feuer und Rauch (Brandausbreitung) vorgebeugt wird und bei einem Brand die Rettung von Menschen und Tieren sowie wirksame Löscharbeiten möglich sind."

Brandverhalten von Baustoffen und Bauteilen:

Nachfolgend werden auszugsweise die Grundanforderungen der MBO wiedergegeben. Die konkreten Anforderungen an die Baustoffe bzw. den Feuerwiderstand siehe Seite 114 ff

§ 26 Allgemeine Anforderungen an das Brandverhalten von Baustoffen und Bauteilen

„Baustoffe, die nicht mindestens normalentflammbar sind (leichtentflammbare Baustoffe), dürfen nicht verwendet werden; dies gilt nicht, wenn sie in Verbindung mit anderen Baustoffen nicht leichtentflammbar sind." Zusätzlich werden zusätzliche Anforderungen an Bauteile formuliert, die über den eigentlichen Feuerwiderstand hinausgehen. Siehe hierzu auch am Ende dieses Kapitels.

§ 27 Tragende Wände, Stützen

„... müssen im Brandfall ausreichend lang standsicher sein."

§ 28 Außenwände

„Außenwände und Außenwandteile wie Brüstungen und Schürzen sind so auszubilden, dass eine Brandausbreitung auf und in diesen Bauteilen ausreichend lang begrenzt ist."

„Bei Außenwandkonstruktionen mit geschossübergreifenden Hohl- oder Lufträumen wie hinterlüfteten Außenwandbekleidungen sind gegen die Brandausbreitung besondere Vorkehrungen zu treffen. Dies gilt entsprechend für Doppelfassaden. Zu diesem Thema enthält z.B. die Richtlinie „Hinterlüftete Außenwandbekleidungen", die als Anhang 6 zur MVV TB veröffentlicht wurde, konkrete Vorgaben."

§ 29 Trennwände

„Trennwände müssen als raumabschließende Bauteile von Räumen oder NE innerhalb von Geschossen ausreichend lang widerstandsfähig gegen die Brandausbreitung sein. Trennwände sind erforderlich

1. zwischen NE sowie zwischen NE und anders genutzten Räumen, ausgenommen notwendigen Fluren,
2. zum Abschluss von Räumen mit Explosions- oder erhöhter Brandgefahr,
3. zwischen Aufenthaltsräumen und anders genutzten Räumen im Kellergeschoss."

§ 30 Brandwände

„Brandwände müssen als raumabschließende Bauteile zum Abschluss von Gebäuden (Gebäudeabschlusswand) oder zur Unterteilung von Gebäuden in Brandabschnitte (innere Brandwand) ausreichend lang die Brandausbreitung auf andere Gebäude oder Brandabschnitte verhindern."

„Brandwände sind erforderlich

1. als Gebäudeabschlusswand, ausgenommen von Gebäuden ohne Aufenthaltsräume und ohne Feuerstätten mit nicht mehr als 50 m^3 Brutto-Rauminhalt, wenn diese Abschlusswände an oder mit einem Abstand von weniger als 2,50 m gegenüber der Grundstücksgrenze errichtet werden, es sei denn, dass ein Abstand von mindestens 5 m zu bestehenden oder nach den baurechtlichen Vorschriften zulässigen künftigen Gebäuden gesichert ist;
2. als innere Brandwand zur Unterteilung ausgedehnter Gebäude in Abständen von nicht mehr als 40 m,

3. als innere Brandwand zur Unterteilung landwirtschaftlich genutzter Gebäude in Brandabschnitte von nicht mehr als 10 000 m^3 Brutto-Rauminhalt,
4. als Gebäudeabschlusswand zwischen Wohngebäuden und angebauten landwirtschaftlich genutzten Gebäuden sowie als innere Brandwand zwischen dem Wohnteil und dem landwirtschaftlich genutzten Teil eines Gebäudes."

§ 31 Decken

„Decken müssen als tragende und raumabschließende Bauteile zwischen Geschossen im Brandfall ausreichend lang standsicher und widerstandsfähig gegen die Brandausbreitung sein."

§ 32 Dächer

„Bedachungen müssen gegen eine Brandbeanspruchung von außen durch Flugfeuer und strahlende Wärme ausreichend lang widerstandsfähig sein (harte Bedachung). Bedachungen, die die Anforderung nicht erfüllen, sind zulässig bei Gebäuden der GK 1 bis 3, wenn die Gebäude

1. einen Abstand von der Grundstücksgrenze von mindestens 12 m (Wohngebäude der GK 1 und 2 (WG 1, 2) mindestens 6 m),
2. von Gebäuden auf demselben Grundstück mit harter Bedachung einen Abstand von mindestens 15 m (WG 1, 2 mindestens 9 m),
3. von Gebäuden auf demselben Grundstück mit Bedachungen, die die Anforderungen nach Absatz 1 nicht erfüllen, einen Abstand von mindestens 24 m (WG 1, 2 Mindestens 12 m),
4. von Gebäuden auf demselben Grundstück ohne Aufenthaltsräume und ohne Feuerstätten mit nicht mehr als 50 m^3 Brutto-Rauminhalt einen Abstand von mindestens 5 m."

Rettungswege

§ 33 Erster und zweiter Rettungsweg

„Für NE, wie Wohnungen, Praxen, selbstständige Betriebsstätten müssen in jedem Geschoss mit Aufenthaltsräumen mindestens zwei voneinander unabhängige Rettungswege ins Freie vorhanden sein; beide Rettungswege dürfen jedoch innerhalb des Geschosses über denselben notwendigen Flur führen. Ein zweiter Rettungsweg ist für eingeschossige, zu ebener Erde liegende NE nicht erforderlich, wenn im Brandfall die Rettung über einen direkten Ausgang ins Freie möglich ist.

Für NE (s.o.) die nicht zu ebener Erde liegen, muss der erste Rettungsweg über eine notwendige Treppe führen. Der zweite Rettungsweg kann eine weitere notwendige Treppe oder eine mit Rettungsgeräten der Feuerwehr erreichbare Stelle der Nutzungseinheit sein" Das betreffende Fenster muss dann, gemäß § 37 Abs. 5 im Lichten mindestens 0,90 m x 1,20 m groß und nicht höher als 1,20 m über der Fußbodenoberkante angeordnet sein. Liegen diese Fenster in Dachschrägen oder Dachaufbauten, so darf ihre Unterkante oder ein davor liegender Austritt von der Traufkante horizontal gemessen nicht mehr als 1 m entfernt sein."

„Ein zweiter Rettungsweg ist nicht erforderlich, wenn die Rettung über einen sicher erreichbaren Treppenraum möglich ist, in den Feuer und Rauch nicht eindringen können (Sicherheitstreppenraum). Gebäude, deren zweiter Rettungsweg über Rettungsgeräte der Feuerwehr führt und bei denen die Oberkante der Brüstung von zum Anleitern bestimmten Fenstern oder Stellen mehr als 8 m über der Geländeoberfläche liegt, dürfen nur errichtet werden, wenn die Feuerwehr über die erforderlichen Rettungsgeräte wie Hubrettungsfahrzeuge verfügt. Bei Sonderbauten ist der zweite Rettungsweg über Rettungsgeräte der Feuerwehr nur zulässig, wenn keine Bedenken wegen der Personenrettung bestehen."

§ 34 Treppen

„Jedes nicht zu ebener Erde liegende Geschoss und der benutzbare Dachraum eines Gebäudes müssen über mindestens eine Treppe zugänglich sein (notwendige Treppe). Statt notwendiger Treppen sind Rampen mit flacher Neigung zulässig."

„Notwendige Treppen sind in einem Zuge zu allen angeschlossenen Geschossen zu führen."

Die Breite von notwendigen Treppen, sowie deren Hauptmaße ergeben sich aus der bauordnungsrechtlich eingeführten DIN 18065.

§ 35 Notwendige Treppenräume, Ausgänge

„Jede notwendige Treppe muss zur Sicherstellung der Rettungswege aus den Geschossen ins Freie in einem eigenen, durchgehenden Treppenraum liegen (notwendiger Treppenraum)."

„Notwendige Treppen sind ohne eigenen Treppenraum zulässig

1. in Gebäuden der GK 1 und 2,
2. für die Verbindung von höchstens zwei Geschossen innerhalb derselben NE von insgesamt nicht mehr als 200 m^2, wenn in jedem Geschoss ein anderer Rettungsweg erreicht werden kann,
3. als Außentreppe, wenn ihre Nutzung ausreichend sicher ist und im Brandfall nicht gefährdet werden kann."

„Von jeder Stelle eines Aufenthaltsraumes sowie eines Kellergeschosses muss mindestens ein Ausgang in einen notwendigen Treppenraum oder ins Freie in höchstens 35 m Entfernung erreichbar sein."

„Jeder notwendige Treppenraum muss einen unmittelbaren Ausgang ins Freie haben."

§ 36 Notwendige Flure, offene Gänge

Flure, über die Rettungswege aus Aufenthaltsräumen oder aus NE mit Aufenthaltsräumen zu Ausgängen in notwendige Treppenräum e oder ins Freie führen (notwendige Flure), müssen so angeordnet und ausgebildet sein, dass die Nutzung im Brandfall ausreichend lang möglich ist.

„Notwendige Flure sind durch nichtabschließbare, rauchdichte und selbstschließende Abschlüsse in Rauchabschnitte zu unterteilen. Die Rauchabschnitte sollen nicht länger als 30 m sein."

Aufzüge

§ 39 Aufzüge

„Aufzüge im Innern von Gebäuden müssen eigene Fahrschächte haben, um eine Brandausbreitung in andere Geschosse ausreichend lang zu verhindern. In einem Fahrschacht dürfen bis zu drei Aufzüge liegen. Aufzüge ohne eigene Fahrschächte sind zulässig

1. innerhalb eines notwendigen Treppenraumes, ausgenommen in Hochhäusern,
2. innerhalb von Räumen, die Geschosse überbrücken,
3. zur Verbindung von Geschossen, die offen miteinander in Verbindung stehen dürfen,
4. in Gebäuden der GK 1 und 2; sie müssen sicher umkleidet sein."

Anforderungen an Öffnungen in raumabschließenden Bauteilen

Grundanforderungen an raumabschließende Bauteile siehe Seite 114 ff

Grundsätzlich dürfen raumabschließende Bauteile durch Öffnungen brandschutztechnisch nicht geschwächt werden. Leitungs- und Lüftungsdurchführungen sind also durch qualifizierte Systeme so abzuschotten, dass der erforderliche Feuerwiderstand auch hier gegeben ist.

Darüber hinaus gibt es im Bauordnungsrecht aber etliche Spezialregelungen. Die Wichtigsten werden im Folgenden wiedergegeben.

§ 40 Leitungsanlagen, Installationsschächte und -kanäle

„… gilt nicht

1. für Gebäude der GK 1 und 2,
2. innerhalb von Wohnungen,
3. innerhalb derselben NE mit nicht mehr als insgesamt 400 m^2 in nicht mehr als zwei Geschossen."

Konkretere Regelungen enthält die bauordnungsrechtlich eingeführte „Leitungsanlagen-Richtlinie".

§ 41 Lüftungsanlagen

„Die Anforderungen gelten nicht

1. für Gebäude der GK 1 und 2,
2. innerhalb von Wohnungen,
3. innerhalb derselben NE mit nicht mehr als 400 m^2 in nicht mehr als zwei Geschossen."

Konkretere Regelungen enthält die bauordnungsrechtlich eingeführte „Leitungsanlagen-Richtlinie".

Tabelle: Bauordnungsrechtliche Anforderungen an Bauteile abhängig von der jeweiligen GK

§ 27	**Tragende Wände, Stützen**
	im Dachgeschoss, wenn darüber keine Aufenthaltsräume möglich sind (oberstes DG)
	im Dachgeschoss, wenn darüber Aufenthaltsräume möglich sind
	im Normalgeschoss
	im Kellergeschoss
§ 28	**Außenwände**
	nichttragende Außenwände und Teile
	außenseitige Oberflächen
§ 29	**Trennwände**
	von Nutzungseinheiten im obersten DG: (Wohngebäude):
	von Nutzungseinheiten im DG, wenn darüber noch Aufenthaltsräume möglich sind: (Wohngebäude:)
	von Nutzungseinheiten im Normalgeschoss: (Wohngebäude):
	von Aufenthaltsräumen im Kellergeschoss: (Wohngebäude):
	von Räumen mit Explosionsgefahr/erheblicher Brandgefahr: (Wohngebäude):
§ 30	**Brandwände und zulässige Wände anstelle von Brandwänden**
	Gebäudeabschlusswände
	innere Brandwände

GK 1	GK 2	GK 3	GK 4	GK 5
ne	ne	ne	ne	ne
ne	fh	fh	hf	fb
ne	fh	fh	hf	fb
fh	fh	fb	fb	fb
ne	ne	ne	nb oder fh	nb oder fh
ne	ne	ne	se	se
fh (ohne)	fh (ohne)	fh	fh	fh
fh (ohne)	fh (ohne)	fh	hf	fb
fh (ohne)	fh (ohne)	fh	hf	fb
fh (ohne)	fh (ohne)	fb	fb	fb
fb (ohne)	fb (ohne)	fb	fb	fb
hf oder fh/fb	hf oder fh/fb	hf oder fh/fb	hf+M	fb+nb+M
(entfällt)	(entfällt)	hf	hf+M	fb+nb+M

Tabelle: Bauordnungsrechtliche Anforderungen an Bauteile abhängig von der jeweiligen GK (Fortsetzung)

§ 31	**Decken**
	im Dachgeschoss, wenn darüber keine Aufenthaltsräume möglich sind (oberstes DG)
	im Dachgeschoss, wenn darüber Aufenthaltsräume möglich sind
	im Normalgeschoss
	im Kellergeschoss
	von Räumen mit Explosionsgefahr/erheblicher Brandgefahr: (Wohngebäude:)
§ 35	**Wände notwendiger Treppenräume**
	in allen Geschossen
§ 36	**Wände notwendiger Flure**
	in Normal- und Dachgeschossen:
	in Kellergeschossen: (Wohngebäude:)
§ 39	**Fahrschachtwände**
	in allen Geschossen
ne:	normal entflammbar (Mindestanforderung der MBO; gilt immer dann, wenn keine expliziten Anforderungen in der Bauordnung enthalten sind)
se:	schwerentflammbar
nb:	nichtbrennbar
fh:	feuerhemmend
hf:	hochfeuerhemmend
fb:	feuerbeständig
M:	unter zusätzlicher mechanischer Beanspruchung
fh/fb:	von innen nach außen feuerhemmend und von außen nach innen mit der Feuerwiderstandsdauer feuerbeständiger Bauteile
*	Oberflächen (treppenraum-, flur- bzw. schachtseitig): nichtbrennbar

GK 1	GK 2	GK 3	GK 4	GK 5
ne	ne	ne	ne	ne
ne	fh	fh	hf	fb
ne	fh	fh	hf	fb
fh	fh	fb	fb	fb
fb (ohne)	fb (ohne)	fb	fb	fb
(entfällt)	(entfällt)	fh	hf+M*	fb+nb+M
(entfällt)	(entfällt)	fh*	fh*	fh*
fh* (entfällt)	fh* (entfällt)	fb*	fb*	fb*
(entfällt)	(entfällt)	fh*	hf*	fb+nb

Tür- und Toröffnungen

Trennwände (§ 29 Abs. 5 MBO)
„Öffnungen in Trennwänden nach § 29 Absatz 2 sind nur zulässig, wenn sie auf die für die Nutzung erforderliche Zahl und Größe beschränkt sind; sie müssen feuerhemmende, dicht- und selbstschließende Abschlüsse haben."

Brandwände (§ 30 Abs. 8 MBO)
„Öffnungen in Brandwänden sind unzulässig. Sie sind in inneren Brandwänden nur zulässig, wenn sie auf die für die Nutzung erforderliche Zahl und Größe beschränkt sind; die Öffnungen müssen feuerbeständige, dicht- und selbstschließende Abschlüsse haben."

Decken (§ 31 Abs. 4 MBO)
(Ungeschützte) „Öffnungen in Decken, für die eine Feuerwiderstandsfähigkeit vorgeschrieben ist, sind nur zulässig

1. in Gebäuden der GK 1 und 2
2. innerhalb derselben Nutzungseinheit mit nicht mehr als insgesamt 400 m^2 in nicht mehr als zwei Geschossen
3. im Übrigen, wenn sie auf die für die Nutzung erforderliche Zahl und Größe beschränkt sind und Abschlüsse mit der Feuerwiderstandsfähigkeit der Decke haben.

Treppenräume (§ 35 Abs. 6 MBO)
„In notwendigen Treppenräumen müssen Öffnungen

1. zu Kellergeschossen, zu nicht ausgebauten Dachräumen, Werkstätten, Läden, Lager- und ähnlichen Räumen sowie zu sonstigen Räumen und NE mit einer Fläche von mehr als 200 m^2, ausgenommen Wohnungen, mindestens feuerhemmende, rauchdichte und selbstschließende Abschlüsse,
2. zu notwendigen Fluren rauchdichte und selbstschließende Abschlüsse,
3. zu sonstigen Räumen und NE mindestens dicht- und selbstschließende Abschlüsse haben. Die Feuerschutz- und Rauchschutzabschlüsse dürfen lichtdurchlässige Seitenteile und Oberlichte enthalten, wenn der Abschluss insgesamt nicht breiter als 2,50 m ist."

Bauordnungsrechtliche Baustoff- und Bauteilanforderungen – Zuordnung der Klassifizierungen zu DIN-Klassifizierungen

In der MBO sind keine DIN-Klassifizierungen mehr enthalten. Dies wäre auch nicht mehr so ohne weiteres möglich, denn

- zur Umsetzung der bauordnungsrechtlichen Anforderungen kommen sowohl europäisch, als auch national klassifizierte Bauprodukte, bzw. Bauarten in Frage,
- bauordnungsrechtliche Zusatzanforderungen aus § 26 Abs. 2 MBO und der MVV TB an Bau-

teile müssen erfüllt werden (Beispiele „wesentliche Teile aus nichtbrennbaren Baustoffen", „Brandschutzbekleidung", „Glimmbrandverhalten") und

- teilweise bestehen Regelungslücken hinsichtlich Einbau und Dokumentation

Die MVV TB, Anhang 4, auch „Zuordnungsregel" genannt stellt das Bindeglied zwischen den Anforderungen der Landesbauordnungen und den Bauprodukten her. In der der Zuordnungsregel sind die Mindestanforderungen an Leistungen und Klassifizierungen von Bauprodukten und Bauarten geregelt, die diese beim Einbau in ein Bauwerk erfüllen müssen.

Hier werden anhand von Tabellen bauordnungsrechtliche Begriffe in die „Normungssprache" übersetzt und ggf. zusätzliche bauordnungsrechtliche Anforderungen, auch für Einbau, Unterhalt und Dokumentation aufgezeigt.

Ohne diese Zuordnungsregel ist die ordnungsgemäße Umsetzung der bauordnungsrechtlichen Anforderungen am Bauwerk praktisch nicht möglich.

Seit der MVV TB 1-2019 sind die Zuordnungen von feuerwiderstandsfähigen Lüftungsleitungen und Brandschutzklappen in MVV TB Anhang 14, Abschn. 6 enthalten.

Beispiel Feuerschutzabschluss in der Trennwand GK 5

MBO: „Öffnungen in Trennwänden nach Absatz 2 sind nur zulässig, wenn sie auf die für die Nutzung erforderliche Zahl und Größe beschränkt sind; sie müssen feuerhemmende, dicht- und selbstschließende Abschlüsse haben." (§ 29 Abs. 5 MBO).

→ Anforderung: feuerhemmend, dicht und selbstschließend

Variante 1: Nachweis nach DIN 4102

Zuordnungsregel MVV TB Anhang 4 Tabelle 5.1.1

→ Anforderung: T 30 + dichtschließend (derzeit üblicher Nachweis für Innentüren).

Zu dichtschließend siehe MVV TB Anhang 4 Abschnitt 5.4

Variante 2 nach DIN EN 13501 bzw. DIN EN 16034

Zuordnungsregel MVV TB Anhang 4 Tabelle 5.1.4

→ Anforderung: $EI_2 30\ S_a C5$ (Dieser Nachweis ist derzeit nur für Außentüren und Tore zu führen)

Für Feuerschutzabschlüsse nach DIN EN 16034 enthält die MVV TB Anhang 4 Abschnitt 5.1.6 umfangreiche Verwendungs- und Ausführungsbestimmungen, die beim Einbau zusätzlich zu beachten sind.

Holzbau

Für Holz-(Neu-)bauten, im Wesentlichen aus vorgefertigten Elementen, oberhalb GK 3 enthält die Muster-Holzbaurichtlinie umfangreiche Vorgaben.

Die neue Muster-Garagen- und Stellplatzverordnung löst die Fassung vom Mai 2008 ab. Die damit verbundenen zahlreichen Änderungen sind aus der nachstehenden tabellarischen Fassung ersichtlich. Die Änderungen sind durch Streichung und Rot-Druck (neuer Text) kenntlich gemacht

Auf begriffliche und redaktionelle Änderungen wird nicht eingangen.

Muster einer Verordnung über den Bau und Betrieb von Garagen und Stellplätzen – Muster-Garagen- und Stellplatzverordnung M-GarVO [1)] (Fassung 14. Juli 2022, zul. geänd. 10.12.2024)

§ 1 Anwendungsbereich und Begriffe

(1) Die Verordnung gilt für Stellplätze und Garagen im Sinne von § 2 Abs. 7 und § 49 der Musterbauordnung.

(2) Die Verordnung gilt nicht für Gebäude/Gebäudeteile zum Abstellen von

1. Dienstfahrzeugen, die dem Brand- und Katastrophenschutz oder dem Rettungsdienst dienen
2. Arbeitsmaschinen oder land- und forstwirtschaftliche Zugmaschinen.
3. Betriebsfahrzeugen in Werk- und Lagerräumen von Handwerksbetrieben, wenn die Abstellfläche im Arbeitsraum im Verhältnis zur Grundfläche des Arbeitsraumes untergeordnet ist.

§ 2 Begriffe und allgemeine Anforderungen

Kleingaragen:	• Garagen mit einer Nutzfläche bis 100 m²
Offene Kleingaragen:	• wenn unverschließbare Öffnungen (insgesamt mind. ein Drittel der Gesamtfläche der Umfassungswände) unmittelbar ins Freie führen
Mittelgaragen:	• Garagen mit einer Nutzfläche über 100 m² bis 1000 m²
Offene Mittelgaragen:	• wenn in jedem Geschoß unverschließbare Öffnungen (insgesamt mind. ein Drittel der Gesamtfläche der Umfassungswände) unmittelbar ins Freie führen und • bei denen mind. 2 sich gegenüberliegende Umfassungswände mit den den ins Freie führenden Öffnungen ≤ 70 m voneinander entfernt sind und • eine ständige Querlüftung im Bereich der Stellplätze vorhanden ist; (darf nicht z.B. durch vorgestellte Wände oder Außenwandbegrünungen eingeschränkt werden).
Großgaragen:	• Garagen mit einer Nutzfläche über 1000 m²

Offene Großgaragen:
- Anforderungen wie bei offenen Mittelgaragen

Oberirdische Garagen:
- wenn Fußboden im Mittel ≤ 1,50 m unter Geländeoberfläche.

Automatische Garagen:
- Garagen ohne Personen- und Fahrverkehr, Kraftfahrzeuge werden mit mechanischen Förderanlagen von der Garagenzufahrt zu den Stellplätzen und zurück zur Ausfahrt befördert.

Nutzfläche einer Garage:
- Summe aller miteinander verbundenen Flächen der Stellplätze, Abstellplätze für Fahrräder, Anhänger und Elektrokleinstfahrzeuge sowie der Verkehrsflächen.
- bei automatischen Garagen Summe der Flächen aller Stellplätze
- nicht zugerechnet (soweit nichts anderes bestimmt) werden Stellplätze auf Dächern und zugehörige Verkehrsflächen.

Allgemeine Anforderung:
- für tragende, aussteifende und raumabschließende Bauteile gelten die Anforderungen der MBO an Gebäudeklasse 5 (soweit in dieser VO nicht andersbestimmt)
- nicht anzuwenden sind die Erleichterungen nach MBO
  § 29 Abs. 6 (betrifft Trennwände)
  § 30 Abs. 3 Satz 2 (betrifft Brandwände)
  § 31 Abs. 4 Nrn. 1 und 2 (betrifft Decken)
  § 36 Abs. 1 Satz 2 Nr. 2 (betrifft Notwendige Flure)
  § 39 Abs. 1 Satz 3 Nr. 4 (betrifft Aufzüge)
  § 40 Abs. 1 Nrn. 1 und 3 (betrifft Leitungsanlagen)
  § 41 Abs. 5 Nrn. 1 und 3 (betrifft Lüftungsanl

4

Fußnoten zu Tabelle 1 (siehe Folgeseiten)

1) Regelungen gelten sinngemäß auch für Stellplatzanlagen
2) bei Rampen, die nicht begangen werden dürfen ist auf das Verbot hinzuweisen
3) gilt nicht für Stellplätze auf horizontal verschiebbaren Plattformen
4) gilt nicht für automatische Garagen

Tabelle 1: Anforderungen nach Muster-Garagen- und Stellplatzverordnung

Nr.	Kleingaragen (K) / Mittelgaragen (M) / Großgaragen (G) * Anforderungen	K	M	G
	§ 3 Zu- und Abfahrten [1]			
1	• zwischen Garagen und öff. Verkehrsfläche: Zu- und Abfahrten mit ≥ 3 m Länge • vor Schranken/Toren etc. kann ist Stauraum für wartende Fahrzeuge gefordert werden vorzusehen	•	•	•
2	• Fahrbahnbreite ≥ 2,75 m im Bereich von Zu- und Abfahrtsperren 2,30 m • breiter Fahrbahnen in Kurven mit Innenradius < 10 m können gefordert werden sind vorzusehen wenn wegen Verkehrssicherheit erforderlich • Radius innerer Fahrbahnrand ≥ 5 m		•	•
3	• müssen getrennte Fahrbahnen für Zu- und Abfahrt haben • Gehweg neben Zu- und Abfahrten mit Breite ≥ 0,80 m, erhöht oder abgegrenzt			•
4	Stellplätze auf Dächern und dazugehörige Verkehrsflächen sind der Nutzfläche zuzurechnen		•	•
	§ 4 Rampen [1]			
5	• zwischen Verkehrsfläche und Rampen mit Neigung > 10 % muss eine ≥ 3 m lange Fläche mit geringerer Neigung ≤ 5 % liegen	•	•	•
6	• Rampen: Neigung ≤ 15 %, Fahrbahnbreite ≥ 2,75 m, • gewendelte Rampenbereiche: Fahrbahnbreite ≥ 3,50 m, Querneigung ≥ 3 %, Radius innerer Fahrbahnrand ≥ 5,0 m		•	•
7	• Gehweg neben von Fußgängern benutzten Rampen [2] mit Breite ≥ 0,80 m, erhöht oder abgegrenzt			•
	§ 5 Stellplätze und Fahrgassen [4]			
8	• notwendige Stellplätze: geforderte Länge ≥ 5 m [3] • notwendige Stellplätze, geforderte Breite, wenn keine/eine/jede Längsseite im Abstand bis zu 0,10 m durch Wände, Stützen, andere Bauteile, Einrichtungen begrenzt ist: ≥ 2,30/2,40/2,50 m [3] • Breite als barrierefreier Stellplatz: ≥ 3,50 m • Breite auf kraftbetriebenen Hebebühnen: 2,30 m • Unzulässig: Stellplätze auf kraftbetriebenen, geneigten Hebebühnen in allgemein zugänglichen Garagen	•	•	•

* Die Zeilennummerierung ist nicht Teil der Muster-Verordnung

Tabelle 1 Fortsetzung

Nr.	Kleingaragen (K) / Mittelgaragen (M) / Großgaragen (G) * Anforderungen	K	M	G
9	• Breite der Fahrgassen für Zu-/Abfahrt von Stellplätzen bei Anordnung der Stellplätze mit 90° und Stellplatzbreite 2,30/2,40/2,50 m: 6,50/6,00/5,50 m mit 45° und Stellplatzbreite 2,30/2,40/2,50 m: 3,50/3,25/3,00 m Zwischenwerte: linear interpolieren	•	•	•
10	• Breite von Fahrgassen nicht unmittelbar für Zu-/Abfahrt von Stellplätzen ≥ 2,75 m	•	•	•
	bei Gegenverkehr ≥ 5 m		•	•
	§ 6 Lichte Höhe			
11	• gefordert in zum Gehen bestimmten Bereichen: ≥ 2 m		•	•
	§§ 7 und 11 Wände, Stützen, Decken, Dächer			
12	• tragende Wände: **ohne** Feuerwiderstand • tragende Decken: **ohne** Feuerwiderstand • Garagen in sonst anders genutzten Gebäuden: Anforderungen nach §§ 27 und 31 MBO	•		
13	Decken zwischen Garagen und anderen Räumen/Gebäuden: raumabschließend **fh**, soweit keine weitergehenden Anforderungen nach § 29 Abs. 3 und § 31 Abs. 1 und 2 MBO, gilt nicht: bei offenen Garagen und bei Räumen/Gebäuden für Abstellzwecke ≤ 20 m² Grundfläche	•		
14	• tragende und aussteifende Wände/Stützen: **fb**		•	•
	• tragende und raumabschließende Decken: **fb**, Öffnungen für Rampen zulässig (im Rahmen der Regelungen des § 12)		•	•
15	Stellplätze ≤ 22 m über Geländeoberfläche Wände, Stützen, Decken nach Zeile 14 • bei oberirdischen Garagen: **fh + nb Baustoffe** (soweit keine weitergehenden Anforderungen aus §§ 27 und 31 MBO) • bei offenen oberirdischen Garagen (Gebäude nur als Garage genutzt): **nb Baustoffe**, wenn Tiefe ≤ 70 m oder Stellplätze unmittelbar an Außenwand • bei 1-geschossigen oberirdischen Garagen auch mit Stellplätzen auf Dächern (Gebäude nur als Garage genutzt): **fh** oder **nb Baustoffe**		•	•
16	bei automatischen Garagen (Gebäude nur als Garage genutzt): **nb Baustoffe**	•	•	•

4

Tabelle 1 Fortsetzung

	Kleingaragen (K) / Mittelgaragen (M) / Großgaragen (G) *			
Nr.	**Anforderungen**	**K**	**M**	**G**
17	Befahrbare Dächer von Gargen: wie Anforderungen an Decken	•	•	•
18	Bekleidungen und Dämmschichten aus • **nb Baustoffen**			•
	• mindestens **schwerentflammbaren Baustoffen**		•	
	~~wenn deren Bestandteile volumenmäßig überwiegend nicht brennbar sind und Abstand zur Decke ≤ 0,02 m~~			×
	§ 8 Außenwände			
19	• Ausführung nach § 28 MBO	•	•	•
	• nur als Garage genutzte Gebäude + oberstes Geschoß mit Stellplätzen ≤ 7 m über Gelände: Erleichterungen nach § 28 Abs. 5 MBO	•	•	•
20	• Garagengeschosse mit Stellplätzen > 22 m über Gelände: Oberflächen und Bekleidungen (mit Dämmstoffen und Unterkonstruktionen **nb**		•	•
	§§ 9 und 11 Trennwände, sonstige Innenwände und Tore			
21	zwischen Garagen sowie Garagen und anders genutzten Räumen/ Gebäuden: Trennwände raumabschließend	•	•	•
22	• Trennwände nach Zeile 21: Feuerwiderstand wie tragende und aussteifende Bauteile des Geschosses, mind. **fh + nb Baustoffe**		•	•
23	sonstige Innenwände, Abtrennungen, Tore,zur räumlichen Abgrenzung von Stellplätzen und Abstellplätzen: aus **nb Baustoffen** und dürfen Löscharbeiten, Lüftung und Rauchableitung nicht beeinträchtigen		•	•
24	unmittelbare Verbindung geschlossener Garagen mit anderen Garagen/ nicht zur Garage gehörenden Räumen/Gebäuden nur durch Öffnungen mit Abschlüssen mind. **fh + dicht- + selbstschließend**	•		
	§§ 10 und 11 Gebäudeabschlusswände			
25	• Ausführung als Brandwände		•	•
	• 1-geschossige oberirdische Garagen (Gebäude nur als Garage genutzt): Wände ≥ hf bei zusätzlicher mechanischer Beanspruchung		•	•
	• es genügen Wände ohne Öffnungen **fh** oder aus **nb Baustoffen** • bei offenen Garagen: keine Gebäudeabschlusswände erforderlich, auch bei angebauten Abstellräumen ≤ 20 m^2 Grundfläche	•		

Tabelle 1 Fortsetzung

	Kleingaragen (K) / Mittelgaragen (M) / Großgaragen (G) *			
Nr.	**Anforderungen**	**K**	**M**	**G**
	§ 12 Brandabschnitte			
26	• Unterteilung mit Brandwänden in Brandabschnitte mit Nutzfläche ≤ 5000 m² bei geschlossenen oberirdischen Garagen Nutzfläche ≤ 2500 m² bei sonstigen geschlossenen Garagen, doppelte Nutzfläche, wenn selbsttätige Feuerlöschanlagen vorhanden BruttoRauminhalt ≤ 6000 m³ bei automatischen Garagen			•
27	• Öffnungen in Brandwänden mit Abschlüssen **fb**, dicht-, selbstschließend, mit selbsttätigen Feuerlöschanlagen: **fh**, dicht-, selbstschließend • Abschlüsse im Bereich von Fahrgassen mit Feststellanlagen. die bei Raucheinwirkung selbsttätig schließen			•
28	• § 30 Abs. 3 Nr. 2 MBO gilt nicht für Garagen (Brandwände zur Unterteilung ausgedehnter Gebäude in Abständen von ≤ 40 m,			•
	§ 13 Verbindungen zu Garagen und zwischen Garagengeschossen			
29	Flure, notwendige Treppenräume, Aufzugvorräume, die nicht nur der Garagennutzung diesen, dürfen verbunden sein mit • geschlossenen Garagen nur durch Räume mit **fb** Wänden und Decken (Sicherheitsschleusen), mit Abschlüssen in Öffnungen von Wänden – zu Garagen **fh**, dicht- + selbstschließend – zu Fluren/notwendigen Treppenräumen rauchdicht + selbstschließend – zu sonstigen Räumen **fh**, rauchdicht + selbstschließend Abstand von Garagentür zu Tür zum Flur/notwendigen Treppenraum in der Sicherheitsschleuse ≥ 3 m • sonstigen Garagen unmittelbar durch Abschlüsse mind. **fh**, selbstschließend		•	•
30	Sicherheitsschleuse darf direkt mit Aufzug verbunden sein, wenn Aufzug in eigenem fb Schacht liegt oder direkt ins Freie führt		•	•
31	Verbindung mit sonstigen nicht zur Garage gehörenden Räumen und anderen Gebäuden • nur durch Öffnungen mit mind. fh, rauchdichten und selbstschließenden Abschlüssen • bei automatischen Garagen: unzulässig		•	•
32	notwendige Treppenräume zur Verbindung von Garagengeschossen: Öffnungen mit Abschlüssen mind. fh, rauchdicht + selbstschließend	•	•	•

4

Tabelle 1 Fortsetzung

	Kleingaragen (K) / Mittelgaragen (M) / Großgaragen (G) *			
Nr.	**Anforderungen**	**K**	**M**	**G**
	§ 14 Rettungswege [4)]			
33	in jedem Geschoss zwei von einander unabhängige bauliche Rettungswege, die unmittelbar oder über notwendige Treppen ins Freie führen, zulässig: ein Rettungsweg über Rampen		•	•
	oberirdische Garagen: 1 Rettungsweg genügt, wenn Entfernung zu einem Ausgang ins Freie ≤ 10 m; wenn Stellplätze im Mittel ≤ 3 m über Gelände genügen notwendige Treppen als Rettungswege		•	•
34	Entfernung (~~Luftlinie, nicht durch Bauteile~~ Lauflinie, nicht über Stellplätze) von jeder Stelle innerhalb eines jeden Geschosses • bei offenen Garagen zu mind. einem Ausgang ins Freie/einem notwendigen Treppenraum bzw. einer notwendigen Treppe ≤ 50 m • bei geschlossenen Garagen zur Sicherheitsschleuse ≤ 35 m		•	•
35	• Hinweis auf Ausgänge durch dauerhafte, leicht erkennbare, lang nachleuchtende Sicherheitszeichen		•	•
	• Rettungswege sind auf Fußboden dauerhaft und leicht erkennbar zu markieren, an Wänden lang nachleuchtend zu kennzeichnen			•
36	Zeilen 33 bis 35 gelten sinngemäß auch für Stellplätze auf Dächern		•	•
	§ 15 Beleuchtung, Sicherheitsbeleuchtung [4)]			
36	allgemeine elektrische Beleuchtung, Betriebszeit ≥ 20 lux, sonst ≥ 1 lux		•	•
	• bei festem Nutzerkreis: durch Melder gesteuerte Beleuchtung ≥ 20 lux, Grundbeleuchtung entbehrlich		•	•
37	geschlossene Garagen: • Sicherheitsbeleuchtung für Rettungswege und Sicherheitszeichen			•
	• Kennzeichnung Ausgänge ins Freie und zu notwendigen Treppenräumen durch akkugepufferte Notleuchten mit ≥ 30 min Notbetrieb		•	
	§ 16 Lüftung (gekürzt) [4)]			
38	geschlossene Garagen: maschinelle Abluftanlagen, maschinelle Zuluftanlage, wenn nicht ausreichende Zuluftöffnungen		•	•

Tabelle 1 Fortsetzung

	Kleingaragen (K) / Mittelgaragen (M) / Großgaragen (G) *			
Nr.	**Anforderungen**	**K**	**M**	**G**
39	bei geringem Zu- und Abgang genügt natürliche Lüftung (Lüftungsöffnungen/Lüftungsschächte • Lüftungsöffnungen: – Gesamtquerschnitt je Stellplatz ≥ 1500 cm^2, – in Außenwänden über Gelände, in Entfernung ≤ 35 m gegenüberliegend – unverschließbar – so verteilt, dass ständige Querlüftung gesichert ist • Lüftungsschächte: – Abstand untereinander ≤ 20 m – Gesamtquerschnitt je Stellplatz ≥ 1500 cm^2 bei Höhe ≤ 2 m ≥ 3000 cm^2 bei Höhe > 2 m		•	•
40	• geschlossene Garagen: natürliche Belüftung ausreichend, wenn nach Gutachten zu erwarten ist, dass der Volumengehalt an Kohlenmonoxyd (CO-Halbstundenmittelwert) ≤ 100 ppm und dies durch Messungen bestätigt wird		•	•
41	• maschinelle Abluftanlagen dürfen einen CO-Halbstundenmittelwert von 100 ppm nicht überschreiten, das gilt als erfüllt, wenn bei – geringem Zu- und Abgang pro m^2 Nutzfläche ≥ 6 m^3/h Abluft – anderen Garagen pro m^2 Nutzfläche ≥ 12 m^3/h Abluft – Garagen mit regelmäßig besonders hohen Verkehrsspitzen kann Nachweis nach Zeile 40 verlangt werden		•	•
42	• geschlossene Garagen mit geringem Zu- und Abgang: CO-Warnanlagen, Warnung bei CO-Gehalt ≥ 250 ppm			•
	§ 17 Feuerlöschanlagen, Rauchableitung			
43	Geschosse mit Stellplätzen und Fußboden im Mittel ≥ 4 m unter oder ≥ 13 m über Gelände: • trockene Löschwasserleitungen in unmittelbarer Nähe zu jedem notwendigen Treppenraum • an Einspeisestellen Flächen für die Feuerwehr, Entfernung ≤ 15 m • Lage der Einspeise- und Entnahmestellen ist mit Brandschutzdienststelle festzulegen		•	•

4

	Kleingaragen (K) / Mittelgaragen (M) / Großgaragen (G) *			
Nr.	**Anforderungen**	**K**	**M**	**G**
44	geschlossene Garagen mit ≥ 20 Stellplätzen auf Hebebühnen mit jeweils ≥ 2 Fahrzeugen übereinander und automatische Garagen mit ≤ 20 Stellplätzen: • nichtselbsttätige Feuerlöschanlagen (Art der Anlage ist mit Brandschutzdienststelle festzulegen)			
45	Geschosse mit Fußboden im Mittel ≥ 4 m unter Gelände und Gebäude nicht nur für Garagennutzung (nicht wenn keine Verbindung zu Geschossen anderer Nutzung) und automatische Garagen mit ≥ 20 Stellplätzen: • selbsttätige Feuerlöschanlagen			•
46	geschlossene Garagen: Rauchableitung für jeden Brandabschnitt durch • Öffnungen ins Freie im Decken-/oberen Drittel des Wandbereichs, insgesamt ≥ 1000 cm²/Stellplatz, von jedem Stellplatz ≤ 20 m entfernt • selbsttätige maschinelle Rauch- und Wärmeabzugsanlagen, –die einer Temperatur von 300 °C (≥ 1 h) standhalten –mit elektrischen Leitungsanlagen, die bei äußerer Brandeinwirkung ≥ 1 h funktionsfähig bleiben und –mit ≥ 10-fachem Luftwechsel			•
47	• Zeile 46 gilt nicht für Garagen mit Luftschächten nach Zeile 39 oder mit selbsttätiger Lösch- und maschinelle Abluftanlage nach Zeile 41 und ≥ 12 m³ Abluft je Stunde und m² Nutzfläche			
	§ 18 Brandmeldeanlagen, Objektfunkanlagen			
48	• geschlossene Garagen mit Nutzfläche ≥ 2500 m²: Brandmeldeanlagen (nichtselbsttätige und selbsttätige Brandmelder			•
49	• geschlossene Garagen: Brandmeldeanlagen, wenn für verbundene Gebäudeteile erforderlich		•	•
50	• bei Garagen mit selbsttätige Feuerlöschanlagen nach Zeile 45 ist zusätzliche Brandmeldeanlage nicht erforderlich			•
51	• wird Funkverkehr in Geschossen mit Fußboden im Mittel ≥ 4 m unter oder ≥ 13 m über Gelände durch bauliche Anlage gestört: technische Anlagen zur Unterstützung des Funkverkehrs [4)]			•
	§§ 19 bis 26 M-GarVO nicht behandelt			

Musterverordnung über den Bau und Betrieb von Verkaufsstätten – Muster-Verkaufsstättenverordnung (MVKVO)

(Fassung Sept. 1995, zuletzt geändert Juli 2014)

Mit der letzten Änderung der MVKVO sollen Unklarheiten und missverständliche Regelungen bezüglich der Rauchableitung beseitigt werden. Dabei war es erklärtes Ziel, Regelungen zu schaffen, die in der Regel eine ingenieurmäßige Bemessung erübrigen.

Anwendungsbereich und Begriffe

Die Muster-Verkaufsstättenverordnung gilt für Verkaufsstätten, deren Verkaufsräume und Ladenstraßen einschließlich ihrer Bauteile eine Fläche von mehr als 2.000 m^2 haben.

Zu einer Verkaufsstätte gehören alle Räume, die unmittelbar oder mittelbar, insbesondere durch Aufzüge oder Ladenstraßen, miteinander in Verbindung stehen; Treppenräume notwendiger Treppen sowie Leitungen, Schächte und Kanäle haustechnischer Anlagen gelten nicht als Verbindung.

- **Verkaufsstätten** sind Gebäude oder Gebäudeteile, die mindestens einen Verkaufsraum haben und **keine** Messebauten sind.
- **Erdgeschossige Verkaufsstätten** sind eingeschossig, ihr Fußboden darf maximal 1 m unter der Geländeoberfläche liegen.
- **Ladenstraßen** sind überdeckte/überdachte Flächen, an denen Verkaufsräume liegen, sie gelten nicht als Verkaufsräume.
- **Treppenraumerweiterungen** sind Räume, die Treppenräume mit Ausgängen ins Freie verbinden.

4

Anforderungen

Die wichtigsten Anforderungen bezüglich des Brandschutzes und der Vorkehrungen zur Rettung von Personen sind in der Tabelle 1 zusammengestellt. Bei bestehenden Einrichtungen musste der betriebliche/organisatorische Brandschutz musste binnen zwei Jahren (also bis spätestens August 2016) an die Anforderungen des § 27 der Verordnung angepasst werden.

Tabelle 1: Anforderungen nach Muster-Verkaufsstättenverordnung

brandschutztechnische Einrichtung	eingeschossige mit Sprinkleranlage 1
tragende und aussteifende Wände	keine
Trennwände zwischen ... VR u. Büros	fb
... Lagerräumen> 100 m2 oder Werkräumen und anderen Räumen	keine
... Betriebs- und betriebsfremden Räumen	fb (öffnungslos)
... Räumen für die Lagerung von Abfallstoffen und anderen Räumen	fb (fh+D+S; SN fh+RD+S) gilt auch für die Decken
Unterteilung Brandabschnitte durch ... – max. Brandabschnittsfläche	Brandwand (fb+D+S) 10.000 m2
Unterteilung Brandabschnitte durch Ladenstraßen	zulässig, wenn die Ladenstraßen ... 3)
nichttragende Außenwände	se oder fh (SN se)
Außenwandbekleidungen	se
Decken und ihre Unterstützungen	nb
– Unterdecken in Verkaufsräumen (VR)	nb 4) 5)
Wand- und Deckenbekleidungen, Unterkonstruktionen und Dämmstoffe	Decken nb nur Wände in Rettungswegen: nb
Dächer als oberer Abschluss von VR/ Ladenstraßen	wie Spalten 2 bis 4
– Tragwerk	keine
Rettungswege (RW) müssen gekennzeichnet sein	wie Spalten 2 bis 4
RW-Länge (Entfernung) von jeder Stelle – eines VR – sonstiger Räume oder Ladenstraßen	wie Spalten 2 bis 4
Breite – Hauptgänge	wie Spalten 2 bis 4
– Türen ins Freie/zu TR in Obergeschossen	wie Spalten 2 bis 4

Abkürzungen: VS: Verkaufsstätten / VR:Verkaufsraum / AR: Aufenthaltsraum /

(MVKVO)

Verkaufsstätten ohne Sprinkleranlage	**mehrgeschossige Verkaufsstätten mit Sprinkleranlage**	**ohne Sprinkleranlage** [1]
2	**3**	**4**
fh+wnb	fb	fb
fb		
fb (fh+D+S)	keine	fb (fh+D+S)
fb (öffnungslos)		
fb (fh+D+S; SN fh+RD+S) gilt auch für die Decken	fb (fh+D+S; SN fh+RD+S) gilt auch für die Decken	
Brandwand (fb+D+S) 3.000 m²	Brandwand (fb+D+S) 5.000 m² je Geschoss	Brandwand (fb+D+S) 1.500 m² je Geschoss [2]
unzulässig	zulässig, wenn die Ladenstraßen ... [3]	unzulässig
se oder fh (SN nb)	se oder fb (SN se, BY nb oder fb)	nb oder fb (SN nb)
se	se (BY nb)	nb
fh+nb ohne Unterdecke	fb+nb ohne Unterdecke	
nb [4]	nb [4] [5]	nb [4]
Decken nb Wände nur in Rettungswegen nb		
als harte Bedachung aus nb-Baustoffen außer Dachhaut und Dampfsperre Lichtdurchlässige Bedachungen müssen nicht als harte Bedachung ausgeführt sein. [6]		
fh	nb	fb
aus jedem VR/AR> 100 m², aus jeder Ladenstraße: 2 voneinander unabhängige RW im selben Geschoss bis ins Freie oder zu einem Treppenraum		
10 m bis zu einem Hauptgang oder einer Ladenstraße 25 m [7] [8] (Lauflänge ≤ 35 m) bis zum nächsten TR (notwendiger Treppen) oder ins Freie (erster Rettungsweg) 35 m [7] [8] bis zum nächsten TR (notwendiger Treppen) oder ins Freie (erster RW)		
2 m; anliegende Verkaufsstände müssen unverrückbar sein		
je angefangene 100 m² VR-Fläche 30 cm min. 2m		

RW: Rettungsweg / TR: Treppenraum

Tabelle 1: Anforderungen nach Muster-Verkaufsstättenverordnung (MVKVO)

brandschutztechnische Einrichtung	eingeschossige
	mit Sprinkleranlage
	1
Ausgänge ins Freie/zu notwendigen TR – aus Geschoss – Breite – aus VR – Breite	wie Spalten 2 bis 4
Beleuchtung	Sicherheitsbeleuchtung
Einbauten wie Ausstellungsvitrinen	wie Spalten 2 bis 4
notwendige Treppen	entfällt
– Handläufe	entfällt
– Breite	entfällt
– tragende Teile	entfällt
Treppenräume	entfällt
– Wände	entfällt
– Bodenbeläge	entfällt
– Türen zu Verkaufsräumen	entfällt
– Belüftung	entfällt
notwendige Flure für Kunden / Breite	wie Spalten 2 bis 4
– Wände und Decken / Bodenbeläge	fb+nb / se
– Türen vom VR zum Flur	RD 9)
Ladenstraßen – Breite	wie Spalten 2 bis 4
Alarmeinrichtungen	müssen vorhanden sein
Brandmeldeanlagen	wie Spalten 2 bis 4
(zusätzliche) Feuerlöscheinrichtungen	wie Spalten 2 bis 4
organisatorische Vorkehrungen	wie Spalten 2 bis 4
Blitzschutz	muss vorhanden sein

Tabelle 1 – Fortsetzung

Verkaufsstätten ohne Sprinkleranlage	mehrgeschossige Verkaufsstätten mit Sprinkleranlage	mehrgeschossige Verkaufsstätten ohne Sprinkleranlage [1]
2	3	4
jeder VR oder AR, jede Ladenstraße: min. 2 Ausgänge (VR/AR ≤ 100 m^2: 1 Aushang)		
min. 30 cm je angefangene 100 m^2 VR-Fläche + halber Fläche Ladenstraße (Mindestbreite), aber min. 2 m min. 2 m (bei VR ≤ 500 m^2: 1 m)		
Sicherheitsbeleuchtung		
in TR und notwendigen Fluren unzulässig		
	Wendeltreppen unzulässig, Ausnahmen möglich	
	2 durchgehende ohne freies Ende	
	min. 2m und max. 2,50 m [11]	
	fb+nb an der Unterseite geschlossen	
	innenliegende TR sind zulässig [10]	
	Bauart von Brandwand [8]	
nb	nb	nb
	RD [9]	fh+RD+S [9]
	TR, die durch mehr als 2 Vollgeschosse führen, und innen liegende TR müssen Rauchabzüge haben	
Sicherheitsbeleuchtung / min. 2m (bei VR ≤ 500 m^2:1,50m)		
fh+wnb / se	fb+nb / se	fh+wnb / se
fh+RD+S 9)	RD [9]	fh+RD+S 9)
min. 5 m (Einbauten/Einrichtungen unzulässig)		
müssen vorhanden sein		
nicht automatische Brandmelder müssen vorhanden sein		
geeignete Feuerlöscher und geeignete Wandhydranten		
gefordert sind: Brandschutzbeauftragter; Selbsthilfekräfte für den Brandschutz bei> 15.000 m^2 Gesamtfläche; Brandschutzordnung; Räumungskonzept bei VR> 5.000 m^2; Rauchverbot (mit Ausnahmen); Personalunterweisung		
muss vorhanden sein		

zu Tabelle 1: Anforderungen nach Muster-Verkaufsstättenverordnung

1) nur zulässig bei VS ≤ 1.500 m² über ≤ 3 Geschosse und die Gesamtfläche aller Geschosse des Brandabschnittes ≤ 3.000 m²; bei Geschossen, die ≥ 3 m unter der Geländeoberfläche liegen, und bei Verkaufsräumen mit ≥ 500 m² Fläche ist eine Sprinkleranlage gefordert.

2) Verkaufsstätte mit ≤ 3 Geschossen und die Gesamtfläche aller Geschosse des Brandabschnittes ≤ 3.000 m².

3) ... bis zum oberen Abschluss in voller Höhe zusammenhängend min. 10 m breit sind (ohne Einbauten oder Einrichtungen, ausgenommen Fahrtreppen, Aufzüge, Einrichtungen der technischen Gebäudeausrüstung, die der Ladenstraße dienen), Wärmeabzugsvorrichtungen an oberster Stelle haben (min. 1 m breit, möglichst durchlaufend, mittig angeordnet) und das Tragwerk ihrer Dächer aus nichtbrennbaren Materialien besteht

4) Die Anforderungen gelten auch für Unterdecken in Treppenräumen, Treppenraumerweiterungen, Fluren und Ladenstraßen.

5) Brennbare Baustoffe sind zulässig, wenn auch der Deckenhohlraum durch Sprinkler geschützt ist.

6) Lichtdurchlässige Bedachung darf in Verkaufsstätten mit Sprinkleranlage aus B1-Baustoffen und muss in anderen aus A-Baustoffen bestehen.

7) Führt der RW über eine Ladenstraße, ist eine zusätzliche Länge von 35 m zulässig, wenn der zweite RW nicht über eine Ladenstraße führt oder VR ≤ 100 m² und Raumtiefe ≤ 10 m mit großflächiger Sichtbeziehung und entgegengesetzten Ausgängen ins Freie.

8) Innerhalb von Brandabschnitten: zusätzliche Länge von 35 m zulässig, wenn RW über einen notwendigen Flur für Kunden unmittelbar ins Freie führt

8) Gilt auch für Treppenraumerweiterungen. Diese dürfen nicht länger als 35 m sein und keine Öffnungen zu anderen Räumen haben.

9) Türen, die selbstschließend sein müssen, dürfen offen gehalten werden, wenn sie Feststellanlagen haben, die bei Raucheinwirkung ein automatisches Schließen der Türen bewirken. Eine elektrische Verriegelung ist nur erlaubt, wenn die Türen im Gefahrenfall jederzeit geöffnet werden können.

10) Notwendige Treppen müssen in Treppenräumen liegen, außer bei Verkaufsstätten mit einer Fläche von weniger als 100 m² und bei Verkaufsstätten mit einer Fläche von weniger als 500 m², wenn die Treppe nur im Zuge eines der beiden notwendigen RW liegt.

11) Die Mindestbreite von RW von 2 m darf in Verkaufsstätten mit weniger als 500 m² bei Treppen auf 1,25 m und bei Fluren auf 1,40 m reduziert werden.

Tabelle 2: Maßnahmen zur geforderten Entrauchung nach MVKVO

Objekt **Anforderungen zur Entrauchung erfüllt durch**	**Zuluftflächen (ZF)**
1 Verkaufs-, Aufenthaltsräume ≤ 200 m^2 GF	
Fenster nach Bauordnung	
2 Verkaufs-, Aufenthalts-, Lagerräume ≤ 1.000 m^2 GF	
Öffnungen [1)] an oberster Stelle mit frQ 1 % GF **oder** Öffnungen (Fenster) [2)] im oberen Drittel der Außenwände, mit frQ 2 % GF	ZF gleicher Größe im unteren Raumdrittel mit frQ ≤ 12 m^2
3 Verkaufs-, Aufenthalts-, Lagerräume > 1.000 m^2 GF	
RA-Gerät je ≤ 400 m^2, aerodynamisch wirksame Fläche ≥ 1,5 m^2, min. eine Auslösegruppe je ≤ 1.600 m^2	ZF, frQ ≥ 12 m^2
4 Ladenstraßen mit nur einer Ebene	
RA-Gerät je ≤ 20 m, min. eine Auslösegruppe je ≤80 m	ZF, frQ ≥ 12 m^2
5 sonstige Ladenstraßen	
RA-Gerät, Größe und Anordnung ausreichend bemessen	ZF, ausreichen bemessen
6 notwendige TR mit Fenstern	
Öffnung [1)2)] an oberster Stelle, frQ ≥ 1,0 m^2	
7 notwendige TR mit Öffnung zur Rauchableitung	
RA-Gerät [1) 2)] im oberen TR-Abschluss oder unmittelbar darunter mit aerodynamisch wirksamer Fläche ≥ 1,0 m^2	
8 Objekte nach Zeile 1 bis 4 – **alternativ**	
• Räume bis 1.600 m^2 GF:: maschinelle RA-Anlage mit min. 1 RA-Gerät oder min. 1 Absaugstelle mit V 10.000 m^3/h je ≤400 m^2 GF • Räume > 1.600 m^2 GF: zusätzlicher V 5.000 m^3/h je weiterer 400 m^2 GF **oder** V ≥ 40.000 m3/h je Raum, der im Bereich der Brandstelle auf einer GF ≤ 1.600 m^2 gleichmäßig gefördert wird	ZF im unteren Raumdrittel, Anordnung und Größe so, dass Strömungsgeschwindigkeit ≤ 3 m/s

Abkürzungen: GF: Grundfläche / V: Luftvolumenstrom / TR: Treppenraum / RA: Rauchabzug / frQ: freier Querschnitt - Fußnoten siehe Seite 136

Tabelle 2 – Fortsetzung

Objekt **Anforderungen zur Entrauchung erfüllt durch**	**Zuluftflächen (ZF)**
9 Objekte nach Zeile 1 bis 3 mit Sprinkleranlage	
wenn Lüftungsanlagen vorhanden sind, die bei Auslösen einer erforderlichen Brandmeldeanlage bzw. der Sprinkleranlage automatisch nur als Entlüftung betrieben **und** die Volumenströme nach Zeile 7 erreicht werden.\nIn Leitung zur Entlüftung sind nur thermische Auslöser zur Absperrung zulässig.	ZF wie Zeile 8
10 allgemeine Anforderungen an RA-Anlagen	
RA-Anlagen müssen automatisch auslösen und von Hand von einer jederzeit zugänglichen Stelle ausgelöst werden können. Manuelle Bedienungs- und Auslösestellen sind mit einem Hinweisschild „RAUCHABZUG" und der Angabe des jeweiligen Raumes zu versehen. An den Stellen muss die Betriebsstellung der jeweiligen Anlage sowie der Fenster, Türen, Abschlüsse und Rauchabzugsgeräte erkennbar sein. Maschinelle RA-Anlagen sind für eine Betriebszeit von 30 min bei einer Rauchgastemperatur von 600°C auszulegen. Die Auslegung kann mit einer Rauchgastemperatur von 300°C erfolgen, wenn der Luftvolumenstrom des Raums mindestens 40 000 m³/h beträgt. Die Zuluftzuführung muss durch automatische Ansteuerung und spätestens gleichzeitig mit Inbetriebnahme der Anlage erfolgen. Maschinelle Lüftungsanlagen können als maschinelle Rauchabzugsanlagen betrieben werden, wenn sie die an diese gestellten Anforderungen erfüllen.	

Abkürzungen: GF: Grundfläche / V: Luftvolumenstrom / TR: Treppenraum / RA: Rauchabzug / frQ: freier Querschnitt

Fußnoten zu Tabelle 2:

1) Ersatzweise ist Rauchableitung durch Schächte mit strömungstechnisch äquivalenten Querschnitten zulässig, wenn die Schachtwände raumabschließend mit einem Feuerwiderstand wie die durchdrungene Bauteile, min. fh+nb ausgeführt sind.

2) Fenster, Türen, Öffnungen, RA-Geräte müssen von jederzeit zugänglicher Stelle (in notwendigen TR von jedem Geschoss) aus manuell zu öffnen sein

Regelungen zur Rauchableitung (§ 16)

Vorkehrung zur Entrauchung sind gefordert für

- Verkaufs- und Aufenthaltsräume mit Grundfläche $\geq 50\ m^2$,
- Lagerräume mit Grundfläche $\geq 200\ m^2$,
- Ladenstraßen und notwendige Treppenräume.

Die Forderung nach Entrauchung gilt als erfüllt, wenn die in Tabelle 2 angeführten Maßnahmen ergriffen werden.

Sicherheitsbeleuchtung (§ 18)

In Verkaufsstätten muss eine Sicherheitsbeleuchtung vorhanden sein, die so beschaffen ist, dass sich Besucher und Betriebsangehörige auch bei vollständigem Versagen der allgemeinen Beleuchtung bis zu öffentlichen Verkehrsflächen hin gut zurechtfinden können.

Eine Sicherheitsbeleuchtung muss vorhanden sein

- in notwendigen Treppenräumen, in Räumen zwischen notwendigen Treppenräumen und Ausgängen ins Freie und in notwendigen Fluren,
- in Verkaufsräumen und allen übrigen Räumen für Besucher sowie Toilettenräumen mit mehr als $50\ m^2$ Grundfläche,
- in Räumen für Beschäftigte mit mehr als $20\ m^2$ Grundfläche, ausgenommen Büroräume,
- in elektrischen Betriebsräumen und Räumen für haustechnische Anlagen,
- für Sicherheitszeichen von Ausgängen und Rettungswegen,
- für Stufenbeleuchtungen.

Brandschutztechnische Mindestanforderungen nach den Muster-Schulbaurichtlinien (MSchulBauRL)

(Fassung April 2009)

Erläuterungen

Anwendungsbereich: Die Richtlinie gilt für Anforderungen an allgemein bildende und berufsbildende Schulen, soweit sie nicht ausschließlich der Unterrichtung von Erwachsenen dienen.
Gebäudetrennwand: Gebäudetrennwände unterteilen ausgedehnte Gebäude in Brandabschnitte. Die Brandwände müssen einen Abstand von höchstens 60 m haben. Öffnungen sind mit feuerbeständigen Türen (fb+D+S) zu verschließen. fh+RD+S reichen aus, wenn die Öffnungen im Zuge notwendiger Flure liegen und die angrenzenden Flurwände in einem Bereich von 2,50 m beiderseits der Tür keine Öffnungen haben.

Anforderungen → Tabellen Seite 139 bis Seite 140.

Fußnoten zu Tabellen Seite 139 bis Seite 140:

1) Brandwände: feuerbeständig und aus nichtbrennbaren Baustoffen (fb+nb) und für die höhere Stoßbelastung nach DIN 4102-3 ausgelegt (fb+nb+M), Bauteile aus brennbaren Baustoffen dürfen BW nicht überbrücken. Bei weicher Bedachung müssen BW 0,5 m über Dach geführt werden.
2) GK 1 bis GK 4: Anstelle von Brandwänden sind Wände zulässig, die auch unter zusätzlicher mechanischer Belastung hochfeuerhemmend sind.
3) In Öffnungen in diesen BW im Zuge notwendiger Flure sind fh+RD+S zulässig, wenn die angrenzenden Flurwände in einem Bereich von 2,5 m beiderseits der Tür keine Öffnungen haben.
4) Für jeden Unterrichtsraum müssen in demselben Geschoss mindestens zwei voneinander unabhängige Rettungswege zu Ausgängen ins Freie oder zu notwendigen Treppen vorhanden sein. Anstelle eines dieser Rettungswege darf ein Rettungsweg über Außentreppen ohne Treppenräume, Rettungsbalkone, Terrassen oder begehbare Dächer auf das Grundstück führen, wenn dieser Rettungsweg im Brandfall nicht gefährdet ist; dieser Rettungsweg gilt als Ausgang ins Freie.
5) Einer der beiden Wege darf auch durch Hallen führen, wenn die Hallen Rauchabzüge haben.
6) Staffelungen sind nur in Schritten von 60 cm zulässig

Fortsetzung Seite 140

Brandschutztechnische Einrichtung	**Gebäudeklasse nach Musterbauordnung** GK 1	GK 2	GK 3	GK 4	GK 5
1	**2**	**3**	**4**	**5**	**6**
Tragende und aussteifende Wände sowie Unterstützungen	fh	fh	fh	hf	fb
… in Kellergeschossen	fh	fh	fh	hf	fb
Außenwände	wie Bauordnung				
Außenwandverkleidungen einschl. Dämmstoffe und Unterkonstruktion	wie Bauordnung				
Gebäudetrennwände (Öffnungen möglich)	Brandwand [1, 2] (fb+D+S) [3]				
Trennwände von Räumen mit erhöhter Brand- u. Explosionsgefahr	wie Bauordnung				
Decken	wie Bauordnung				
Öffnungen in Decken	Über mehrere Geschosse reichende Hallen sind zulässig				
Verkleidungen unter Decken einschl. Dämmstoffe und Unterkonstruktion	wie Bauordnung				
Dächer	wie Bauordnung				
...Tragwerk	wie Bauordnung				
Rettungswege (müssen eindeutig gekennzeichnet sein)	in jedem Geschoss zwei voneinander unabhängige Rettungswege [4] [5]				
...Länge	wie Bauordnung 35 m				
...Breite	1,2 m je 200 Personen [6]				
Ausgänge aus Unterrichtsräumen und sonstigen Aufenthaltsräumen	mindestens 0,90 m [7]				
notwendige Treppen	Wendeltreppen unzulässig				
...tragende Teile	wie Bauordnung				
...Breite	1,20 m [7]; nicht mehr als 2,40 m [7]				
...Handläufe	wie Bauordnung				
...Geländerhöhe	1,1 m				
Treppenräume (außenliegend)	wie Bauordnung				
… Wände	wie Bauordnung				
… Wand- und Deckenoberflächen, Fußbodenbeläge	wie Bauordnung				

Brandschutztechnische Einrichtung	Gebäudeklasse nach Musterbauordnung GK 1	GK 2	GK 3	GK 4	GK 5
1	2	3	4	5	6
... Belüftung	wie Bauordnung				
... Beleuchtung	Sicherheitsbeleuchtung				
Türen zu allgemein zugänglichen Fluren	wie Bauordnung				
Allgemein zugängliche Flure	Stichflure max. 10 m lang				
... Breite	2 m [7)]				
Wände	wie Bauordnung				
... Türen zu Klassenräumen	wie Bauordnung				
... Verkleidungen, Dämmschichten, Beläge	wie Bauordnung				
... Einbauten	wie Bauordnung				
... Beleuchtung	Sicherheitsbeleuchtung				
Entrauchung Hallen	müssen entraucht werden [8)]				
Alarmierungsanlagen	Hausalarm muss von einer während der Betriebszeiten besetzten Stelle ausgelöst werden können; hier muss sich ein Telefon befinden, mit dem Feuerwehr und Rettungsdienst jederzeit unmittelbar alamiert werden können				
Sicherheitsbeleuchtung	gefordert in notwendigen Fluren, Treppenräumen und fensterlosen Arbeitsräumen				
Sicherheitstromversorgung	für Sicherheitsbeleuchtung, Alarmierungsanlagen und elektrisch betriebene Einrichtungen zur Rauchableitung				
Feuerwehrplan, Brandschutzordnung	müssen angefertigt werden				
Blitzschutzanlagen	müssen vorhanden sein				

7) Die erforderliche nutzbare Breite darf durch offen stehende Türen, Einbauten oder Einrichtungen nicht eingeengt werden.

8) Dies gilt als erfüllt, wenn sie entweder an der höchsten Stelle Rauchableitungsöffnungen mit einer freien Öffnungsfläche von insgesamt 1 Prozent der Grundfläche oder im oberen Drittel der Außenwände Fenster oder Türen mit einer freien Öffnungsfläche von insgesamt 2 Prozent der Grundfläche haben.

Brandschutztechnische Mindestanforderungen nach der Muster-Hochhaus-Richtlinie (MHHR) (Fassung April 2008, geänd. Febr. 2012)

Geltungsbereich: Diese Verordnung gilt für Hochhäuser (Gebäudehöhe von mehr als 22 m)

Anmerkungen zur Tabelle:

Abkürzungen: AR : Aufenthaltsräume / NE : Nutzungseinheiten / TR : Treppenräume

1) gilt nicht für Fensterprofile, Dämmstoffe in nichtbrennbaren geschlossenen Profilen, Dichtstoffe zur Abdichtung der Fugen zwischen Verglasungen und Traggerippen, Kleinteile ohne tragende Funktion, die nicht zur Brandausbreitung beitragen

2) Bauteile sind bis an andere raumabschließende Bauteile mindestens gleicher Feuerwiderstandsdauer, die Außenwand oder bis unter die Dachhaut zu führen. Die Anschlüsse an Außenwand und Dachhaut müssen dicht sein und aus nichtbrennbaren Baustoffen bestehen.

3) gilt auch für Trennwände zwischen NE und anders genutzten Räumen. Zwischen AR im Keller und anders genutzten Räumen mindestens fb+nb.

4) Innenliegende notwendige TR von oberirdischen Geschossen und notwendige TR von Kellergeschossen mit AR müssen als SicherheitsTR ausgebildet sein. Notwendige TR von Kellergeschossen dürfen mit den TR oberirdischer Geschosse nicht in Verbindung stehen. Innenliegende SicherheitsTR dürfen durchgehend sein.

5) Die Rettungswege aus den oberirdischen Geschossen und den Kellergeschossen sind getrennt ins Freie zu führen.

6) Vor den Türen außenliegender SicherheitsTR müssen offene Gänge im freien Luftstrom so angeordnet sein, dass Rauch ungehindert ins Freie abziehen kann.

7) Dies ist nicht erforderlich für Außenwände von TR, die aus nichtbrennbaren Baustoffen bestehend und durch andere an diese Außenwände anschließende Gebäudeteile im Brandfall nicht gefährdet werden können.

8) Der Abstand von der Tür zum TR zu anderen Türen muss mind. 3 m betragen (auch bei SicherheitsTR)

9) In Büro- und Verwaltungsnutzungen mit einer Grundfläche von $\leq 400\ m^2$ müssen keine notwendigen Flure angeordnet werden. In NE, die einer Büro- und Verwaltungsnutzung dienen oder hinsichtlich der Brandgefahren mit einer Büro- und Verwaltungsnutzung vergleichbar sind, müssen Räume mit $> 400\ m^2$ Grundfläche gekennzeichnete Gänge mit einer Breite von mind. 1,20 m haben, die auf möglichst geradem Weg zu entgegengesetzt liegenden Ausgängen zu notwendigen Fluren führen und Sichtverbindungen innerhalb der Räume zum nächstliegenden Ausgang haben, die nicht durch Raumteiler oder Einrichtungen beeinträchtigt wird.

10) In notwendigen Fluren sind Empfangsbereiche nur zulässig, wenn die Rettungswegbreite nicht eingeschränkt wird, der Ausbreitung von Rauch in den notwendigen Flur vorgebeugt wird und der notwendige Flur zwei Fluchtrichtungen hat.

11) Stichflure müssen durch RD-Türen zum anschließenden notwendigen Flur abgetrennt werden.

Brandschutztechnische Einrichtung
1
Tragende und aussteifende Bauteile
Nichttragende Außenwände sowie nichttragende Teile von Außenwände
Trennwände zwischen Nutzungseinheiten
...von Räumen mit erhöhter Brandgefahr
...Systemböden oder Unterdecken
Gebäudeabschlusswände (Öffnungen unzulässig)
Gebäudetrennwände (Öffnungen möglich)
Decken und ihre Unterstützungen
Rettungswege
...Länge von jeder Stelle eines AR bis zum TR, Vorraum eines SicherheitsTR oder ins Freie
...Breite
...Beleuchtung
...Kennzeichnung
Treppen (notwendige)
...tragende Teile, Geländer, Handläufe
Treppenräume (außenliegend)
...Vorräume
...Wände
...Bodenbeläge, Bekleidungen, Putze, Einbauten
...Belüftung
Ausgang ins Freie (Raum zwischen notwendigem TR und dem Ausgang ins Freie
Türen vom Treppenraum zu Nutzungseinheiten
... zu notwendigen Fluren, ins Freie/zum Ausgang ins Freie
Sicherheitstreppenräume
... Wände, Bodenbeläge, Bekleidungen, Putze, Einbauten

12) Die Tür muss in Fluchtrichtung aufschlagend, von innen jederzeit leicht und in voller Breite geöffnet werden können. Schiebetüren sind unzulässig; dies gilt nicht für automatische Schiebetüren, die die Rettungswege nicht beeinträchtigten. Pendeltüren müssen Vorrichtungen haben, die ein durchpendeln verhindern. Türen die selbstschließend sein müssen, können mit einer zugelassenen Feststellanlage ausgestattet werden. Mechanische Vorrichtungen zur Vereinzelung oder Zählung von Besuchern, wie Drehtüren oder -kreuze sind unzulässig; dies gilt nicht für Anlagen, die im Gefahrenfall von innen leicht und auf voller Breite geöffnet werden können.

Hochhäuser mit nicht mehr als 60 m	Hochhäuser mit mehr als 60 m
2	3
fb+nb	FWKL 120+nb
Baustoffklasse A [1]	
fh+nb [2,3] (fh+RD+S)	
fb+nb [2] (fb+RD+S); Grundfläche dieser Räume $\leq 400\ m^2$	
dürfen unter oder über den feuerwiderstandsfähigen Trennwänden hinweggeführt werden sofern der feuerwiderstandsfähige Raumabschluss gewahrt bleibt!	
Brandwand	
Brandwand (fb+D+S-RS)	
fb+nb [2]	FWKL 120+nb [2]
Für Nutzungseinheiten und Geschosse ohne Aufenthaltsräume müssen in jedem Geschoss mind. zwei voneinander unabhängige bauliche Rettungswege.	
35 m	
mindestens 1,20 m; Türen aus Nutzungseinheiten auf notw. Flure mind. 0,90 m	
Sicherheitsbeleuchtung	
müssen durch Sicherheitszeichen dauerhaft gekennzeichnet sein	
zwei durchgehenden notwendige TR [4,5] oder ein Sicherheitstreppenraum [5]	zwei Sicherheitstreppenräumen [5]
es gilt die Musterbauordnung	
zwei notwendige Treppenräume [4,5] oder ein Sicherheitstreppenraum [5,6]	zwei Sicherheitstreppenräume [5,6]
nur im Kellergeschoss vor dem Treppenraum	
Bauart von Brandwänden [2,7]	FWKL 120+nb+M [2,7]
Baustoffklasse A	
Öffnung zur Rauchableitung an oberster Stelle mind. $1\ m^2$ [6]	
Raum ohne Öffnungen, Wände und Decken fb+nb+M [2]	Raum ohne Öffnungen, Wände und Decken FWKL 120+nb+M [2]
unzulässig	
fh+RD+S [12]	
ein Sicherheitstreppenraum [5]	zwei Sicherheitstreppenräume [5]
wie Treppenräume (außenliegend)	

Brandschutztechnische Einrichtung (Fortsetzung)
1
... Belüftung
Türen vom SicherheitsTR zu Nutzungseinheiten
... zu offenen Gängen (außenliegender Sicherh.TR)
... ins Freie
... zu Vorräumen (innenliegender Sicherh.TR)
Vorräume
... Wände, Bodenbeläge, Bekleidungen, Putze, Einbauten
Türen von Vorräumen zu Nutzungseinheiten
... zu Treppenräumen
... zu notwendigen Fluren
Notwendige Flure
... Länge
... Wände
... Türen zu Nutzungseinheiten
... Bodenbeläge
... Bekleidungen, Putze, Einbauten
... Systemböden und Unterdecken
Offene Gänge (außenliegende SicherheitsTR)
... Wände und Brüstungen
Aufzüge
... Zugänglichkeit
Brandmelde- und Alarmierungsanlagen, Brandmelder- und Alarmzentrale, Brandfallsteuerung der Aufzüge [20)]
Feuerlöschanlagen [20)]
Rauchableitung
Sonstige sicherheitstechnische Einrichtungen

13) Auf das Verbot der Benutzung der Aufzüge im Brandfall und auf die nächste notwendige Treppe muss hingewiesen werden. Die Vorräume sind mit Geschossnummer zu kennzeichnen

14) Die Anforderungen an die Ausbildung von Feuerwehraufzügen sind in Abschnitt 6.1 der MHHR aufgezeigt.

15) In Wohnungen genügen Rauchwarnmelder mit Netzstromversorgung

16) Brandmelder müssen bei Auftreten von Rauch automatisch eine akustische und optische Alarmierung im betroffenen Geschoss auslösen. Die Brandmeldeanlage muss durch technische Maßnahmen gegen Falschalarme gesichert sein. Brandmeldeanlagen müssen von der Brandmeldezentrale unmittelbar und automatisch zur Leitstelle der Feuerwehr weitergeleitet werden.

Hochhäuser mit nicht mehr als 60 m	Hochhäuser mit mehr als 60 m
2	3
Überdruckbelüftungsanlage erforderlich	
unzulässig	
RD [12]	
zulässig	
RD [12]	
nur bei innenliegenden SicherheitsTR und im KG vor dem TR erforderlich	
wie Treppenräume (außenliegend)	
unzulässig	
fh+RD+S [8,12]	
fh+RD+S [8,12]	
Ausgänge von Nutzungseinheiten müssen auf notw. Flure oder ins Freie führen [9,10]	
wie Musterbauordnung 2002. Stichflure max. 15 m bis zu einem Vorraum eines SicherheitsTR, einem Flur mit zwei Fluchtrichtungen oder einem offenen Gang [11]	
fh+nb [2]	
fh+RD+S (zu offenen Gängen RS)	
Baustoffklasse B 1	
Baustoffklasse A	
dürfen unter oder über den Flurtrennwänden hinweggeführt werden sofern der feuerwiderstandsfähige Raumabschluss gewahrt bleibt!	
vor den Türen außenliegender Sicherheitstreppenräume [6]	
fb+nb	
zwei Aufzüge [13] + ein Feuerwehraufzug der innerhalb von 50 m von jeder Stelle des Geschosses erreichbar ist [14]	
nur über Vorräume [13]	
BMA mit automatischen Brandmeldern, die alle Räume, Installationsschächte , Installationskanäle, Hohlräume von Systemböden u. Unterdecken vollständig überwacht [15,16,20]	
automatische Feuerlöschanlagen [18, 20]; in jedem Geschoss nasse Steigleitungen mit Wandhydranten für die Feuerwehr in den Vorräumen von Feuerwehraufzügen in den Vorräumen der notw. TR, bei notwendigen TR ohne Vorräume an geeigneter Stelle [19]	
jedes Geschoss muss entraucht werden können	
Sicherheitsbeleuchtung; Sicherheitsstromversorgungsanlagen; Blitzschutzanlagen; Gebäudefunkanlagen; Druckbelüftungsanlagen für innenliegende Sicherheitstreppenräume und deren Vorräume sowie in Feuerwehraufzugsschächten und deren Vorräume	

4

17) Hochhäuser müssen:
Alarmierungs- und Lautsprecheranlagen haben, mit denen im Gefahrenfall Personen alarmiert und Anweisungen erteilt werden können
Die Vorräume der Feuerwehraufzüge müssen eine Gegensprechanlage mit Verbindung zur Brandmelder- und Alarmzentrale haben.
In einem für die Feuerwehr leicht zugänglichen Raum zentrale Anzeige- und Bedienungsvorrichtungen für Rauchabzugs-, Brandmelde-, Alarmierungs- und Lautsprecheranlagen und eine zentrale Anzeigevorrichtung für Feuerlöschanlagen haben.
Die Aufzüge mit einer Brandfallsteuerung ausgestattet werden, die durch die automatische Brandmeldeanlage ausgelöst wird.

18) Automatische Feuerlöschanlagen müssen 2 Steigleitungen in getrennten Schächten haben, damit bei Ausfall einer Steigleitung die Löschwasserversorgung über eine zweite Steigleitung in einem anderen Schacht gesichert ist. In Hochhäusern mit ≤ 60 m Höhe genügt es, wenn die Verteilleitungen unmittelbar übereinander liegender Geschosse nicht an die gleiche Steigleitung angeschlossen sind. Bei Ausfall der automatischen Feuerlöschanlage in einer Geschossebene darf die Wirksamkeit der Feuerlöschanlage in anderen Geschossen nicht beeinträchtigt werden.

19) Bei gleichzeitiger Löschwasserentnahme von 200 l/min an drei Entnahmestellen darf der Fießdruck an diesen Entnahmestellen nicht weniger als 0,45 MPa und nicht mehr als 0,80 MPa betragen

20) Keine Anforderung für Hochhäuser mit ≤ 60 m Höhe und mit NE mit ≤ 200 m² Grundfläche über dem ersten Obergeschoss, wenn
die NE untereinander, zu anders genutzten Räumen und zu notwendigen Fluren feuerbeständige Trennwände haben, die von Rohdecke zu Rohdecke gehen,
der Brandüberschlag von Geschoss zu Geschoss durch eine mindestens 1 m hohe feuerbeständige Brüstung oder 1 m auskragende feuerbeständige Deckenplatte behindert wird,
die automatische Auslösung der Druckbelüftungsanlagen und der Brandfallsteuerung der Aufzüge sicher gestellt ist und
die Früherkennung eines Brandes in den NE durch Rauchwarnmelder mit Netzstromversorgung erfolgt.
Dies gilt auch für NE mit > 200 m² Grundfläche, wenn sie durch raumabschließende feuerbeständige Wände, die von Rohdecke zu Rohdecke gehen, in Teile von ≤ 200 m² Grundfläche unterteilt werden.

Brandschutztechnische Mindestanforderungen nach Muster-Beherbergungsstättenverordnung (MBeVO)

(Fassung Dez. 2000, zuletzt geändert Mai 2014)

Erläuterungen

Geltungsbereich: Gilt nur für Beherbergungsstätten mit mehr als 12 Gastbetten (§ 1). Hochhäuser: In Hochhäusern können weitergehende Anforderungen gestellt werden (§ 10).

Brandschutztechnische Einrichtung	Beherbergungsstätten	
	≤ 2 Vollgeschossen	> 2 Vollgeschosse
1	2	3
Tragende Wände und Stützen	fh	fb [1]
Trennwände zwischen Beherbergungsstätten und betriebsfremden Räumen	fh (fh+RD+S)	fb (fh+RD+S)
... und Gasträumen sowie Küchen [2]	fh	fb
Trennwände zwischen Beherbergungsräumen sowie zwischen Beherbergungsräumen und sonstigen Räumen [2]	fh	
Decken	fh [3]	fh [1]
Rettungswege (im Gebäude) [4]	für jeden Beherbergungsraum müssen mindestens zwei unabhängige Rettungswege vorhanden sein [5]	
Zweiter Rettungsweg	über notwendige Treppe oder Außentreppe [6]	
Notwendige Treppen	Jeder nicht ebenerdig liegende Beherbergungsraum muss über eine Treppe zugänglich sein [7]	
Treppenraum		
... Türen zu anderen Räumen ausgenommen zu allgemein zugänglichen Fluren	fh+RD+S	
... zu allgemein zugänglichen Fluren	RD	
Allgemein zugängliche Flure (notwendige Flure)	Stufen müssen beleuchtet sein	
... Länge	Bei Stichfluren: Abstand zwischen Beherbergungsraumtüren und Treppenraumtüre ≤ 15 m	

4

Brandschutztechnische Einrichtung (Fortsetzung)	Beherbergungsstätten	
	≤ 2 Vollgeschossen	> 2 Vollgeschosse
1	2	3
Türen zu Räumen in Kellergeschossen, die von Gästen nicht benutzt werden	fh+RD+S [8)]	
... zu Beherbergungsräumen	RD	
... zu Gasträumen [9)]	RD	
Verkleidungen, Unterdecken und Dämmschichten sowie Beläge	nb, Fußbodenbelag se	
Sicherheitsbeleuchtung	notwendige Flure, notwendige Treppenräume, Räume zwischen notwendigen Treppenräumen und Ausgängen ins Freie, auf Ausgänge hinweisende Sicherheitszeichen, Stufen in notwendigen Fluren	
Sicherheitsstromversorgung [10)]	Sicherheitsbeleuchtung, Alarmierungseinrichtungen, Brandmeldeanlage	
Sonstige Vorschriften	Alarmierungseinrichtungen [11)], Brandmeldeanlagen [7)], Bedarfsfallsteuerung von Aufzügen [7)], Rettungsplan und Hinweise zum Verhalten im Brandfall am Ausgang jedes Beherbergungsraumes [12)]	

1) Gilt nicht für oberste Geschosse von Dachräumen ohne Beherbergungsräume.

2) Öffnungen sind unzulässig.

3) Gilt auch in obersten Geschossen von Dachräumen mit Beherbergungsräumen.

4) An Abzweigungen notwendiger Flure, an Zugängen zu notwendigen Treppenräumen und an Ausgängen ins Freie ist durch beleuchtete Sicherheitskennzeichen auf die Ausgänge hinzuweisen.

5) HH: Ein Rettungsweg darf über ein Foyer führen: dabei darf die Entfernung zwischen Treppenraum und Ausgang aus dem Foyer ins Freie nicht mehr als 20 m betragen.

6) In Beherbergungsstätten mit insgesamt ≤ 60 Gastbetten genügt als zweiter Rettungsweg eine mit Rettungsgeräten der Feuerwehr erreichbare Stelle des Beherbergungsraumes. Dies gilt nicht, wenn in einem Geschoss > 30 Gastbetten vorhanden sind.

7) Gilt in Beherbergungsstätten mit insgesamt > 60 Gastbetten.

8) SN: Befinden sich im Kellergeschoss keine für Gäste zugänglichen Räume, genügt für die Tür zwischen notwendigem Flur und Treppenraum fh+RD+S.

9) Gilt nur, wenn an dem Flur im selben Rauchabschnitt Öffnungen zu Beherbergungsräumen liegen.

10) Sicherheitsstromversorgung für den Betrieb der sicherheitstechnischen Anlagen und Einrichtungen, insbesondere die der in der Tabelle aufgeführten.

11) Bei Beherbergungsstätten mit > 60 Gastbetten müssen die Alarmierungseinrichtungen bei Auftreten von Rauch in den notwendigen Fluren selbst-tätig auslösen.

12) Die Hinweise müssen auch in den Sprachen der üblichen Gäste verfasst sein.

Musterverordnung über den Bau und Betrieb von Versammlungsstätten – Muster-Versammlungsstättenverordnung (MVStättVO)

(Fassung Juni 2005, zuletzt geändert Juli 2014)

Die mit der letzten Änderung eingeführten neuen Regelungen zur Rauchableitung verfolgen ausschließlich das Ziel, die Brandbekämpfung zu unterstützen. Bemessungsszenario ist hierfür ein Brandverlauf bis zum Ende der Entstehungsphase mit einer Energiefreisetzung von 2 MW über einen Zeitraum von einer Stunde. Der öffentlichen Feuerwehr wird zudem eine gewisse Verrauchung des Raumes, z. B. durch örtliche Verwirbelung, zugemutet.

Anwendungsbereich und Begriffe

Die Muster-Verordnung gilt für Versammlungsstätten mit Versammlungsräumen (VR), die einzeln oder – bei gemeinsamen Rettungswegen – zusammen mehr als 200 Besucher fassen.

Sie gilt auch für Versammlungsstätten im Freien mit Szenenflächen und Tribünen für mehr als 1.000 Besucher sowie für Sportstadien und Freianlagen mit Tribünen für mehr als 5.000 Besucher.

- **Erdgeschossige Versammlungsstätten** – eingeschossig, Fußboden maximal 1 m unter der Geländeoberfläche
- **Szenenflächen** – Flächen für Darbietungen $\geq 20\ m^2$
- **Großbühne** – Szenenfläche hinter Bühnenöffnung $> 200\ m^2$, Oberbühne mit lichter Höhe $> 2{,}5$ m über Bühnenöffnung, Unterbühne

Die Verordnung gilt **nicht** für

- Räume, die dem Gottesdienst gewidmet sind,
- Unterrichtsräume,
- Ausstellungsräume in Museen und
- Fliegende Bauten.

Bemessung der Personenanzahl

- für Sitzplätze an Tischen: 1 Besucher je m2 Grundfläche des VR
- für Sitzplätze in Reihen: 2 Besucher je m2 Grundfläche des VR
- für Stehplätze auf Stufenreihen: 2 Besucher je m Stufenreihe
- für sonstige Stehplätze: 2 Besucher je m2 Grundfläche des VR
- bei Ausstellungsräumen: 1 Besucher je m2 Grundfläche des VR

Für Besucher nicht zugängliche Flächen bleiben unberücksichtigt.

Anforderungen

Die wichtigsten Anforderungen bezüglich des Brandschutzes und der Vorkehrungen zur Rettung von Personen sind in der Tabelle 1 zusammengestellt.

Besonders zu beachten:

Die Bemessung der **Plätze für Rollstuhlbenutzer** bei Reihenbestuhlung wird wie folgt differenziert: Von bis zu 5.000 Besucherplätzen sind 1 % (min. 2 Plätze), von den darüber hinausgehenden Plätzen 0,5 % als Rollstuhlstellflächen vorzusehen.

Rettungswege dürfen durch **Foyers und Hallen** geführt werden (mit zweitem, von diesen Rettungswegen unabhängigem baulichem Rettungsweg). Foyers und Hallen dürfen aber nicht als Raum zwischen notwendigen Treppen und Ausgängen ins Freie dienen.

Versammlungsstätten, durch deren Foyers oder Hallen Rettungswege anderer Versammlungsstätten führen, müssen mit Brandmelde-, Alarmierungs- und Lautsprecheranlagen ausgestattet sein.

Die Anzahl barrierefreier **Toiletten** wird auf die Zahl der Rollstuhlstellplätze bezogen (min. 1 Toilette je 10 Plätze), nicht auf die Gesamtzahl der geforderten Toiletten.

Tabelle 1: Anforderungen nach Muster-Versammlungsstättenverordnung

brandschutztechnische Einrichtung	Versammlungsstätten (VS) eingeschossig	mehrgeschossig
tragende und aussteifende Bauteile	fh[1]	fb
Trennwände als Abschluss von – VR, Bühnen	fh – (RD)[2]	fb – (fh+RD+S)[2]
– Werkstätten, Magazinen, Lagerräumen, Räumen unter Tribünen, Podien	fb (fh+RD+S)	
– Bekleidungen an Wänden in VR	se[3][4]	
Gebäudeabschlusswände (Öffnungen unzulässig)	fb+nb+M und 0,3 m über Dach[5]	
Gebäudetrennwände (Öffnungen möglich)	fb+nb + M (fh+RD+S)[17] und 0,3 m über Dach[5]	
Außenwände	keine	nb
Decken	fb	fb
– über Kellergeschossen	nicht relevant	fb
– für Geschosse im Dachraum[6]	nicht relevant	fb[6]
– Unterdecken und Bekleidungen	nb[4,7]	
Fußböden – von Szenenflächen	fugendicht, betriebsbedingte Öffnungen zulässig, Unterkonstruktion nb[8]	
– von veränderbaren Tribünen, Podien > 20 m^2	Unterkonstruktion: nb[9]	
Dämmstoffe	nb	
Unterdecken, Bekleidungen	Anforderungen bei VR, Foyers, RW → dort	
Dächer	allgemeine Anforderungen nach MBO 2002	
– Tragwerk	feuerhemmend oder feuerbeständige Bauteile zwischen Räumen und Dachtragwerk[10]	
– Tragwerk von Tribünen+Szenenflächen im Freien	fh oder nb	
Bedachungen	nb[11], außer die Bedachung ist durch fb-Bauteile geschützt	
– lichtdurchlässige Bedachungen	nb, mit automatischer Feuerlöschanlage se + nicht brennbar abtropfend	

Tabelle 1: Anforderungen nach MVStättV – Fortsetzung

brandschutztechnische Einrichtung	Versammlungsstätten (VS) eingeschossig mehrgeschossig
Ausstellungshallen	Unterteilung in Gänge, so dass die Tiefe von Ausstellungsflächen ≤ 30 m beträgt
Rettungswege, Länge von jeder Stelle	in jedem Geschoss min. 2 voneinander unabhängige bauliche Rettungswege [12)]
– Besucherplatz/Tribüne (auch außerhalb von VR)	30 m (Lauflänge) bis Ausgang VR [13)]
– einer Bühne	30 m (Lauflänge) bis Ausgang
– eines notwendigen Flurs/Foyers	30 m (Lauflänge) ins Freie oder zu notwendigem TR
– einer Ausstellungsfläche bis zum Gang	20 m (Lauflänge) + max. 30 m RWL auf dem Gang (Lauflänge) bis zu Ausgang ins Freie
Rettungswege, lichte Breit	min. 1,20 m (gilt für jeden Teil des RW) [14)]
– VS im Freien sowie Sportstadien	1,20 m je 600 Personen
– andere Versammlungsstätten	1,20 m je 200 Personen
– Gänge einschließlich zugehöriger Ausgänge	min. 3 m
Treppen (notwendige)	Führung jeweils anderen Geschossen zugeordneter Treppen in einem gemeinsamen TR ist zulässig (Schachteltreppen). Wendeltreppen sind unzulässig.
– ohne TR, tragende Teile	fb [15) 16)]
– innerhalb notwendiger TR, Außentreppen	nb [16)]
– von Tribünen/Podien (veränderbar)	nb und Stufen aus Holz [16)]
– notwendige, lichte Breite	min. 2,40 m
Handläufe	2 griffsichere, feste, durchgehende Handläufe ohne freie Enden
Türen in Flurtrennwänden	in fh-Wänden min. RS[17], in fb-Wänden (KG) min. fh+RD+S[17]

Abkürzungen: VS: Versammlungsstätten / VR: Versammlungsräume / AR: Aufenthaltsräume / RW: Rettungsweg

Tabelle 1: Anforderungen nach MVStättV – Fortsetzung

brandschutztechnische Einrichtung	Versammlungsstätten (VS) eingeschossig	mehrgeschossig
Foyers durch die RW führen – Türen	wie bei notwendigen Fluren	
– Unterdecken, Bekleidungen / – Bodenbeläge	nb [4)] [7)] / se	
Brandmelde-, Alarmierungsanlagen, Brandmelder-, Alarmzentrale, Brandfallsteuerung Aufzug	VS mit VR von insgesamt > 1.000 m² Grundfläche benötigen eine BMA mit nichtautomatischen und automatischen Meldern [18,19)]	
automatische Feuerlöschanlagen [22)] [23)]	in Foyers/Hallen, durch die RW aus anderen VR führen; bei VS mit VR von insgesamt > 3.600 m² Grundfläche [20)]; VR, die über 22 m über der Geländeoberfläche liegen; VR im KG [21)]; offene Küchen/ähnliche Einrichtungen innerhalb von VR > 30 m²	
Feuerlöscheinrichtungen	Wandhydranten bei VS mit VR von insgesamt mehr als 1.000 m²	
sonstige sicherheitstechnische Einrichtungen	Sicherheitsstromversorgung, Sicherheitsbeleuchtung, Blitzschutz (äußerer und innerer)	

Fußnoten:

1) Keine Anforderungen für erdgeschossige VR mit automatischen Feuerlöschanlagen
2) In der Trennwand zwischen Bühne und VR ist eine Öffnung zulässig.
3) In VR < 1.000 m² Grundfläche genügen geschlossene, nicht hinterlüftete Holzbekleidungen.
4) Unterkonstruktionen, Halterungen, Befestigungen nichtbrennbar (nb). Dies gilt nicht für VR < 100 m² Grundfläche. In den Hohlräumen hinter Unterdecken und Bekleidungen aus brennbaren Baustoffen dürfen Kabel und Leitungen nur in Installationsschächten oder Installationskanälen aus nichtbrennbaren Baustoffen verlegt werden.
5) Alternativ zur Überdachführung ist eine beiderseits 0,5 m auskragende Platte in fb+nb möglich.
6) Anforderung gilt, wenn darüber AR möglich sind, sonst B2.
7) In VR < 1.000 m² Grundfläche genügen Bekleidungen aus B1 (nichtbrennend abtropfend) oder geschlossene, nicht hinterlüftete Holzbekleidungen.
8) Gilt nicht für Lagerhölzer.
9) Veränderbare Einbauten sind so auszubilden, dass sie in ihrer Standsicherheit nicht durch dynamische Schwingungen gefährdet werden können.
10) Gilt nicht für VS mit automatischen Feuerlöschanlagen.
11) Gilt nicht für die Dachhaut und die Dampfsperre und für Bedachungen über VR mit nicht mehr als 1.000 m² Grundfläche.

12) Beide RW dürfen innerhalb eines Geschosses über den gemeinsamen notwendigen Flur geführt werden. RW dürfen über Balkone, Dachterrassen und Außentreppen auf das Grundstück führen, wenn sie im Brandfall sicher begehbar sind. Ein RW darf über Gänge und Treppen über Foyers oder Hallen zu Ausgängen ins Freie geführt werden, sofern ein weiterer vom Foyer oder der Halle unabhängiger RW zur Verfügung steht. VS müssen für Geschosse mit jeweils mehr als 800 Besucherplätzen nur diesen Geschossen zugeordnete RW haben. VR oder AR > 100 m² Grundfläche oder für > 100 Besucher müssen jeweils 2 möglichst weit auseinander und entgegengesetzt liegende Ausgänge ins Freie oder zu RW haben.

13) Bei mehr als 5 m lichter Höhe ist je 2,5 m zusätzlicher lichter Höhe über der für Besucher zugänglichen Ebene für diesen Bereich eine Verlängerung der Entfernung um 5 m zulässig. Die Entfernung von 60 m bis zum nächsten Ausgang darf nicht überschritten werden.

14) Bei RW von VR mit nicht mehr als 200 Besucherplätzen und bei RW im Bühnenhaus genügt eine lichte Breite von 0,90 m. Für RW von Arbeitsgalerien genügt eine Breite von 0,80 m.

15) Bei notwendigen Treppen, die innerhalb eines notwendigen TR liegen, bzw. bei notwendigen Außentreppen sind nichtbrennbare Baustoffe ohne Feuerwiderstandsdauer ausreichend.

16) Gilt nicht für notwendige Treppen von Ausstellungsständen.

17) Türen in RW müssen in Fluchtrichtung aufschlagen, dürfen keine Schwellen haben. Während des Aufenthalts von Personen in der VS müssen die Türen der jeweiligen RW jederzeit von innen leicht und in voller Breite zu öffnen sein. Schiebetüren sind im Zuge von RW unzulässig, dies gilt nicht für automatische Schiebetüren, die die RW nicht beeinträchtigen. Pendeltüren müssen in RW eine Vorrichtung haben, die ein Durchpendeln verhindern.

18) Gefordert für VS mit VR von insgesamt mehr als 1.000 m² Grundfläche:

- Alarmierungs- und Lautsprecheranlagen, mit denen im Gefahrenfall alarmiert werden kann und Anweisungen erteilt werden können
- Zusätzlich zu den örtlichen müssen zentrale Bedienungsvorrichtungen für Rauchabzugs-, Feuerlösch-, Brandmelde-, Alarmierungs- und Lautsprecheranlagen in einem für die Feuerwehr leicht zugänglichen Raum zusammengefasst werden.
- Ausstattung der Aufzüge mit Brandfallsteuerung, die durch die automatische BMA ausgelöst wird.

19) Die BMA muss durch technische Maßnahmen gegen Falschalarme gesichert sein von der Brandmeldezentrale unmittelbar und automatisch zur Leitstelle der Feuerwehr weitergeleitet werden.

20) Dies gilt nicht für VS, deren VR jeweils kleiner 400 m² Grundfläche haben.

21) Dies gilt nicht für VR im KG mit einer Fläche von ≤ 200 m², deren Fußboden an keiner Stelle > 5 m unter der Geländeoberfläche liegt.

22) Die Wirkung automatischer Feuerlöschanlagen darf durch überdeckte oder mehrgeschossige Ausstellungs- oder Dienstleistungsstände nicht beeinträchtigt werden.

23) Automatische Feuerlöschanlagen müssen an eine Brandmeldezentrale angeschlossen sein.

24) Für alle Randbedingungen und eine genaue Bemessung der erforderlichen Rauchableitung siehe § 16 VStättV.

Tabelle 2: Maßnahmen zur geforderten Entrauchung nach MVStättV

Objekt Anforderungen zur Entrauchung erfüllt durch	Zuluftflächen (ZF) frQ: freier Querschnitt
1 Versammlungs-, Aufenthaltsräume ≤ 200 m^2 GF	
Fenster nach § 47 Abs. 2 MBO bzw. nach Bauordnung	
2 Versammlungs-, Aufenthalts-, Magazine, Lagerräume ≤ 1.000 m^2 GF	
Öffnungen 1) an oberster Stelle, mit frQ 1 % GF **oder** Öffnungen (Fenster) 2) im oberen Drittel der Außenwände, mit frQ 2 % GF	ZF in gleicher Größe im unteren Raumdrittel, frQ ≤ 12 m^2
3 Versammlungs-, Aufenthalts-, Magazine, Lagerräume > 1.000 m^2 GF	
RA-Gerät je ≤ 400 m^2 mit aerodynamisch wirksame Fläche ≥ 1,5 m^2 im oberen Raumdrittel und min. eine Auslösegruppe (RA-Geräte) je ≤ 1.600 m^2	ZF, frQ ≥ 12 m^2 im unteren Raumdrittel
4 Bühnen (ggf. mit Schutzvorhang), Szenenflächen	
Öffnungen 1) 2) an oberster Stelle – Bühnen mit frQ 5 % GF – Szenenflächen mit frQ 3 % GF	ZF gleicher Größe im unteren Raumdrittel, wirksam auch bei geschlossenem Vorhang
5 notwendige TR mit Fenstern nach § 35 Abs. 8 Satz 2 Nr. 1 MBO (2012)	
Öffnung 1) 2) an oberster Stelle, frQ ≥ 1,0 m^2	
6 notwendige TR mit Öffnung zur Rauchableitungnach § 35 Abs. 8 Satz 2 Nr. 2 MBO (2012)	
RA-Gerät 1) 2) unmittelbar unter oder im oberen TR-Abschluss, aerodynamisch wirksame Fläche ≥ 1,0 m^2	
7 Objekte nach Zeile 1 bis 3 – **alternativ**	
Räume bis 1.600 m^2 GF: maschinelle RA-Anlage mit min. 1 RA-Gerät oder min. 1 Absaugstelle mit V 10.000 m^3/h je ≤ 400 m^2 GF Räume > 1.600 m^2 GF: zusätzlicher V 5.000 m^3/h je weiterer 400 m^2 GF **oder** V ≥ 40.000 m^3/h je Raum, der im Bereich der Brandstelle auf einer GF ≤ 1.600 m^2 gleichmäßig gefördert wird	ZF im unteren Raumdrittel, Anordnung und Größe so, dass Strömungsgeschwindigkeit ≤ 3 m/s, alternativ: ausreichend bemessene RA-Anlagen

Abkürzungen: GF: Grundfläche / V: Luftvolumenstrom / TR: Treppenraum / RA: Rauchabzug

4

Tabelle 2 – Fortsetzung

Objekt Anforderungen zur Entrauchung erfüllt durch	Zuluftflächen (ZF) frQ: freier Querschnitt
8 Objekte nach Zeile 1 bis 3 mit Sprinkleranlage	
wenn Lüftungsanlagen vorhanden sind, die bei Auslösen einer erforderlichen Brandmeldeanlage bzw. der Sprinkleranlage automatisch nur als Entlüftung betrieben **und** die Volumenströme nach Zeile 7 erreicht werden. In Leitung zur Entlüftung sind nur thermische Auslöser zur Absperrung zulässig.	ZF wie Zeile 7
9 allgemeine Anforderungen an RA-Anlagen	
RA-Anlagen müssen automatisch auslösen und von Hand von einer jederzeit zugänglichen Stelle ausgelöst werden können. Manuelle Bedienungs- und Auslösestellen sind mit einem Hinweisschild „RAUCHABZUG" und der Angabe des jeweiligen Raumes zu versehen. An den Stellen muss die Betriebsstellung der jeweiligen Anlage sowie der Fenster, Türen, Abschlüsse und Rauchabzugsgeräte erkennbar sein. Maschinelle RA-Anlagen sind für eine Betriebszeit von 30 min bei einer Rauchgastemperatur von 600°C auszulegen. Die Auslegung kann mit einer Rauchgastemperatur von 300°C erfolgen, wenn der Luftvolumenstrom des Raums mindestens 40 000 m³/h beträgt. Die Zuluftzuführung muss durch automatische Ansteuerung und spätestens gleichzeitig mit Inbetriebnahme der Anlage erfolgen. Maschinelle Lüftungsanlagen können als maschinelle Rauchabzugsanlagen betrieben werden, wenn sie die an diese gestellten Anforderungen erfüllen.	

Fußnoten zu Tabelle 2:

1) Ersatzweise ist Rauchableitung durch Schächte mit strömungstechnisch äquivalenten Querschnitten zulässig, wenn die Schachtwände raumabschließend mit einem Feuerwiderstand wie die durchdrungene Bauteile, min. F30-A ausgeführt sind.

2) Fenster, Türen, Öffnungen, RA-Geräte müssen von jederzeit zugänglicher Stelle (in notwendigen TR von jedem Geschoss) aus manuell zu öffnen sein

Es sind Maßnahmen zu treffen, die im Gefahrenfall eine schnelle und geordnete Räumung der Versammlungsstätte oder einzelner Bereiche unter besonderer Berücksichtigung behinderter Menschen ermöglichen. Diese Maßnahmen sind bei Versammlungsstätten für > 1.000 Besucher in einem **Räumungskonzept** darzustellen (§ 42).

Die Anforderungen an den betrieblichen/organisatorischen Brandschutz des § 42 hinsichtlich Brandschutzordnung, Räumungskonzept und Feuerwehrplänen **gelten auch für bestehende Versammlungsstätten.** Die Anpassung an die Vorgaben des § 42 musste binnen zwei Jahren (also spätestens bis zum August 2016) vollzogen sein.

Regelungen zur Rauchableitung

Vorkehrung zur Entrauchung sind gefordert für

- Versammlungsräume und sonstige Aufenthaltsräume mit Grundfläche ≥ 50 m^2,
- Magazine, Lagerräume und Szenenflächen mit Grundfläche jeweils ≥ 200 m^2,
- Bühnen und notwendige Treppenräume.

Die Prinzipien der Entrauchung sind durch die Raumgeometrie bestimmt. Deshalb entsprechen die Regelungen zur Entrauchung von Versammlungsstätten weitgehend denen von Verkaufsstätten.

Die Forderung nach Entrauchung gilt als erfüllt, wenn die in Tabelle 2 angeführten Maßnahmen ergriffen werden.

Muster-Richtlinie über den baulichen Brandschutz im Industriebau – Muster-Industriebaurichtlinie (MIndBauRL)

Auszüge der Fassung vom Juli 2014.

Industriebauten sind Sonderbauten, die hinsichtlich ihrer baulichen Ausformung auf die Besonderheiten der jeweiligen betrieblichen Bedingungen ausgerichtet sind. Diese erfordern von den Landesbauordnungen abweichende Regelungen, teils in Form von Erleichterungen, teils in weitergehenden Anforderungen. Den Rahmen dazu setzen die Mindestanforderungen der Muster-Richtlinie über den Brandschutz im Industriebau der ARGEBAU.

1 Gültigkeit der Richtlinie

Als Muster-Richtlinie erhält die MIndBauRL erst durch die bauaufsichtliche Einführung per Erlass ihre Gültigkeit als Baurecht der Länder. Die Neufassung der Muster-Richtlinie wurde gerade notifiziert und kann in die Muster-Verwaltungsvorschrift Technischen Baubestimmungen aufgenommen werden. In allen Bundesländer gilt derzeit noch die alte Fassung von 2014. Es ist davon auszugehen, dass auch alle Länder die neue Fassung übernehmen werden.

2 Anwendungsbereich

Die Richtlinie gilt für Gebäude der Industrie oder des Gewerbes, die der Herstellung, Behandlung, Verwertung oder Lagerung von Produkten dienen (Industriebauten).

Sie gilt nicht Reinraumgebäude, Tierhaltungsanlagen und für Industriebauten mit Aufenthaltsräumen in mehr als 22 Meter Höhe, die nicht nur dem vorübergehenden Aufenthalt zur Wartung oder Kontrolle dienen. Für diese Gebäude gilt die Hochhausrichtlinie.

Erleichterungen können zugelassen werden bei Industriebauten mit geringer Brandgefahr wie überwiegend offenen Industriebauten oder solchen, die nur der Aufstellung technischer Anlagen dienen und die nur zur Wartung oder Kontrolle begangen werden.

Es können aber auch – der jeweiligen Gefährdung entsprechend – weiter gehende Anforderungen gestellt werden.

3 Begriffe und Sicherheitskategorien

Der Begriff „Geschoss" wird neu definiert und durch die Begriffe „Ebene" und „Einbauten" präzisiert:

- **Geschosse, oberirdische Geschosse, Kellergeschosse** –ein Geschoss umfasste alle auf gleicher Höhe liegenden und in der Höhe versetzten Räume und Raumteile eines Brand-/Brandbekämpfungsabschnitts, getrennt durch raumabschließende, standsichere Geschossdecken. Geschosse sind oberirdische Geschosse, wenn ihre Deckenoberkanten im Mittel mehr als 1,4 m über die Geländeoberfläche hinausragen. Im Übrigen sind sie Kellergeschosse. Anlagen der technischen Gebäudeausrüstung und Räume dafür sind keine Geschosse, sofern sie nur vorübergehend zu Wartungs- und Kontrollzwecken begangen werden.
- **Ebenen** – alle auf gleicher Höhe liegenden Räume und Raumteile eines Brandbekämpfungsabschnitts zwischen den Außenwänden und Wänden zur Trennung von Brandbekämpfungsabschnitten. Ebenen sind durch Decken getrennt, deren Standsicherheit brandschutztechnisch bemessen sein muss; Decken haben Öffnungen, nicht klassifizierte Abschlüsse und Abschottungen.
- **Einbauten** – einzelne, auf gleicher Höhe liegende, begehbare, brandschutztechnisch nicht bemessene Bauteile oberhalb des Fußbodens von Geschossen oder Ebenen
- **Industriebauten** – sind Gebäude oder Gebäudeteile im Bereich der Industrie und des Gewerbes , die der Produktion (Herstellung, Behandlung, Verwertung, Verteilung) oder Lagerung von Produkten oder Gütern dienen.
- **Eingeschossige Industriebauten** – haben nur ein oberirdisches Geschoss, ggf. mit Kellergeschossen

Tabelle 1: Sicherheitskategorien nach MIndBauRL

Sicherheitskategorie	Brandabschnitte oder Brandbekämpfungsabschnitte		
	Brandmeldeeinrichtung	**Art der Feuerwehr** WF: Werkfeuerwehr	**Art der Feuerlöschanlage**
K 1	–	–	–
K 2	automatisch	–	–
K 3.1	automatisch	WF min. 1 Staffel (hauptberuflich)	–*
K 3.2	automatisch	WF min. Gruppenstärke	–*
K 3.3	automatisch	WF min. 2 Staffeln	–*
K 3.4	automatisch	WF min. 3 Staffeln	–
K 4	–	–	selbsttätig

* Ist eine flächendeckende halbstationäre Feuerlöschanlage vorhanden, ist die Einstufung in die nächsthöhere Kategorie zulässig.

4

- **Brandabschnitt (BA)** – Bereich eines Gebäudes zwischen den Außenwänden und/oder den über alle Geschosse gehenden Brandwänden
- **Brandabschnittsfläche** – ist die Fläche des BA zwischen den aufgehenden Umfassungsbauteilen.
- **Brandbekämpfungsabschnitt (BBA)** – ein auf das kritische Brandereignis normativ bemessener, gegen andere Gebäudebereich brandschutztechnisch abgetrennter Gebäudebereich; Kellergeschosse (nach 5.4.1)* sind keine Teile von Brandbekämpfungsabschnitten
- **Brandbekämpfungsabschnittsfläche** – Summe der Grundflächen von Geschossen und Ebenen zwischen den aufgehenden Umfassungsbauteilen
- **Brandsicherheitsklassen** – sind Klassierungsstufen, mit denen die unterschiedliche brandschutztechnische Bedeutung von Bauteilen bewertet wird.
- **Brandschutzklassen** – sind Klassierungsstufen hinsichtlich der Anforderungen an die Feuerwiderstandsfähigkeit von Bauteilen.
- **Grundfläche des Brandbekämpfungsabschnitts** – Grundfläche des untersten oberirdischen Geschosses zwischen den Umfassungsbauteilen
- **Sicherheitskategorien (K)** – sind Klassierungsstufen für die brandschutztechnische Infrastruktur. Sie ergeben sich aus den Vorkehrungen für die Brandmeldung, der Art der Feuerwehr und der Art einer Feuerlöschanlage (Tabelle 1).
  Ist zur Einstufung eines BA oder eines BBA in eine Sicherheitskategorie eine automatische Brandmeldung erforderlich, so gilt dies auch als erfüllt, wenn in einem BA oder BBA durch ständige Personalbesetzung eine sofortige Brandentdeckung und Weitermeldung an die Feuerwehr sichergestellt ist.
- **Werkfeuerwehr** – im Sinne dieser Richtlinie ist eine nach Landesrecht anerkannte Werkfeuerwehr, die jederzeit in spätestens 5 Minuten nach ihrer Alarmierung die Einsatzstelle erreicht; Einsatzstelle ist die Stelle des Industriebaus, von der aus vor Ort erste Brandbekämpfungsmaßnahmen vorgetragen werden.

* siehe Tabelle 2

4 Verfahren

Im Verfahren ohne Brandlastermittlung nach Abschnitt 6 der Richtlinie wird in Abhängigkeit von

- der Feuerwiderstandsklasse der tragenden und aussteifenden Bauteile,
- nach der brandschutztechnischen Infrastruktur der baulichen Anlage (ausgedrückt durch die Sicherheitskategorien) sowie
- der Anzahl der oberirdischen Geschosse

die zulässige Brandabschnittsfläche für einen BA ermittelt.

Im Verfahren unter Verwendung des Rechenverfahrens nach DIN 18230-1nach Abschnitt 7 der Richtlinie werden für einen BBA

- die zulässige Fläche und
- die Anforderungen an die Bauteile nach den Brandsicherheitsklassen bestimmt.

Anstelle der Verfahren nach Abschnitt 6 und 7 können auch Methoden des Brandschutzingenieurwesens eingesetzt werden zum Nachweis, dass die Ziele nach Abschnitt 1 erreicht werden (§ 3 (3) Satz 3 MBO). Solche Nachweise sind nach Anhang 1 der Richtlinie aufzustellen.

5 Allgemeine Anforderungen

Im Abschnitt „Allgemeine Anforderungen" trifft die Richtlinie eine Vielzahl brandschutzrelevanter Festlegungen. Diese wurden im Vergleich mit der vorherigen Ausgabe infolge der neuen Differenzierung nach Geschossen, Ebenen und Einbauten erheblich erweitert.

Die allgemeinen Anforderungen gelten für alle Industriebauten. Sie werden hier in den Tabellen 2 bis 4 zusammengefasst.

Tabelle 2 enthält hauptsächlich Anforderungen hinsichtlich Lage und Größe der Industriebauten sowie der Brandabschnitte und der Brandbekämpfungsabschnitte. Neu sind die Regelungen zur Anzahl und Größe zulässiger Einbauten in Geschossen und Ebenen.

Fußnote zu Tabelle 2:

1) 5.4.3: Gilt nicht für Geschosse und Ebenen, wenn sie min. an einer Seite auf ganzer Länge für die Feuerwehr von außen ohne Hilfsmittel zugänglich sind. Für diese sind die Vorschriften zu oberirdischen Geschossen entsprechend anzuwenden.

2) 5.4.4: Sind selbsttätige Feuerlöschanlagen vorhanden oder dienen die Kellergeschosse ausschließlich als Wasserklär-/Wasseraufbereitungsanlage, dürfen Werte auf das 3,5-Fache erhöht werden.

Tabelle 2: Allgemeine Anforderungen (Abschnitt 5)

Anforderungen	
Brandabschnitte oder Brandbekämpfungsabschnitte	
5.1 Löschwasserbedarf – für 2 Stunden (Zwischenwerte interpolieren) – bei selbsttätiger Feuerlöschanlage	festzulegen in Abstimmung mit Brandschutzbehörde Abschnittsfläche ≤ 2.500 m^2: ≥ 96 m^3/h > 4.000 m^2: ≥ 192 m^3/h ≥ 96 m^3/h für min. 1 Stunde
5.2 Lage und Zugänglichkeit	min. eine Seite an Außenwand, für Feuerwehr zugänglich – nicht erforderlich bei selbsttätiger Feuerlöschanlage
5.4.1 Kellergeschosse (KG) [1) 2)]	Unterteilung durch raumabschließende, fb Wände aus nb Baustoffen in Abschnitte mit – Grundfläche ≤ 1.000 m^2 im 1. Kellergeschoss – Grundfläche ≤ 500 m2 in jedem tiefer liegenden ~~U~~G
5.4.2 Fußböden oberirdischer Geschosse	dürfen nicht ≤ 1 m unter der Geländeoberfläche liegen.1) hiervon ausgenommen:
– Bereiche mit ausschließlich betriebstechn. Einrichtungen mit Größe nach Tabelle 1 (s. u.)	wenn die Summe deren Flächen ≤ 25 % der Grundfläche des Geschosses beträgt oder diese Bereiche als Teile von Brandbekämpfungsabschnitten mit dem Verfahren nach Abschnitt 7.4 nachgewiesen werden.
Industrieanlage insgesamt	
5.2 Freistehende und zusammengebaute mit Grundfläche insgesamt ≥ 5.000 m^2	Feuerwehrumfahrt nach Musterrichtlinie über Flächen für die Feuerwehr (ständig frei zu halten, Kennzeichnungspflicht!)
5.3 zweigeschossige: Wenn unteres Geschoss mit fb Bauteilen aus nb Baustoffen erstellt und Feuerwehrzufahrten für beide Geschosse	dann kann oberes Geschoss wie ein eingeschossiger Industriebau behandelt werden

Einbauten auf Grundflächen von Geschossen und Ebenen (5.5 Tabelle 1)							
Sicherheitskategorie	K 1	K 2	K 3.1	K 3.2	K 3.3	K 3.4	K 4
max. Grundfläche einzelner Einbauten (inkl. Öffnungen) [m^2]	400	600	720	800	920	1.000	1.400

Rettungswege

Die Anforderungen hinsichtlich der Rettungswege (Tabelle 3) sind erweitert durch Anforderungen an Ebenen und Einbauten. So werden für Einbauten über 200 m^2 Grundfläche 2 bauliche Rettungswege gefordert. Für die Erreichbarkeit von Treppen bei Ebenen und Einbauten werden maximale Laufweglängen vorgegeben. Dabei werden zu überwindende Höhendifferenzen berücksichtigt.

Rauchableitung

Die alte Richtlinie stellte recht allgemeine, kaum differenzierte Anforderungen. Die neue Richtlinie konkretisiert die Anforderungen für

- Produktions- und Lagerräume ohne Ebenen
- Brandbekämpfungsabschnitte mit Ebenen in Produktions- und Lagerräumen
- Produktions- und Lagerräume mit selbsttätigen Feuerlöschanlagen

Für jeden dieser Fälle wird (teilweise in Alternativen) vorgegeben, wie die Anforderung an die Rauchableitung zu erfüllen ist. Die Anforderungen sind in Tabelle 4 zusammengestellt. Nachdem nahezu alle Regelungen neu sind, wurde auf Rotdruck verzichtet.

Weitere Regelungen zur Rauchableitung:

- Rauchableitung durch Schächte ist bei gleichwertigem Querschnitt zulässig, wenn die Schachtwände den gleichen Feuerwiderstand aufweisen wie die durchdrungenen Bauteile (min. feuerhemmend).
- Fenster, Türen, Abschlüsse zur Rauchableitung müssen von jederzeit zugänglichen Stellen zu öffnen sein.
- Rauchabzugsanlagen müssen automatisch auslösen und von jederzeit zugänglichen Stellen manuell auszulösen sein.

4

Fußnoten zu Tabelle 3

1) Ein Rettungsweg darf zu anderen Brand-/Brandbekämpfungsabschnitten, über Außentreppen, offene Gänge, begehbare Dächer aufs Grundstück führen, bei Ebenen auch über notwendige Treppen (ohne notwendigen Treppenraum) in unmittelbar darunter liegende Ebenen/Geschosse, wenn diese Ausgänge in min. 2 sichere Bereiche haben.

2) ins Freie, in notwendigen Treppenraum, zu Außentreppe, zu offenem Gang/begehbarem Dach

3) Die mittlere lichte Höhe von Einbauten und Ebenen mit max. Grundfläche nach Tabelle 2 ist die der Ebene oder des Geschosses, in der/dem sie angeordnet sind. Diese Ebenen und Einbauten bleiben somit bei der Ermittlung der mittleren lichten Höhe unberücksichtigt.

4) Die Entfernung wird in Luftlinie, aber nicht durch Bauteile hindurch gemessen. Die Laufstrecke, die tatsächlich zurückzulegen ist, darf nicht größer sein als das 1,5-Fache der Entfernung. Im Laufweg befindliche Höhendifferenzen vermindern die zulässige Lauflänge um ihren 2-fachen Wert.

Tabelle 3: Allgemeine Anforderungen an Rettungswege (Abschnitt 5.6)
Hauptgänge, Ausgänge, notwendige Flure und Treppen, Ausgänge ins Freie

Anforderungen	
Brandabschnitte oder Brandbekämpfungsabschnitte	GF: Grundfläche
5.6.2 Industriebauten – GF > 1.600 m^2 Anforderung gilt entsprechend für – Ebenen/Einbauten – GF ≥ 200 m^2	min. 2 bauliche Rettungswege [1] in jedem Geschoss (möglichst entgegengesetzt liegend)
tiefer liegende Bereiche unter der Geländeoberfläche (gemäß 5.4.2)	ausreichend: notwendige Treppen ohne notwendigen Treppenraum zu den übrigen Bereichen des Geschosses. Die Regelungen für die Rettungswege von Einbauten gelten hier entsprechend.
Kellergeschosse mit GF> 200 m^2 in Bauten nach Tabelle 6, Spalte 2 und Tabelle 7	2 bauliche Rettungswege
jeder Raum mit GF ≥ 200 m^2	min. 2 Ausgänge
5.6.3 in Produktions-/Lagerfläche eingestellte offene Räume oder geschlossene Räume ≥ 20 m^2 mit Sichtverbindung	Rettungswege dürfen über diese Produktions- oder Lagerflächen führen (zusätzlich Warnung im Brandfall sicherstellen
5.6.4 Hauptgänge in Produktions-/Lagerräumen Erreichbarkeit Hauptgänge (Soll)	min. 2 m breit, geradlinig, auf kurzem Weg zu Ausgängen führend min. 1 Hauptgang in 15 m Lauflänge
5.6.5 Oberirdische Produktions-/Lagerräume: Ausgang [2] (Entfernung [4]) – bei mittlerer lichter Höhe [3] ≤ 5 m ≥ 10 m zwischen 5 und 10 m	 ≤ 35 m / mit Nutzeralarmierung ≤ 50 m ≤ 50 m / mit Nutzeralarmierung ≤ 70 m Zwischenwerte dürfen interpoliert werden
5.6.6 Erschließung nur gelegentlich begangener Kontroll- und Wartungsgänge aus nichtbrennbaren Baustoffen	über Steigleitern in ≤ 100 m (bei nur einer Fluchtrichtung in ≤ 50 m) Entfernung zulässig
5.6.9 Erreichbarkeit Treppe bei Einbauten und Ebenen mit max. GF nach Tabelle 2	Lauflänge auf Ebene oder Einbau 25 m bei Brandbelastung in BBA < 15 kWh/m^2 50 m mit automatischer Nutzeralarmierung oder selbsttätiger Löschanlage 35 m

Tabelle 4: Allgemeine Anforderungen an die Rauchableitung (Abschnitt 5.7)

Produktions-, Lagerräume, Ebenen ≥ 200 m2 müssen entraucht werden können. GF: Grundfläche / RAG: Rauchabzuggerät	
Produktions- und Lagerräume ohne Ebenen (5.7.1)	
1. Anforderung erfüllt, wenn	
– je ≥ 400 m^2 GF	≥ 1 RAG im Dach/oberen Raumdrittel
– aerodynamisch wirksame Fläche	insgesamt ≥ 1,5 m^2 je 400 m^2 GF
– Auslösegruppen	≥ 1 je ≤ 1.600 m^2 GF
– Zuluftflächen (unteres Raumdrittel)	insgesamt ≥ 12 m^2 freier Querschnitt
2. Anforderung erfüllt bei Produktions- und Lagerräumen ≤ 1.600 m^2, wenn	
– Öffnungen zur Rauchableitung **oder**	freier Querschnitt insgesamt 1 % GF
– Öffnungen, Türen, Fenster im oberen Drittel der Außenwand	freier Querschnitt insgesamt 2 % GF
3. Anforderung erfüllt, wenn	
– je ≥ 400 m^2 GF	≥ 1 RAG oder Absaugstelle im oberen Raumdrittel mit Luftvolumenstrom = 10.000 m^3/h
bei Räumen > 1.600 m^2 GF	zusätzlicher Luftvolumenstrom = 5.000 m^3/h **oder**
– je ≥ 400 m^2 weiterer GF	Luftvolumenstrom ≥ 40.000 m^3/h je Raum, wenn dieser im Bereich der Brandstelle auf einer GF ≤ 1.600 m^2 gleichmäßig zu fördern ist
– Zuluftflächen (unteres Raumdrittel)	mit Strömungsgeschwindigkeit von ≤ 3 m/s
Brandbekämpfungsabschnitte (BBA) mit Ebenen in Produktions-/Lagerräumen (5.7.2)	
1. Anforderung erfüllt, wenn	
– je ≥ 400 m^2 Dachfläche	≥ 1 RAG im Dach
– aerodynamisch wirksame Fläche	insgesamt ≥ 1,5 m^2 je 400 m^2 BBA-Fläche
– Auslösegruppen	≥ 1 je 1.600 m^2 Dachfläche
– Unterteilung in Rauchabschnitte	je ≤ 5.000 m^2 BBA-Fläche
– Zuluftflächen (Öffnungen in Ebenen mit freiem Querschnitt < 1 m^2 werden nicht angerechnet)	freier Querschnitt der Öffnungsflächen im Dach, muss in allen Ebenen und als Zuluftfläche in unterster Ebene vorhanden sein

4

Tabelle 4: Allgemeine Anforderungen an die Rauchableitung (Fortsetzung)

Fortsetzung (5.7.2)	
2. Anforderung erfüllt bei Ebenen ≤ 1.000 m^2 GF (mit Werkfeuerwehr 1.600 m^2), wenn	
– Öffnungen, Türen, Fenster im oberen Drittel der Außenwand	freier Querschnitt insgesamt 2 % GF der jeweiligen Ebene
– Zuluftflächen (Öffnungen in Ebenen mit freiem Querschnitt < 1 m^2 werden nicht angerechnet)	von insgesamt gleicher Größe im unteren Raumdrittel oder in darunter liegender Ebene
Produktions- und Lagerräume mit selbsttätigen Feuerlöschanlagen (5.7.3)	
Anforderung erfüllt, wenn	
bei Auslösung der selbsttätigen Feuerlöschanlage die automatische Lüftungsanlage nur als Entlüftung betrieben wird	mit Luftvolumenströmen nach Nr. 1c, soweit es die Zweckbestimmung der Absperrvorrichtung gegen Brandübertragung zulässt; ist eine automatische Brandmeldeanlage vorhanden, muss bei deren Auslösung die Lüftungsanlage als Entlüftung betrieben werden (automatische Ansteuerung der Lüftungsanlage mit behördlicher Zustimmung verzichtbar)

- Bei maschinellen Rauchabzugsanlagen muss Zuluftführung automatisch erfolgen.
- Auslegung maschineller Rauchabzugsanlagen für 30 Min. Betriebszeit und Rauchgastemperatur 600 °C (300 °C zulässig bei Luftvolumenstrom ≥ 40.000 m^3/h je Raum)
- Maschinelle Lüftungsanlagen, die die Anforderungen an Rauchabzugsanlagen erfüllen, können als solche betrieben werden.

Anforderungen an Bauteile

Die allgemeinen Anforderungen an Bauteile fasst Tabelle 5 zusammen.

Sonstige Maßnahmen (5.14)

- Feuerlöscher nach Art und Nutzung des Betriebs
- in Räumen mit Grundfläche > 1.600 m^2 Wandhydranten Typ F
- alternativ bei Sicherheitskategorie K 3.1 bis K 4 trockene Löschwasserleitungen
- Industriebauten mit Grundfläche von insgesamt > 2.000 m^2: Feuerwehrpläne

Tabelle 5: Allgemeine Anforderungen an Bauteile (Abschnitte 5.10 bis 5.13)

Anforderung	
Brandwände (BW) und Wände zur Trennung von BBA (5.10) Die nach § 30 Abs. 3 Satz 2 MBO vorgesehenen Ersatzmaßnahmen sind nicht zulässig.	
5.10.2: Führung über Dach Eingreifen von Bauteilen mit brennbaren Baustoffen, Leitungen, Schlitzen, Kaminen	≥ 0,5 m, darüber keine brennbaren Teile (Abb. 2) zulässig, wenn verbleibender Wandquerschnitt die erforderliche Feuerwiderstandsklasse aufweist
5.10.3: Verhindern von Brandübertrag im Bereich der Außenwände	– Überstand der BW etc. ≥ 0,5 m aus nicht brennbaren Baustoffen (inklusive Bekleidungen) über Außenwand (Abb. 2) **oder** – Außenwandabschnitt von min. 1,0 m Breite im Bereich der BW etc. (Abb. 2)
5.10.5: Öffnungen in inneren BW Abschlüsse der Öffnungen – in BW – in Trennwänden von BBA offen zu haltende Abschlüsse lichtdurchlässige Teilflächen	zulässig, soweit für die Nutzung erforderlich feuerbeständig, dicht- und selbstschließend nach Tabelle 7 bei Raucheinwirkung schließende Feststellanlagen Feuerwiderstand min. wie angrenzende Wände
5.10.6: als Abschluss/Unterteilung von Gebäuden oder Gebäudeteilen, die über Eck zusammenstoßen	Wand muss über die Innenecke min. 5,0 m hinausragen (nicht bei Innenwinkel > 120°)
2. Feuerüberschlagswege (5.11)	
a. Verhindern vertikaler Brandübertrag im Bereich der Außenwände bei versetzt übereinander angeordneten Brandabschnitten – Sicherheitskategorien K 3.1 bis K 4	– min. 1,5 m (1,0 m) auskragende, ausreichend feuerwiderstandsfähige [1)] Bauteile **oder** – ausreichend feuerwiderstandsfähige [1)] Bauteile mit ≥ 1,5 m (1,0 m) Höhe zwischen Öffnungen es gelten die Werte in ( )

4

Tabelle 5: Allgemeine Anforderungen an Bauteile (Fortsetzung)

Anforderung	
3. Außenwände und Außenwandbekleidungen (5.12)	
5.12.1: Ausbildung nichtragender Außenwände, Oberflächen u. Bekleidungen inkl. Dämmstoffe u. Unterkonstruktion	muss Brandausbreitung auf und in diesen Bauteilen begrenzen gilt als gegeben, wenn die Bauteile § 28 Abs. 2 bis 4 MBO entsprechen
– nichttragende Außenwände aus schwer entflammbaren Baustoffen	unter bestimmten, in der Richtlinie beschriebenen Umständen zulässig
5.12.2: Grenzabstand < 5 m	Außenwand aus nichtbrennbaren Baustoffen
5.12.3: Lagerung brennbarer Stoffe an Außenwänden u. deren Öffnungen	zulässig bei folgenden Abständen: Außenwand aus – min. schwer entflammbaren Baustoffen: 6 m – nichtbrennbaren Baustoffen 3 m (unter bestimmten Bedingungen kein Abstand)
4. Dächer (5.13)	
5.13.1: Ausbildung zusammenhängen der Dachflächen> 2.500 m^2 (Anforderung gilt nicht für erdgeschossige Lagerhallen mit Dachfläche ≤ 3.000 m^2 für ausschließlich nichtbrennbare Stoffe)	muss Brandweiterleitung über das Dach behindern, erfüllt bei – Dächern nach DIN 18234-1 und -2 – tragenden Dachschalen (mineralische Baustoffe) – aus geschlossenen Stahltrapezprofilen mit Blechdicke $t_N \geq 0{,}75$ mm und harter Bedachung aus nicht bituminöser Dampfsperre, nicht brennbaren Dämmstoffen und Kunststoff-Dachbahnen
5.13.2: Ausbildung im Bereich von Dachdurchdringungen	Brandweiterleitung bei Entstehungsbrand von unten ist konstruktiv zu behindern, gilt als gegeben – bei Dächern nach DIN 18234-1 und -2 und Durchdringungen nach DIN 18234-3 und -4
5.13.4: Anforderung „harte Bedachung" nach § 32 Abs. 1 MBO	gilt nicht für erforderliche Rauch- und Wärmeabzugsflächen

1) Die Bauteile sind ausreichend feuerwiderstandsfähig, wenn sie die Feuerwiderstandsfähigkeit der Decke aufweisen und (inklusive Wärmedämmung) aus nichtbrennbaren Baustoffen bestehen.

- Industriebauten mit Grundfläche von insgesamt > 5.000 m^2: Bestellung eines Brandschutzbeauftragten
- nach Art oder Nutzung des Betriebs und bei Industriebauten mit Grundfläche von insgesamt > 2.000 m^2: Brandschutzordnung
- Industriebauten mit Grundfläche von insgesamt > 30.000 m^2: Einrichtungen zur Funkkommunikation mit Feuerwehr
- Betriebsanlagen und -einrichtungen sowie Installationen der Gebäudetechnik müssen ausreichenden Abstand zu brennbaren Baustoffen haben (oder Vorkehrungen gegen Brandentstehung, auch bei Arbeitsverfahren mit offener Flamme oder mit Funkenflug)
- Industriebauten müssen statisch konstruktiv so errichtet werden, dass bei Versagen von Bauteilen bei lokal begrenzten Bränden nicht ein plötzlicher Einsturz des Haupttragwerkes außerhalb des betroffenen Brandbereichs angenommen werden muss. (Verweis auf MVV TB, lfd. Nr. A 2.2.1.2 Abschnitte 1.3 und 4.1.)

6 Größe der Brandabschnitte – Verfahren ohne Brandlastermittlung

Im vereinfachten Nachweisverfahren werden die Größe der Brandabschnitte und die Anforderungen an Bauteile und Baustoffe nach Tabellenwerten ermittelt. Das Verfahren ist nicht anwendbar für Geschosse mit Ebenen.

Die zulässige Größe der Brandabschnitte ist in Tabelle 6, abhängig von der Sicherheitskategorie, der Zahl der oberirdischen Geschosse und der Feuerwiderstandsfähigkeit der tragenden und aussteifenden Bauteile zu bestimmen. Die zugrunde gelegte Feuerwiderstandsfähigkeit müssen auch Geschossdecken, Verschlüsse von Öffnungen dieser Decken und das Haupttragwerk des Daches aufweisen.

Nach der Feuerwiderstandsfähigkeit und den Vorgaben zum Brandverhalten der Baustoffe nach Tabelle 4 ergeben sich die Feuerwiderstandsklassen und die Baustoffklassen nach Anlagen 0.1.1 oder 0.1.2 bzw. 0.2.1 oder 0.2.2 der Bauregelliste A Teil 1.

Unterdecken (einschließlich deren Aufhängung) und Deckenbekleidungen (einschließlich Dämmstoffen und Unterkonstruktion) müssen aus nichtbrennbaren Baustoffen bestehen.

4

Lagergebäude und Gebäude mit Lagerbereichen (6.4)

Für solche Gebäude ohne selbsttätige Feuerlöschanlage wird gefordert:

- Unterteilung der Fläche des Brandabschnitts oder des Lagerbereichs in jedem Geschoss durch Freiflächen in Lagerabschnitte von max. 1.200 m^2
- Breite der Freiflächen bei Lagerguthöhe (Höhe Oberkante Ladegut)
  bis 4,5 m / von 7,5 m ≥ 3,5 m / ≥ 5,0 m (für Zwischenwerte ist zu interpolieren)
  Lagerguthöhen > 7,5 m sind nur zulässig mit selbsttätiger Feuerlöschanlage.

Tabelle 6: Zulässige Größe von Brandabschnittsflächen [m^2]

Anzahl oberirdische Geschosse	**Feuerwiderstandsfähigkeit und Brandverhalten von Baustoffen der tragenden und aussteifenden Bauteile**	**Sicherheitskategorie**		
		K 1	**K 2**	**K 3.1**
1	aus **nbr** Baustoffen	1.800 1)	2.700 1) 4)	3.200 1)
	fh	3.000	4.500 4)	5.400
2	**fh**	800 2) 3)	1.200 2) 3)	1.400 2) 3)
	hfh und aus **nbr** Baustoffen	1.600 2)	2.400 2)	2.900 2)
	fb und aus **nbr** Baustoffen	2.400	3.600	4.300
3	**hfh** und aus **nbr** Baustoffen	1.200 2) 3)	1.800 2)	2.100 2)
	fb und aus **nbr** Baustoffen	1.800	2.700	3.200
4	**fb** und aus **nbr** Baustoffen	1.500	2.300	2.700
5	**fb** und aus **nbr** Baustoffen	1.200	1.800	2.200

Abkürzungen: **fh** feuerhemmend / **hfh** hochfeuerhemmend / **fb** feuerbeständig / **br** brennbar / **nbr** nicht brennbar

1) Breite Industriebau ≤ 40 m, Wärmeabzugsfläche ≥ 5 %

2) Wärmeabzugsfläche ≥ 5 %

3) Für Gebäudeklasse 3 und 4 ergibt sich nach MBO eine zulässige Größe von 1.600 m^2

4) darf um 10 % überschritten werden, wenn im Brandabschnitt Rauchabzugsanlagen wie folgt vorhanden sind: je 200 m^2 Grundfläche Rauchabzugsgeräte mit insgesamt min. 1,5 m^2 aerodynamisch wirksamer Fläche im Dach, je 1.600 m^2 Grundfläche min. eine Auslösegruppe, Zuluftflächen mit freiem Querschnitt min. 36 m^2 im unteren Raumdrittel

5) Anstelle von Konstruktionen aus nicht brennbaren Baustoffen sind Holzkonstruktionen zulässig, wenn
- die Konstruktion nach DIN EN 1995-1-1 bemessen ist,
- die Holzbauteile im Falle von reinen Biegeträgern und Zugstäben einen Mindestquerschnitt von 10 cm x 10 cm, in allen anderen Fällen von 12 cm x 12 cm aufweisen und
- die Knotenpunkte als Holz-Holz-Verbindungen mit Verbindungsmitteln nach Tabelle 6.1 der DIN EN 1995-1-2 oder mindestens zweischnittige Stahl-Holz-Verbindungen mit eingeschlitzten Blechen verwendet werden."

Tabelle 6 (Fortsetzung)

Anzahl oberirdische Geschosse	K 3.2	K 3.3	K 3.4	K 4
1	3.600 [1]	4.200 [1]	4.500 [1]	10.000
	6.000	7.000	7.500	10.000
2	1.600 [2]	1.800 [2]	2.000 [2]	8.500
	3.200 [2]	3.600 [2]	4.000 [2]	8.500
	4.800	5.500	6.000	8.500
3	2.400 [2]	2.800 [2]	3.000 [2]	6.500
	3.600	4.100	4.500	6.500
4	3.000	3.500	3.800	5.000
5	2.400	2.800	3.000	4.000

7 Größe der BBA – Rechenverfahren nach DIN 18230-1

Für jeden Brandbekämpfungsabschnitt wird

- die äquivalente Branddauer t^a zur Bestimmung der zulässigen Brandbekämpfungsabschnittsfläche und
- die rechnerisch erforderliche Feuerwiderstandsdauer erf t^F zur brandschutztechnischen Bemessung der Bauteile gemäß ihrer Zuordnung zu den Brandsicherheitsklassen ermittelt.

Grundlagen sind die ermittelten Brandlasten und die bewerteten Wärmeabzugsflächen.

Brandsicherheitsklassen (7.2)

Die Zuordnung der Bauteile erfolgt nach deren brandschutztechnischer Bedeutung in eine der folgende **Brandsicherheitsklassen:**

- **SKb3 – hohe Anforderungen:**
  - Bauteile, die einen BBA gegen andere oder Brandlasten abtrennen (einschließlich Feuerschutzabschlüsse und -abschottungen)
  - tragende und aussteifende Bauteile, deren Versagen zum Einsturz des Tragwerks führen kann
  - Lüftungsleitungen sowie Installationsschächte und -kanäle, die BBA überbrücken
  - Feuerschutzabschlüsse, Rohr-/Kabelabschottungen etc. in Bauteilen, die BBA trennen.

- **SKb2 – mittlere Anforderungen:**
  - tragende und aussteifende Bauteile, deren Versagen nicht zum Einsturz des Tragwerks führen kann
  - Bauteile des Dachtragwerks, deren Versagen zum Einsturz der übrigen Dachkonstruktion führen kann
  - Lüftungsleitungen und Installationskanäle, die Bauteile mit geforderter Feuerwiderstandsfähigkeit überbrücken
  - Feuerschutzabschlüsse und -abschottungen in trennenden Bauteilen mit geforderter Feuerwiderstandsfähigkeit
- **SKb1 geringe Anforderungen:**
  Bauteile des Dachtragwerks, deren Versagen nicht zum Einsturz der übrigen Dachkonstruktion führt

Bauteile ohne brandschutztechnische Bedeutung werden nicht zugeordnet. Das gilt für untergeordnete Dachkonstruktion nicht zu begehender Dächer oder durch Geschossdecken abgetrennte Dachkonstruktionen ohne zusätzliche Brandlasten sowie für Einbauten.

Zulässige Größe von Brandbekämpfungsabschnittsflächen bis 60 000 m²

Die zulässige Größe wird nach der Summe der bewerteten Grundflächen der Geschosse und Ebenen mit Hilfe der Tabelle 7 bestimmt:

$$zulA_{bew} > A_G \cdot F_{H1} \cdot F_{A1} + \sum_{i=2}^{n} A_{Ei} \cdot F_{Hi} \cdot F_{Ai}$$

mit

A_G	Grundfläche des Brandbekämpfungsabschnitts
A_{Ei}	Grundfläche des Geschosses i oder der Ebene i
i	Laufindex
n	Anzahl der Geschosse und Ebenen

Für die größte Ebene des BBA (zumeist die Grundfläche) ist $FA1 = 1{,}0$ anzusetzen.

Tabelle 8: Faktor F_H zur Bewertung der Grundflächen der Geschosse/Ebenen

	Abstand zum Bezugsniveau				
	0 m	5 m	10 m	15 m	20 m
Faktor F_H über oder gleich Bezugsniveau	1,0	1,1	1,2	1,3	1,4

Tabelle 8: Faktor F_A zur Bewertung des jeweiligen Öffnungsverschlusses der Ebenen

Öffnungen	Faktor F_A
durch Bauteile nach SK^{b}3 geschlossen	0,4
durch Bauteile mit nichtbrennbaren Baustoffen geschlossen	0,7 1)
ohne Verschluss	1,7

1) Überschreitet der Anteil der so geschlossenen Öffnungen 10 % der jeweiligen Ebene, ist Faktor 1,7 anzusetzen

Tabelle 9: Zulässige Summe *zul A_{bew}* **der bewerteten Grundflächen der Geschosse und Ebenen eines Brandbekämpfungsabschnitts** [m²]

Sicherheits-kategorie	äquivalente Branddauer t^a in Minuten				
	0	**15**	**30**	**60**	**≥ 90**
K 1	40.000	20.000	12.000	6.000	4.000
K 2	60.000	30.000	18.000	9.000	6.000
K 3.1	72.000	36.000	21.000	10.800	7.200
K 3.2	80.000	40.000	24.000	12.000	8.000
K 3.3	92.500	46.000	27.000	13.800	9.200
K 3.4	100.000	50.000	30.000	15.000	10.000
K 4	140.000	70.000	42.000	21.000	14.000

Brandbekämpfungsabschnittsflächen > 60.000 m² (7.6)

BBA dieser Größe sind nur in eingeschossigen Industriebauten ohne Ebenen zulässig, und zwar bei einer lichten Raumhöhe > 7,0 m/12 m bis 90.000 m²/120.000 m². Dies unter der Voraussetzung, dass die rechnerische Brandlast ≤ 100 kWh/m² liegt und eine Werkfeuerwehr vorhanden ist.

Dabei sind folgende Anforderungen zu erfüllen:

- bei rechnerischer Brandlast > 15 kWh/m² ist selbsttätige Löschanlage erforderlich
- BBA ohne selbsttätige Löschanlage müssen für Feuerwehr befahrbar sein

Tabelle 10: Brandbekämpfungsabschnitte mit Bemessung der Bauteile –

	Feuerwiderstandsfähigkeit und Brandverhalten von ...
1.	Decken, die Brandbekämpfungsabschnitte trennen und Bauteile, die diese Decken tragen, aussteifen oder überbrücken
2.	Bauteilen der Brandsicherheitsklasse $SK^{b}3$, die nicht Nr. 1 zuzuordnen sind
3.	Bauteilen
4.	Abschlüssen von Öffnungen in – Bauteilen nach Nr. 1 und Brandbekämpfungsabschnittswänden
5.	– Geschossdecken mit Feuerwiderstandsfähigkeit
6.	– Bauteilen mit Feuerwiderstandsfähigkeit
	Lüftungsleitungen, Installationsschächten und -kanälen oder Vorkehrungen gegen Brandübertragung bei Leitungen, Lüftungsleitungen, Installationsschächten und -kanälen ohne Feuerwiderstandsfähigkeit, die
7.	– Brandbekämpfungsabschnitte überbrücken
8.	– Geschossdecken mit Feuerwiderstandsfähigkeit überbrücken
9.	– Bauteile mit Feuerwiderstandsfähigkeit überbrücken in der Brandsicherheitsklasse $SK^{b}2$ und $SK^{b}1$

Abkürzungen: **fh** feuerhemmend / **hfh** hochfeuerhemmend / **fb** feuerbeständig / **br** brennbar / **nbr** nicht brennbar / **kA** keine Anforderung

1) Die Werte gelten auch für eine rechnerisch erforderliche Feuerwiderstandsdauer von mehr als 90 min, die sich insbesondere aus einem Teilflächennachweis ergeben können.

Anforderungen an Baustoffe/Bauteile (nach MIndBauR Tabelle 6)

	erf t_F **nach DIN 18230-1**			
	≤ 15 min	**15 bis ≤ 30 min**	**30 bis ≤ 60 min**	**60 min** [1]
1.	**fh**, aus **nbr** Baustoffen			
2.	keine Feuerwiderstandsfähigkeit, normalentflammbare Baustoffe [2]	**fh**, in den wesentlichen Teilen aus **nbr** Baustoffen [3]	**hfh**, in den wesentlichen Teilen aus nbr Baustoffen [3]	**fb**
3.	keine Feuerwiderstandsfähigkeit, normalentflammbare Baustoffe [2]	**fh**	**hfh**, aus **br** Baustoffen	**fb**, aus **br** Baustoffen
4.	**fh**, dicht- und selbstschließend			
5. 6.	keine Feuerwiderstandsfähigkeit, normalentflammbare Baustoffe [2]	**fh**, dicht- und selbstschließend	**fh**, dicht- und selbstschließend	**fh**, dicht- und selbstschließend
7.	**fh**	**fh**	**hfh**	**fh**
8.	keine Feuerwiderstandsfähigkeit, normalentflammbare Baustoffe [2]	**fh**	**hfh**	**fh**
9.		**fh**	**hfh**	**fh**

2) Der Raum zwischen Leitungen, Schächten und Kanälen und dem umgebenden Bauteil ist vollständig mit Baustoffen aus Mineralfasern (Schmelztemperatur ≥ 1.000 °C, lichter Abstand zwischen Leitungen etc. und umgebendem Bauteil ≤ 50 mm) oder im Brandfall aufschäumenden Baustoffen (lichter Abstand ≤ 15 mm) zu verschließen. Werden Hüllrohre verwendet, müssen diese nicht brennbar sein.

3) Für Bauteile bis zu 2 Geschossen oder 1 Geschoss mit und max. 1 Ebene je BBA aus brennbaren Baustoffen zulässig, wenn in der Ermittlung erf tF die brennbaren Baustoffe berücksichtigt sind.

4

- Überwachung durch automatisches Brandmeldesystem
- ausreichende Vorkehrungen für Alarmierung und Brandbekämpfung
- Löschwassermenge ≥ 192 m^3/h über einen Zeitraum von 2 Stunden
- zusätzliche Löschwasserversorgung für die Entnahme im Brandbekämpfungsabschnitt (mit Brandschutzdienststelle abzustimmen)

Tabelle 11: Zulässige Größe der Brandbekämpfungsabschnittsfläche eingeschossiger Industriebauten ohne Ebenen und ohne Anforderungen an die Feuerwiderstandsfähigkeit der tragenden und aussteifenden Bauteile in m^2

Sicherheits-kategorie	äquivalente Branddauer t_a in Minuten			
	15	**30**	**60**	**90**
K 1	9.000	5.500	2.700	1.800
K 2	13.500 2)	8.000 2)	4.000 2)	2.700 2)
K 3.1	16.000	10.000	5.000	3.200
K 3.2	18.000	11.000	5.400	3.600
K 3.3	20.700	12.500	6.200	4.200
K 3.4	22.500	13.500	6.800	4.500
K 4	30.000 1)	20.000 1)	10.000 1)	10.000 1)
Wärmeabzugsflächen in % nach DIN 18230-1	≥ 1	≥ 2	≥ 3	≥ 4
Zulässige Breite des Industriebaus in m	80	60	50	40

1) Die Anforderungen hinsichtlich der Wärmeabzugsflächen und der Breite des Industriebaus gelten nicht für Brandbekämpfungsabschnitte der Sicherheitskategorie K 4.

2) Die zulässige Größe darf um 10 % überschritten werden, wenn in dem Brandbekämpfungsabschnitt die Produktions- und Lagerräume Rauchabzugsanlagen haben, bei denen
- je ≤ 200 m^2 GF Rauchabzugsgeräte mit insgesamt ≥ 1,5 m^2 aerodynamisch wirksamer Fläche im Dach angeordnet werden,
- je ≤1.600 m^2 GF mindestens eine Auslösegruppe für die Rauchabzugsgeräte gebildet wird,
- Zuluftflächen mit einem freien Querschnitt von ≥ 36 m^2 im unteren Raumdrittel vorhanden sind.

Zwischenwerte dürfen linear interpoliert werden.

Muster-Richtlinie über brandschutztechnische Anforderungen an Leitungsanlagen – Muster-Leitungsanlagen-Richtlinie (MLAR)

(Fassung 10.2.2015, zul. geänd. 3.9.2020)

Abk.: TR: Treppenräume / NTR: Notwendige TR / NF: Notwendige Flure / nb: nichtbrennbar

1 Geltungsbereich

Diese Richtlinie gilt für

a) Leitungsanlagen in NTR, in Räumen zwischen NTR und Ausgängen ins Freie, in notwendigen Fluren ausgenommen in offenen Gängen vor Außenwänden,
b) die Führung von Leitungen durch raumabschließende Bauteile (Wände und Decken),
c) den Funktionserhalt von elektrischen Leitungsanlagen im Brandfall

sowie entsprechend für bauordnungsrechtlich vorgeschriebene Vorräume und Sicherheitsschleusen. Sie gilt nicht für Lüftungs- und Warmluftheizungsanlagen.

2 Begriffe

2.1 Leitungsanlagen – sind Anlagen insbesondere aus elektrischen oder Rohrleitungen, sowie den zugehörigen Armaturen, Hausanschluss-, Mess-, Steuer-, Regel- und Sicherheitseinrichtungen, Netzgeräten, Verteilern und Dämmstoffen. Zu den Leitungen gehören ihre Befestigungen und Beschichtungen. Lichtwellenleiter- und elektrische Kabel gelten als elektrische Leitungen.

2.2 Elektrische Leitungen mit verbessertem Brandverhalten – sind Leitungen, die die Prüfanforderungen nach DIN 4102-1:1998-05 in Verbindung mit DIN 4102-16:1998-05 Baustoffklasse B 1, auch in Verbindung mit einer Beschichtung, erfüllen und eine nur geringe Rauchentwicklung aufweisen oder hierzu europäisch gleichwertig klassifiziert sind.

2.3 Medien im Sinne dieser Richtlinie sind Flüssigkeiten, Dämpfe, Gase und Stäube.

3 Leitungsanlagen in Rettungswegen

3.1 Grundlegende Anforderungen

3.1.1 Gemäß § 40 Abs. 2 MBO sind Leitungsanlagen in

a) NTR gemäß § 35 Abs. 1 MBO,
b) Räumen zwischen NTR und Ausgängen ins Freie (§ 35 Abs. 3 Satz 2 MBO) und
c) NF gemäß § 36 Abs. 1 MBO

nur zulässig, wenn die Nutzung als Rettungsweg im Brandfall ausreichend lang möglich ist. Dies ist der Fall, wenn die Leitungsanlagen in diesen Räumen 3.1.2 bis 3.5.6 entsprechen. Die Anforderungen an NTR gelten hierbei auch für bauordnungsrechtlich vorgeschriebene Vorräume und Sicherheitsschleusen.

3.1.2 Leitungsanlagen dürfen in tragende, aussteifende oder raumabschließende Bauteile sowie in Bauteile von Installationsschächten und -kanälen nur so weit eingreifen, dass die erforderliche Feuerwiderstandsfähigkeit erhalten bleibt.

3.1.3 In Sicherheits-TR gemäß § 33 Abs. 2 Satz 3 MBO und in Räumen zwischen Sicherheits-TR und Ausgängen ins Freie sind nur Leitungsanlagen zulässig, die ausschließlich der unmittelbaren Versorgung dieser Räume oder der Brandbekämpfung dienen.

3.2 Elektrische Leitungsanlagen

3.2.1 Elektrische Leitungen müssen wie folgt verlegt werden:

a) einzeln oder nebeneinander angeordnet voll eingeputzt,
b) in Schlitzen von massiven Bauteilen, die mit ≥ 15 mm dickem mineralischem Putz auf nb Putzträger oder mit ≥ 15 mm dicken Platten aus mineralischen Baustoffen verschlossen werden,
c) in mind. feuerhemmenden Wänden in Leichtbauweise jedoch nur Leitungen zur ausschließlichen Versorgung der in/an der Wand befindlichen elektrischen Betriebsmitteln,
d) in Installationsschächten und -kanälen nach 3.5,
e) über Unterdecken nach 3.5,
f) in Unterflurkanälen nach 3.5 oder
g) in Systemböden.

Sie dürfen offen verlegt werden, wenn sie

a) nb sind,
b) ausschließlich der Versorgung der Räume und Flure nach 3.1.1 dienen oder
c) Leitungen mit verbessertem Brandverhalten in NF von Gebäuden der Gebäudeklassen 1 bis 3 mit Nutzungseinheiten von jeweils ≤ 200 m², die keine Sonderbauten sind.

In NF dürfen einzelne kurze Stichleitungen offen verlegt werden. Dazu verwendete Installationskanäle/-rohre (siehe DIN EN 50085-1 (VDE 0604-1):2014-05) müssen aus nb Baustoffen bestehen.

3.2.2 Messeinrichtungen und Verteiler sind abzutrennen gegenüber

a) NTR und Räumen zwischen NTR und Ausgängen ins Freie durch mind. feuerhemmende Bauteile aus nb Baustoffen; Öffnungen in diesen Bauteilen sind durch mind. feuerhemmende Abschlüsse aus nb Baustoffen mit umlaufender Dichtung zu verschließen;
b) NF durch Bauteile aus nb Baustoffen mit geschlossenen Oberflächen;

Öffnungen in diesen Bauteilen sind mit Abschlüssen aus nb Baustoffen mit geschlossenen Oberflächen zu verschließen.

3.3 Rohrleitungsanlagen für nichtbrennbare Medien

3.3.1 Die Rohrleitungsanlagen einschließlich der Dämmstoffe aus nb Baustoffen – auch mit brennbaren Dichtungs- und Verbindungsmitteln und mit brennbaren Rohrbeschichtungen bis 0,5 mm Dicke – dürfen offen verlegt werden.

3.3.2 Die Rohrleitungsanlagen aus brennbaren Baustoffen oder mit brennbaren Dämmstoffen müssen wie in 3.2.1 b), d), e), f) oder g) gefordert verlegt werden.

3.4 Rohrleitungsanlagen für brennbare oder brandfördernde Medien

3.4.1 Die Rohrleitungsanlagen müssen einschließlich ihrer Dämmstoffe aus nb Baustoffen bestehen. Dies gilt nicht für

a) deren Dichtungs- und Verbindungsmittel,
b) Rohrbeschichtungen bis 0,5 mm Dicke,
c) Rohrbeschichtungen bis 2 mm Dicke bei nach 3.4.2 Satz1 verlegten Rohrleitungsanlagen.

3.4.2 Die Rohrleitungsanlagen müssen

a) einzeln mit ≥ 15 mm Putzüberdeckung voll eingeputzt oder
b) in Installationsschachten oder –kanälen nach 3.5.1 in Verbindung mit 3.5.5 verlegt werden.

Sie dürfen in notwendigen Fluren auch offen verlegt werden. Dichtungen von Rohrverbindungen müssen wärmebeständig sein.

3.4.3 Gaszähler sind in NTR und in Räumen zwischen notwendigen TR und Ausgängen ins Freie nicht zulässig. Gaszähler müssen in notwendigen Fluren

a) thermisch erhöht belastbar sein,
b) durch eine thermisch auslösende Absperreinrichtung geschützt sein oder
c) durch mind. feuerbeständige Bauteile aus nb Baustoffen abgetrennt sein; Öffnungen in diesen Bauteilen sind mit mind. feuerbeständigen Abschlüssen zu verschließen; die Abschlüsse müssen mit umlaufenden Dichtungen versehen sein.

3.5 Installationsschächte und -kanäle, Unterdecken und Unterflurkanäle

3.5.1 Installationsschächte/-kanäle müssen - inklusive der Abschlüsse von Öffnungen - aus nb Baustoffen bestehen. Ihre Feuerwiderstandsfähigkeit muss der höchsten notwendigen Feuerwiderstandsfähigkeit der von ihnen durchdrungenen raumabschließenden Bauteile entsprechen. Die Abschlüsse müssen umlaufend dicht schließen. Die Installationsschächte/-kanäle sind mit nb Mitteln zu befestigen.

4

3.5.2 Abweichend von 3.5.1 genügen in notwendigen Fluren Installationsschächte, die keine Geschossdecken überbrücken und Installationskanäle (einschließlich der Abschlüsse von Öffnungen), die mind. feuerhemmend sind und aus nb Baustoffen bestehen.

3.5.3 Unterdecken müssen – einschließlich der Abschlüsse von Öffnungen – aus nb Baustoffen bestehen und bei einer Brandbeanspruchung sowohl von oben als auch von unten in notwendigen Fluren mind. feuerhemmend sein und in NTR und in Räumen zwischen NTR und Ausgängen ins Freie mind. der notwendigen Feuerwiderstandsfähigkeit der Decken entsprechen. Die Abschlüsse müssen umlaufend dicht schließen. Die besonderen Anforderungen hinsichtlich der brandsicheren Befestigung der im Bereich zwischen den Geschossdecken und Unterdecken verlegten Leitungen sind zu beachten.

3.5.4 In notwendigen Fluren von Gebäuden der Gebäudeklassen 1 bis 3, deren Nutzungseinheiten eine Fläche von jeweils 200 m² nicht überschreiten und die keine Sonderbauten sind, brauchen Installationsschächte, die keine Geschossdecken überbrücken, Installationskanäle und Unterdecken (einschließlich der Abschlüsse von Öffnungen) nur aus nb Baustoffen mit geschlossenen Oberflächen zu bestehen. Einbauten, wie Leuchten und Lautsprecher, bleiben unberücksichtigt.

3.5.5 Installationsschächte und -kanäle für Rohrleitungsanlagen nach 3.4.1 sind mit nb Baustoffen formbeständig und dicht zu verfüllen oder müssen abschnittsweise oder im Ganzen be- und entlüftet werden. Die Be- und Entlüftungsöffnungen müssen mind. 10 cm^2 groß sein. Sie dürfen nicht in notwendigen Treppenräumen und nicht in Räumen zwischen notwendigen Treppenräumen und Ausgängen ins Freie angeordnet werden.

3.5.6 Estrichbündig oder -überdeckt angeordnete Unterflurkanäle für die Verlegung von Leitungen müssen in NTR, in Räumen zwischen NTR und Ausgängen ins Freie sowie in notwendigen Fluren eine obere Abdeckung aus nb Baustoffen haben. Sie dürfen keine Öffnungen haben, ausgenommen in notwendigen Fluren Revisions- oder Nachbelegungsöffnungen mit umlaufend dicht schließenden Abschlüssen aus nb Baustoffen.

4 Führung von Leitungen durch raumabschließende Bauteile

4.1 Grundlegende Anforderungen

4.1.1 Nach § 40 Abs. 1 MBO dürfen Leitungen durch raumabschließende Bauteile mit vorgeschriebenem Feuerwiderstand nur hindurchgeführt werden, wenn eine Brandausbreitung (ggf. durch Vorkehrungen hiergegen) ausreichend lang nicht zu befürchten ist; dies gilt nicht

a) in Gebäuden der Gebäudeklassen 1 und 2,
b) innerhalb von Wohnungen,
c) innerhalb derselben Nutzugseinheit mit insgesamt ≤ 400 m^2 in ≤ zwei Geschossen.

Diese Voraussetzungen sind erfüllt, wenn die Leitungsdurchführungen den Anforderungen der Abschnitte 4.1 bis 4.3 entsprechen.

4.1.2 Die Leitungen müssen

a) durch Abschottungen geführt werden, die mind. die gleiche Feuerwiderstandsfähigkeit aufweisen wie die raumabschließenden Bauteile oder
b) in Installationsschächten/-kanälen geführt werden, die - inklusive der Abschlüsse von Öffnungen - mind. die gleiche Feuerwiderstandsfähigkeit aufweisen wie die durchdrungenen raumabschließenden Bauteile und aus nb Baustoffen bestehen.

4.1.3 Der Mindestabstand zwischen Abschottungen, Installationsschächten oder -kanälen sowie der erforderliche Abstand zu anderen Durchführungen (z. B. Lüftungsleitungen) oder anderen Öffnungsverschlüssen (z. B. Feuerschutztüren) ergibt sich aus den Bestimmungen der jeweiligen Verwendbarkeits- oder Anwendbarkeitsnachweise; fehlen entsprechende Festlegungen, ist ein Abstand von ≥ 50 mm erforderlich.

4.2 Erleichterungen für die Leitungsdurchführung durch feuerhemmende Wände

Abweichend von 4.1.2 dürfen durch feuerhemmende Wände – ausgenommen solche von NTR und Räumen zwischen NTR und den Ausgängen ins Freie –

a) einzelne elektrische Leitungen sowie einzelne dichtgepackte Kabelbündel (∅ ≤ 50 mm)
b) Rohrleitungen aus nb Baustoffen – auch mit brennbaren Rohrbeschichtungen bis 2 mm Dicke –

geführt werden, wenn der Raum zwischen den Leitungen und dem umgebenden Bauteil aus nb Baustoffen mit nb Baustoffen oder mit im Brandfall aufschäumenden Baustoffen vollständig ausgefüllt wird. Bei Verwendung von Mineralfasern müssen diese eine Schmelztemperatur von ≥ 1 000 °C aufweisen. Bei Verwendung von aufschäumenden Dämmschichtbildnern und von Mineralfasern darf der Abstand zwischen der Leitung und dem umgebenden Bauteil ≤ 50 mm betragen.

4.3 Erleichterungen für einzelne Leitungen

4.3.1 Einzelne Leitungen ohne Dämmung in gemeinsamen Durchbrüchen für mehrere Leitungen.

Abweichend von 4.1 dürfen einzelne

a) elektrische Leitungen,
b) Rohrleitungen mit Außendurchmesser ≤ 160 mm aus nb Baustoffen (ausgenommen Aluminium und Glas), auch mit brennbarer Beschichtung bis zu 2 mm Dicke,
c) Rohrleitungen für nb Medien und Installationsrohre für elektrische Leitungen mit Außendurchmesser bis 32 mm aus brennbaren Baustoffen, Aluminium oder Glas

über gemeinsame Durchbrüche durch die Wände und Decken geführt werden.

Dies gilt nur, wenn

a) der lichte Abstand untereinander bei Leitungen nach Satz 1 a und b mind. dem einfachen, nach Satz 1 c mind. dem 5fachen des größeren Leitungsdurchmessers entspricht,
b) der lichte Abstand zwischen einer Leitung nach Satz 1 c und einer Leitung nach Satz 1 a oder b mind. dem größeren der sich aus der Art und dem Durchmesser der beiden Leitungen ergebenden Abstandsmaße (Satz 2 a) entspricht,
c) die feuerbeständige Wand oder Decke eine Dicke von ≥ 80 mm, die hochfeuerhemmende Wand oder Decke eine Dicke von ≥ 70 mm, die feuerhemmende Wand oder Decke eine Dicke von ≥ 60 mm hat und
d) der Raum zwischen den Leitungen und den umgebenden Bauteilen mit Zementmörtel oder Beton in der vorgenannten Mindestbauteildicke vollständig ausgefüllt wird.

4.3.2 Einzelne Leitungen ohne Dämmung in jeweils eigenen Durchbrüchen/Bohröffnungen

Abweichend von 4.1 gelten die Vorgaben nach 4.3.1. Es genügt jedoch, den Raum zwischen der Leitung und dem umgebenden Bauteil oder Hüllrohr aus nb Baustoffen mit Baustoffen aus Mineralfasern oder mit im Brandfall aufschäumenden Baustoffen vollständig zu verschließen. Der lichte Abstand zwischen der Leitung und dem umgebenden Bauteil oder Hüllrohr darf bei Verwendung von Baustoffen aus Mineralfasern ≤ 50 mm, bei Verwendung von im Brandfall aufschäumenden Baustoffen ≤15 mm betragen. Die Mineralfasern müssen eine Schmelztemperatur von ≥ 1 000 °C aufweisen.

4.3.3 Einzelne Rohrleitungen mit Dämmung in Durchbrüchen oder Bohröffnungen

Abweichend von 4.1 dürfen einzelne Rohrleitungen nach 4.3.1 Satz 1 b und c mit Dämmung in gemeinsamen oder eigenen Durchbrüchen oder Bohröffnungen durch Wände und Decken geführt werden, wenn

a) die Dicke einer feuerbeständigen Wand/Decke ≥ 80 mm, einer hochfeuerhemmenden Wand/Decke ≥ 70 mm, einer feuerhemmenden Wand/Decke ≥ 60 mm beträgt,
b) die Restöffnung in der Wand/Decke nach 4.3.1/4.3.2 bemessen und verschlossen ist,
c) die Dämmung im Bereich der Leitungsdurchführung aus nb Baustoffen mit einer Schmelztemperatur von ≥ 1 000°C besteht, auch mit Umhüllung aus brennbaren Baustoffen bis 0,5 mm Dicke und
d) der lichte Abstand, gemessen zwischen den Dämmschichtoberflächen im Bereich der Durchführung, ≥ 50 mm beträgt; das Mindestmaß von 50 mm gilt auch für den Abstand der Rohrleitungen zu elektrischen Leitungen.

Bei Rohrleitungen mit Dämmungen aus brennbaren Baustoffen außerhalb der Durchführung ist eine Umhüllung aus Stahlblech oder beidseitig der Durchführung auf eine Länge von jeweils 500 mm eine Dämmung aus nb Baustoffen anzuordnen.

4.3.4 Einzelne Rohrleitungen mit/ohne Dämmung in Wandschlitzen/mit Ummantelung

Abweichend von 4.1 dürfen einzelne Rohrleitungen mit Außendurchmesser bis 110 mm

a) aus nb Baustoffen - ausgenommen Aluminium und Glas – (auch mit brennbaren Beschichtungen) oder
b) aus brennbaren Baustoffen, Aluminium oder Glas für nb Flüssigkeiten, Dämpfe oder Stäube

durch die Decken geführt werden. Dies gilt nur, wenn sie in den Geschossen durchgehend

a) in eigenen Schlitzen von massiven Wänden verlegt werden, die mit ≥ 15 mm dickem mineralischem Putz auf nb Putzträger mit dahinter liegender Dämmung (≥ 10 mm dick, nicht brennbar, Schmelztemperatur ≥ 1 000°C) oder mehrlagig mit nb mineralischen Platten (Gesamtdicke ≥ 25 mm) verschlossen werden; die verbleibenden Wandquerschnitte müssen die erforderliche Feuerwiderstandsdauer behalten, oder
b) einzeln derart in Wandecken von massiven Wänden verlegt werden, dass sie mind. zweiseitig von den Wänden und im Übrigen von Bauteilen aus ≥ 15 mm dickem mineralischem Putz auf nb Putzträger mit dahinter liegender Dämmung (≥ 10 mm dick, nicht brennbar, Schmelztemperatur ≥ 1 000°C) oder mehrlagig mit nb mineralischen Platten (Gesamtdicke ≥ 25 mm) vollständig umschlossen sind.

Die von diesen Rohrleitungen abzweigenden Leitungen dürfen offen verlegt werden, sofern sie nur innerhalb eines Geschosses geführt werden.

5 Funktionserhalt von elektrischen Leitungsanlagen im Brandfall

5.1 Grundlegende Anforderungen

5.1.1 Die elektrischen Leitungsanlagen für bauordnungsrechtlich vorgeschriebene sicherheitstechnische Anlagen und Einrichtungen müssen so beschaffen oder durch Bauteile abgetrennt sein, dass diese im Brandfall ausreichend lang funktionsfähig bleiben (Funktionserhalt). Dieser Funktionserhalt muss bei möglicher Wechselwirkung mit anderen Anlagen, Einrichtungen oder deren Teilen gewährleistet bleiben.

5.1.2 An die Verteiler der elektrischen Leitungsanlagen für bauordnungsrechtlich vorgeschriebene sicherheitstechnische Anlagen dürfen auch andere betriebsnotwendige sicherheitstechnische Anlagen angeschlossen werden. Dabei ist sicherzustellen, dass die bauaufsichtlich vorgeschriebenen sicherheitstechnischen Anlagen nicht beeinträchtigt werden.

5.2 Funktionserhalt

5.2.1 Der Funktionserhalt der Leitungen ist gewährleistet, wenn die Leitungen

a) die Prüfanforderungen der DIN 4102-12:1998-11 (Funktionserhaltsklasse E 30 – E90) erfüllen oder hierzu gleichwertig klassifiziert sind oder
b) auf Rohdecken unterhalb des Fußbodenestrichs mit einer Dicke von ≥ 30 mm oder
c) im Erdreich

verlegt werden.

4

5.2.2 Verteiler für elektrische Leitungsanlagen mit Funktionserhalt nach 5.3 müssen

a) in eigenen, für andere Zwecke nicht genutzten Räumen untergebracht werden, die gegenüber anderen Räumen durch Wände, Decken und Türen mit einer Feuerwiderstandsfähigkeit entsprechend der notwendigen Dauer des Funktionserhaltes und – mit Ausnahme der Türen – aus nb Baustoffen abgetrennt sind,
b) durch Gehäuse abgetrennt werden, für die durch einen bauaufsichtlichen Verwendbarkeitsnachweis die Funktion der elektrotechnischen Einbauten des Verteilers im Brandfall für die notwendige Dauer des Funktionserhaltes nachgewiesen ist oder
c) mit Bauteilen (einschließlich ihrer Abschlüsse) umgeben werden, die eine Feuerwiderstandsfähigkeit entsprechend der notwendigen Dauer des Funktionserhaltes haben und (mit Ausnahme der Abschlüsse) aus nb Baustoffen bestehen, wobei sichergestellt werden muss, dass die Funktion der elektrotechnischen Einbauten des Verteilers im Brandfall für die Dauer des Funktionserhaltes gewährleistet ist. Der Nachweis des Funktionserhalts der Einbauten ist zu dokumentieren.

5.3 Dauer des Funktionserhaltes der Leitungsanlagen

5.3.1 Dauer des Funktionserhaltes muss ≥ 90 Minuten betragen bei

a) automatische Feuerlöschanlagen und Wasserdruckerhöhungsanlagen zur Löschwasserversorgung,
b) maschinellen Rauchabzugsanlagen und Druckbelüftungsanlagen für notwendige TR in Hochhäusern sowie für Sonderbauten, für die solche Anlagen im Einzelfall verlangt werden; abweichend hiervon genügt für Leitungsanlagen, die innerhalb dieser TR verlegt sind, eine Dauer von 30 Minuten,
c) Bettenaufzügen in Krankenhäusern und anderen baulichen Anlagen mit entsprechender Zweckbestimmung und Feuerwehraufzügen; ausgenommen sind Leitungsanlagen, die sich innerhalb der Fahrschächte oder der Triebwerksräume befinden.

5.3.2 Dauer des Funktionserhaltes der Leitungsanlagen muss ≥ 30 Minuten betragen bei

a) Sicherheitsbeleuchtungsanlagen; ausgenommen Leitungsanlagen innerhalb eines Brandabschnittes in einem Geschoss oder innerhalb eines Treppenraumes, die ausschließlich der Versorgung der Sicherheitsbeleuchtungsanlagen in diesen Bereichen dienen; (Grundfläche je Brandabschnitt ≤ 1.600 m^2),
b) Personenaufzügen mit Brandfallsteuerung; ausgenommen sind Leitungsanlagen, die sich innerhalb der Fahrschächte oder der Triebwerksräume befinden,
c) Brandmeldeanlagen einschließlich der zugehörigen Übertragungsanlagen; ausgenommen sind Leitungsanlagen, die durch automatische Brandmelder überwacht werden, sowie Leitungsanlagen in Bereichen ohne automatische Brandmelder, wenn bei Kurzschluss oder Leitungsunterbrechung alle an diese Leitungsanlage angeschlossenen Brandmelder funktionsfähig bleiben,
d) Alarmierungsanlagen, sofern diese Anlagen im Brandfall wirksam sein müssen; ausgenommen Leitungsanlagen innerhalb eines Brandabschnittes in einem Geschoss oder innerhalb eines Treppenraumes, die ausschließlich der Versorgung der Alarmierungsanlagen in diesen Bereichen dienen; (Grundfläche je Brandabschnitt ≤ 1.600 m^2),
e) natürlichen Rauchabzugsanlagen (Rauchableitung durch therm. Auftrieb); ausgenommen sind Anlagen, die bei einer Störung der Stromversorgung selbsttätig öffnen, sowie Leitungsanlagen in Räumen, die durch automat. Brandmelder überwacht werden u. das Ansprechen eines Brandmelders durch Rauch bewirkt, dass die Anlage selbsttätig öffnet,
f) maschinellen Rauchabzugs- u. Rauchschutz-Druckanlagen in anderen Fällen als nach 5.3.1.

Muster-Richtlinie über brandschutztechnische Anforderungen an Lüftungsanlagen – Muster-Lüftungsanlagen-Richtlinie (M-LüAR)

(Fassung 29.9.2005, zul. geänd. 3.9.2020)

Abk.: Absperrvorrichtungen AV / Lüftungsanlagen LA / Lüftungsleitungen LL / Lüftungszentrale LZ / Brandschutzklappen BSK

1 Geltungsbereich

Diese Richtlinie gilt für den Brandschutz von Lüftungsanlagen, die den Anforderungen nach § 41 MBO (siehe unten) unterliegen. Sie gilt nicht für mit Luft arbeitende Transportanlagen (z.B. Späneabsaugung, Rohrpostanlagen).
Für die Verwendbarkeit von Bauprodukten und die Anwendbarkeit von Bauarten zur Errichtung von Lüftungsanlagen sind die bauordnungsrechtlichen Vorschriften und die konkretisierenden Regelungen der Muster-Verwaltungsvorschrift Technische Baubestimmungen (MVV TB) in der jeweils geltenden Fassung maßgeblich.

Musterbauordnung (MBO) § 41 Lüftungsanlagen

(1) Lüftungsanlagen (LA) müssen betriebssicher und brandsicher sein; sie dürfen den ordnungsgemäßen Betrieb von Feuerungsanlagen nicht beeinträchtigen.

(2) Lüftungsleitungen (LL) sowie deren Bekleidungen und Dämmstoffe müssen aus nichtbrennbaren Baustoffen bestehen; brennbare Baustoffe sind zulässig, wenn ein Beitrag der LL zur Brandentstehung und Brandweiterleitung nicht zu befürchten ist. LL dürfen raumabschließende Bauteile, für die eine Feuerwiderstandsfähigkeit vorgeschrieben ist, nur überbrücken, wenn eine Brandausbreitung ausreichend lang nicht zu befürchten ist oder wenn Vorkehrungen hiergegen getroffen sind.

(3) LA sind so herzustellen, dass sie Gerüche und Staub nicht in andere Räume übertragen.

(4) LA dürfen nicht in Abgasanlagen eingeführt werden; die gemeinsame Nutzung von LL zur Lüftung und zur Ableitung der Abgase von Feuerstätten ist zulässig, wenn keine Bedenken wegen der Betriebssicherheit und des Brandschutzes bestehen. Die Abluft ist ins Freie zu führen. Nicht zur LA gehörende Einrichtungen sind in LL unzulässig.

(5) Die Absätze 2 und 3 gelten nicht
1. für Gebäude der Gebäudeklassen 1 und 2,
2. innerhalb von Wohnungen,
3. innerhalb derselben Nutzungseinheit mit $\leq$ 400 m² in nicht mehr als 2 Geschossen.

(6) Für raumlufttechnische Anlagen u. Warmluftheizungen gelten (1) bis (5) entsprechend.

4

2 Begriffe

Als LA gelten auch raumlufttechnische und Klimaanlagen sowie Warmluftheizungen.

3 Anforderungen an das Brandverhalten der Baustoffe

Lüftungsleitungen sowie deren Bekleidungen und Dämmstoffe müssen aus nichtbrennbaren Baustoffen bestehen. Brennbare Baustoffe sind zulässig, wenn ein Beitrag der Lüftungsleitung zur Brandentstehung und Brandweiterleitung nicht zu befürchten ist.

Schwerentflammbare Baustoffe sind zulässig für **Lüftungsleitungen**

(1) die nicht durch raumabschließende Bauteile mit vorgeschriebener Feuerwiderstandsfähigkeit hindurchgeführt werden

(2) mit mindestens feuerhemmenden BSK am Durchtritt durch raumabschließende Bauteile mit vorgeschriebenem Feuerwiderstand (höhere Anforderungen aufgrund der Abschnitte 4 bis 6 bleiben unberührt) oder

(3) die mindestens feuerhemmend sind (schwerentflammbare Baustoffe jedoch nur für die innere Schale) sowie für LL, die in einem mindestens feuerhemmenden Schacht verlegt sind (höhere Anforderungen aufgrund der Abschnitte 4 bis 6 bleiben unberührt)

Abweichend von Satz 1 Nr. 1 und 2 sind brennbare Baustoffe nicht zulässig für

(1) nicht mindestens feuerhemmende LL in notwendigen Treppenräumen, in Räumen zwischen solchen, den Ausgängen ins Freie und in notwendigen Fluren oder

(2) LL über Unterdecken, die tragende Bauteile brandschutztechnisch schützen müssen.

Unzulässig sind brennbare Baustoffe für LL, in denen

(1) Luft mit Temperaturen von mehr als 85 °C gefördert wird oder

(2) sich im besonderen Maße brennbare Stoffe ablagern können (z.B. Abluftleitungen für gewerbliche Küchen, Raumlüftungsanlagen in holzverarbeitenden Betrieben).

Die vorstehenden Bestimmungen für LL gelten sinngemäß auch für **Beschichtungen und Bekleidungen**, Dämmschichten, Dampfsperren, Folien für Lüftungsleitungen.

Für Dampfsperren, Folien und Beschichtungen mit ≤ 0,5 mm Dicke dürfen anstelle schwerentflammbarer Baustoffe im eingebauten Zustand normalentflammbare Baustoffe verwendet werden. Solche aus brennbaren Baustoffen bestehenden Bauteile dürfen nicht durch raumabschließende Bauteile mit vorgegebenem Feuerwiderstand hindurchgeführt werden.

Für **lokal begrenzte Bauteile**, wie in Einrichtungen zur Förderung und Aufbereitung der Luft und zur Regelung der Lüftungsanlage sowie für kleine Teile, wie Bedienungsgriffe, Dichtungen, Lager, Messeinrichtungen dürfen brennbare Baustoffe verwendet werden.

Dies gilt auch für elektrische und pneumatische Leitungen, soweit sie außerhalb von LL liegen und den zur Lüftungsanlage gehörenden Einrichtungen in LL von außen auf kürzestem Wege zugeführt sind.

Ein- und Auslässe von LL dürfen aus brennbaren Baustoffen bestehen.

Für **die übrigen Bauteile und Einrichtungen** dürfen brennbare Baustoffe nur nach

Maßgabe der Anforderungen der Abschnitte 5.2.3, 6.2 und 6.4.4 sowie der entsprechenden schematischen Darstellungen verwendet werden.

4 Feuerwiderstandsfähigkeit von Lüftungsleitungen und Absperrvorrichtungen von Lüftungsanlagen

4.1 Grundlegende Anforderungen

Die bauordnungsrechtliche Anforderung der Verhinderung der Brandausbreitung gilt als erfüllt, wenn die LA nach den Abschnitten 5 bis 8 und den Bildern 1 bis 6 ausgebildet werden.

Dabei muss der Feuerwiderstand der BSK dem vorgeschriebenen Feuerwiderstand der von den LL durchdrungenen Bauteilen entsprechen (siehe MVV TB, Anh. 14, Ziff. 6, Tabelle 5)

Feuerwiderstandsfähigkeit Bauteil	Klassifizierung Brandschutzklappe	
feuerhemmend	EI 30($v_e h_0$ i←→o)-S	ehemalig national: K 30
hochfeuerhemmend	EI 60($v_e h_0$ i←→o)-S	ehemalig national: K 60
feuerbeständig	EI 90($v_e h_0$ i←→o)-S	ehemalig national: K 90

oder es muss der Feuerwiderstand der LL bei geforderter feuerwiderstandsfähiger Bauart dem höchsten vorgeschriebenen Feuerwiderstand der durchdrungenen raumabschließenden Bauteile entsprechen.
In notwendigen Fluren mit feuerhemmenden Wänden genügen LL aus Stahlblech, ohne Öffnungen, mit Abhängern aus Stahl (vgl. Bild 3.1 und 3.2). Dabei darf die LL nur Bereiche verbinden, die brandschutztechnisch nicht voneinander getrennt werden müssen.

4.2 Anwendungs- und Ausführungsbestimmungen für die Verwendung

In raumabschließenden Bauteilen mit gefordertem Feuerwiderstand dürfen nur BSK verwendet werden, die folgende Leistungsmerkmale aufweisen bzw. Anforderungen erfüllen:

- im Wesentlichen aus nichtbrennbaren Baustoffen
- Nennauslösetemperatur der thermischen Auslöseeinrichtung maximal 72 °C, in Zuluftleitungen in Warmluftheizungsanlagen maximal 95 °C
- für mechanische Absperrelemente und motorische Antriebe, die auch bedarfsgemäß und unabhängig von der Schutzfunktion geöffnet/geschlossen werden sollen, muss die Dauerhaftigkeit der Betriebssicherheit für ≥ 10.000 Betätigungen nachgewiesen sein.
- BSK mit mechanischem Absperrelement dürfen nur mit einer durch Feuerwiderstandsprüfung nach EN 1366-2 nachgewiesen Achslage verwendet werden
- BSK dürfen zusätzlich zur thermischen Auslösung mit Rauchauslöseeinrichtungen angesteuert werden, wenn deren Verwendbarkeit nachgewiesen ist. Die Rauchauslöseeinrichtungen müssen für den Anschluss an die jeweilige BSK geeignet und in LL installiert sein.

- Für die Verwendung der BSK sind die detaillierten Produktspezifikationen des Hersteller/seines Vertreters zu beachten (Montage- und Betriebsanleitung). Dazu gehören auch die in der Betriebsanleitung für die Inbetriebnahme, Inspektion, Wartung, Instandsetzung sowie Überprüfung der Funktion der BSK gemachten notwendigen Angaben.

5 Anforderungen an die Installation von Lüftungsleitungen

5.1 Auswahl und Anordnung der Bauteile

Bauteile	Anforderungen
Lüftungsleitungen (5.1.1) mit erhöhter Brand-, Explosions- oder Verschmutzungsgefahr sowie mit chemischer Kontamination	dürfen untereinander und mit anderen LL nur verbunden sein, wenn geeignete Brandschutzklappen die Übertragung von Feuer und Rauch verhindert.
Abluftleitungen, über die mit chemischen Bestandteilen kontaminierte Luft abgeführt werden soll	Feuerwiderstand der LL = höchster geforderter Feuerwiderstand der von ihnen durchdrungenen raumabschließenden Bauteile (siehe Abb. 4) **oder** Eignung der Brandschutzklappen für diese Verwendung muss nachgewiesen sein
Brandschutzklappen in Laborabzügen	unbedenklich, wenn in der Abluft die Arbeitsplatzgrenzwerte TRGS 900 eingehalten werden und seitens des Herstellers die Verwendung für die verwendeten Stoffe nicht ausgeschlossen wird
Mündungen (5.1.2) von Außenluft- u. Fortluftleitungen, aus denen Brandgase ins Freie gelangen können	müssen so angeordnet oder ausgebildet sein, dass durch sie Feuer oder Rauch nicht in andere Räume übertragen werden können. Das gilt als **erfüllt, wenn** • ihr Abstand zu Fenstern, Außenwandöffnungen und Außenwänden mit brennbaren Baustoffen (gilt nicht für Holzlattung hinterlüfteter Fassaden) ≥ 2,5 m beträgt **oder** • die Mündungen durch 1,5 m auskragende öffnungslose Bauteile aus nichtbrennbaren Baustoffen (Feuerwiderstand den Decken entsprechend) geschützt sind • sie über Dach Bauteile aus brennbaren Baustoffen ≥ 1 m überragen oder von diesen (waagerecht gemessen) 1,5 m entfernt sind. Nicht erforderlich, wenn diese Baustoffe von den Außenflächen der LL bis zu einem Abstand von ≥ 1,5 m gegen Brandgefahr geschützt sind (z.B. ≥ 5 cm dicke Bekiesung oder ≥ 3 cm dicke, fugendicht verlegte Betonplatten). • sie durch Brandschutzklappen gesichert sind

Bauteile	Anforderungen
Zuluftanlagen (5.1.3)	Die Übertragung von Rauch über die Außenluft ist durch Rauch-/Brandschutzklappen mit Rauchauslöseeinrichtungen zu verhindern. Nicht, wenn durch die Lage der Außenluftöffnung das Ansaugen von Rauch auszuschließen ist.
Lüftungsanlagen mit Umluft (5.1.4)	Schutz der Zuluft gegen Eintritt von Rauch aus der Abluft durch Rauchschutzklappen oder Brandschutzklappen mit Rauchauslöseeinrichtungen. Die Anordnung der Rauchauslöseeinrichtungen darf deren Wirksamkeit nicht durch Verdünnungseffekte beeinträchtigen. Bei Ansprechen der Rauchauslöseeinrichtungen müssen die Ventilatoren abgeschaltet werden, soweit der Weiterbetrieb nicht der Rauchausbreitung entgegenwirkt.
Andere Installationen (5.1.5) in Lüftungsleitungen	Zulässig: Einrichtungen von Lüftungsanlagen und zugehörigen Leitungen, diese dürfen keine brennbaren oder toxischen Stoffe und keine Stoffe mit Temperaturen > 110 °C führen; zulässig jedoch: Leitungen zur Zuführung von Wärmeträgern mit höheren Temperaturen (auf kürzestem Wege)
In Schächten und Kanälen der Feuerwiderstandsklasse L 30/60/90 (nach DIN 4102-4: 2016-05, Abschnitt 11.2 oder hierzu gleichwertigen europäischen Klassifizierungen	Zulässig: Leitungen für Wasser, Abwasser und Wasserdampf bis 110 °C sowie für Druckluft, wenn sie ausschließlich aus nichtbrennbaren Baustoffen bestehen (keine brandschutztechnische Abtrennung zwischen Schacht und Lüftungszentrale erforderlich, siehe Abb. 1.2, Anordnung 2). Die Durchdringungen vom Schacht zur Lüftungszentrale sind dicht zu verschließen.
– Wenn Öffnungen in den Wänden dichte Verschlüsse (z. B. mit umlaufendem Anschlag) mit demselben Feuerwiderstand wie die Wände haben	Zulässig: auch andere (z. B. brennbare) Installationen, wenn alle ein- und ausführenden Lüftungsleitungen an den Durchtrittsstellen (auch zur Lüftungszentrale) durch Brandschutzklappen gesichert sind (siehe Abb. 1.2, Anordnung 1). Die Notwendigkeit brandschutztechnischer Maßnahmen für diese anderen Installationen bleibt unberührt.

5.2 Verlegung von Lüftungsleitungen

Verlegung	Anforderungen
Alle Leitungsabschnitte (5.2.1)	
Begrenzung von Kräften (5.2.1.1)	LL dürfen bei Erwärmung durch Brand keine erheblichen Kräfte auf tragende oder notwendig feuerwiderstandsfähige Wände und Stützen ausüben können.
	Erfüllt bei ausreichenden Dehnungsmöglichkeiten, – bei LL aus Stahl ca. 10 mm/lfd. m Leitungslänge – bei anderen Baustoffen ist deren Längenausdehnungskoeffizient zu berücksichtigen.
Bei zweiseitig fester Einspannung der Leitungen	erfüllt, wenn 1. Leitungen keine erhebliche Längssteifigkeit besitzen (z. B. Spiralfalzrohre mit Steckstutzen bis 250 mm Durchmesser oder Flexrohre) 2. Längenänderungen durch Leitungsverformungen aufgenommen werden (siehe Abb. 5) oder 3. Kompensatoren (z. B. Segeltuchstutzen) verwendet werden (Reaktionskraft < 1 kN)
Durchführung durch feuerwiderstandsfähige, raumabschließende Bauteile (5.2.1.2)	Ausführung mit dem höchsten vorgeschriebenen Feuerwiderstand der durchdrungenen Bauteile; andernfalls: BSK (siehe Abb. 1.1 bis Abb. 1.4). BSK außerhalb dieser Bauteile sind nur zulässig, wenn die brandschutztechnische Trennung der Abschnitte erhalten bleibt.
	Dürfen LL ohne BSK durch die raumabschließenden Bauteile hindurchgeführt werden, sind die verbleibenden Öffnungsquerschnitte mit geeigneten nichtbrennbaren mineralischen Baustoffen in Bauteildicke dicht zu verschließen. Bis zu 50 mm Spaltbreite gelten Stopfungen aus Mineralfasern (Schmelzpunkt > 1000 °C) ohne weiteren Nachweis als geeignet. Durch weitere Installationen darf die Stopfung nicht gemindert werden.
Abstände zu flächig angrenzenden Bauteilen mit brennbaren Baustoffen (5.2.1.3)	Leitungsabschnitte, deren äußere Oberflächen Temperaturen von > 85 °C erreichen können, müssen einen Abstand von ≥ 40 cm einhalten.
Feuerwiderstandsfähige Leitungsabschnitte (5.2.2)	
	müssen an Bauteilen mit entsprechender Feuerwiderstandsfähigkeit befestigt sein

Verlegung	Anforderungen
Leitungen im Freien (5.2.3)	
Abschnitte, die von Brandgasen durchströmt werden können	müssen 1. feuerwiderstandsfähig sein **oder** 2. aus Stahlblech bestehen, wenn ein Abstand von ≥ 40 cm zu Bauteilen aus brennbaren Baustoffen eingehalten ist; sind diese Baustoffe durch eine ≥ 2 cm dicke mineralische, nichtbrennbare Schicht geschützt, genügen 20 cm Abstand
– auf Flachdächern	dürfen aus schwerentflammbaren Baustoffen ausgeführt werden, wenn 1. sie gegen Herabfallen (auch im Brandfall) gesichert sind, 2. der Abstand von Bauteilen aus brennbaren Baustoffen 1,5m beträgt, sofern diese nicht bis zu diesem Abstand gegen Entflammen geschützt sind **und** 3. die Dachoberfläche aus brennbaren Baustoffen unterhalb der Leitung in einer Breite von jeweils 1,5 m (bezogen auf die Außenkante) gegen Entflammen geschützt ist (z. B. durch eine ≥ 5 cm dicke Bekiesung oder durch ≥ 3 cm dicke, fugendicht verlegte Betonplatten).
Lüftungsleitungen oberhalb von Unterdecken (5.2.4)	
Unterdecken, für die als selbstständiges Bauteil ein Feuerwiderstand gefordert wird,	LL sind so zu befestigen, dass sie auch im Brandfall nicht herabfallen können (siehe DIN 4102-4:2016-05, 11.2.6.3).
Brandschutz im Dachraum (5.2.5)	
Führen Lüftungsleitungen durch einen Dachraum,	müssen bei der Durchdringung einer Decke, die feuerwiderstandsfähig sein muss, zwischen oberstem Geschoss und Dachraum 1. Brandschutzklappen eingesetzt werden (siehe Bild 2.1), 2. die Teile der Lüftungsanlage im Dachraum feuerwiderstandsfähig (bei Leitungen ins Freie bis über die Dachhaut) umkleidet werden oder 3. die LL selbst feuerwiderstandsfähig ausgebildet sein.

6 Einrichtungen zur Luftaufbereitung und Lüftungszentralen

	Anforderungen
6.1 Lufterhitzer	
mit Heizflächentemperaturen > 160 °C	Sicherheitstemperaturbegrenzer (Abstand 50 bis 100 cm hinter Lufterhitzer in Strömungsrichtung)zur Abschaltung des Lufterhitzers bei Erreichen einer Lufttemperatur von 110 °C.
direkt befeuerte Lufterhitzer	zusätzlicher Strömungswächter, der beim Nachlassen/Ausbleiben des Luftstroms die Beheizung selbsttätig abschaltet sofern dies nicht auch der Sicherheitstemperaturbegrenzer gewährleistet.
6.2 Filtermedien, Kontaktbefeuchter und Tropfenabscheider	
aus brennbaren Baustoffen	im Luftstrom nachgeschaltet: ein engmaschiges Gitter oder eine geeignete Luftaufbereitungseinrichtung aus nichtbrennbaren Baustoffen muss sicherstellen, dass brennende Teile nicht vom Luftstrom mitgeführt werden können.
6.3 Wärmerückgewinnungsanlagen	
Eine Brandübertragung zwischen Abluft und Zuluft ist durch instellationstechnische Maßnahmen oder andere geeignete Vorkehrungen auszuschließen.	
6.4 Lüftungszentralen (LZ) für Ventilatoren und Luftaufbereitungseinrichtungen	
Grundlegende Anforderung (6.4.1)	In Gebäuden müssen LZ eingerichtet werden, wenn an die Ventilatoren/ Luftaufbereitungseinrichtungen in Strömungsrichtung anschließende Leitungen in mehrere Geschosse (nicht bei Gebäudeklasse 3) oder Brandabschnitte führen. LZ können selbst luftdurchströmt sein (Kammerbauweise). Sie dürfen nicht anderweitig genutzt werden.
(6.4.2) a) Tragende, aussteifende und raumabschließende Bauteile der LZ zu anderen Räumen	Ausführung mit dem höchsten notwendigen Feuerwiderstand der Decken und Wände entsprechen, durch die LL von der LZ aus hindurchgeführt werden; dabei bleiben Kellerdecken unberücksichtigt.
b) Andere Wände und Decken sowie Fußböden	aus nichtbrennbaren Baustoffen oder durch ≥ 2 cm dicke mineralische, nichtbrennbare Schichten geschützt
c) Öffnungen in den Wänden zu anderen Räumen	mit mindestens feuerhemmenden dicht- und selbstschließenden Abschlüssen, zu notwendigen Treppenräumen zusätzlich rauchdicht
	LZ dürfen keine Öffnungen zu Aufenthaltsräumen haben.

	Anforderungen
Ausgänge von LZ (6.4.3)	Von jeder Stelle der LZ muss in ≤ 35 m Entfernung ein Ausgang zu einem Flur (Bauart wie notwendige Flure), zu Treppenräumen (Bauart wie notwendige Treppenräume) oder unmittelbar ins Freie erreichbar sein.
Lüftungsleitungen in LZ (6.4.4) müssen	1. aus Stahlblech sein (nicht mit brennbaren Dämmschichten) 2. der Feuerwiderstandsfähigkeit der Decken und Wänden der LZ zu anderen Räumen entsprechen 3. am Ein- und Austritt der LZ (nicht Fortluft-/Außenluftleitungen, die unmittelbar ins Freie führen) mit BSK (Feuerwiderstandsfähigkeit entsprechend 6.4.2 a)) mit Rauchauslöseeinrichtungen ausgestattet sein.
– Die Verwendung von LL aus schwerentflammbaren Baustoffen in LZ	ist ohne Einhaltung der Anforderungen nach Nr. 2 und 3 zulässig, **wenn** (siehe auch Abb. 4): 1. die LZ im obersten Geschoss liegt, 2. die LZ im Dach eine selbsttätig öffnende, durch Rauchmelder in der LZ auslösende Rauchabzugseinrichtung hat; deren freier Querschnitt mindestens das 2,5-fache des lichten Querschnitts der größten in die LZ eingeführten Abluftleitung haben muss, 3. die LL durch das Dach der Lüftungszentrale unmittelbar ins Freie geführt werden und 4. in der LZ Bauteile von LL aus brennbaren Baustoffen gegenüber entsprechenden Bauteilen anderer LL gegen Entflammen geschützt sind entweder durch a) einen Abstand von mindestens 40 cm zwischen den entsprechenden Bauteilen beider Leitungen b) einen mindestens 2 cm dicken Strahlungsschutz aus mineralischen nichtbrennbaren Baustoffen dazwischen oder c) andere mindestens gleich gut schützende Bauteile.

7 Lüftungsanlagen für besondere Nutzungen

7.1 Lüftungsanlagen zur Be- und Entlüftung von Wohnungen sowie abgeschlossenen Nutzungseinheiten max. 200 m^2

Abweichend von den Abschnitten 3 - 6 sind in Lüftungsanlagen für Wohnungen sowie für Nutzungseinheiten mit nicht mehr als 200 m^2 Fläche anstelle von BSK auch Absperrvorrichtungen (AV)[1] zulässig, wenn die folgenden Bedingungen erfüllt sind:
Die Abschnitte 3 bis 6 dieser Richtlinie sind zu beachten, soweit nicht nachfolgend abweichende Regelungen zu AV (anstelle von BSK) sowie zu den Maximalquerschnitten luftführender Hauptleitungen getroffen sind.

Der Querschnitt der luftführenden Hauptleitung beträgt ≤ 2000 cm und eine vollständige Inspektion und Reinigung ist möglich.

Eine vollständige Inspektion und Reinigung ist möglich, wenn

a) die luftführende Hauptleitung in einem Schacht geführt wird und die AV in den jeweiligen Anschlussleitungen installiert sind **oder**

b) geöffnete AV den luftführenden Querschnitt der Hauptleitung nicht verringern.

Zusammen mit den AV (mindestens Klassifizierungen EI 30/60/90 (veho i↔o)) müssen jeweils Sperren installiert werden, die eine Übertragung von Rauch aus einer Nutzungseinheit in eine andere (siehe Abb. 6.1) verhindern. Die luftführende Hauptleitung muss in einem Schacht geführt werden.

7.2 Lüftungsanlagen mit Ventilatoren für die Lüftung von Bädern und Toilettenräumen (Bad-/WC-Lüftungsanlagen)

Bad-/WC-Lüftungsanlagen dürfen gemäß Abschnitt 7.1 ausgeführt werden.
Daneben werden die Anforderungen des Brandschutzes auch erfüllt, wenn bei Verwendung von AV nach Fußnote[1] die folgenden Bestimmungen eingehalten werden:

- Die AV sind zur Verhinderung einer Brandübertragung innerhalb von Geschossen nicht zulässig (z. B. bei der Überbrückung von Flur- oder Trennwänden).
- Querschnitt der AV (Anschlussquerschnitt) ≤ 350 cm
- Die zugehörigen LL müssen nachfolgende Bedingungen erfüllen (Abb. 6.2 und 6.3):
    1. Vertikale feuerwiderstandsfähige LL aus nichtbrennbaren Baustoffen, Feuerwiderstand entsprechend Feuerwiderstand der durchdrungenen Decken.
    2. Schächte für LL aus nichtbrennbaren Baustoffen, Feuerwiderstand entsprechend Feuerwiderstand der durchdrungenen Decken.
    3. Hauptleitungen im Innern feuerwiderstandsfähiger Schächte sowie ggf. außerhalb

[1] ausgenommen Absperrvorrichtungen mit allgemeiner bauaufsichtlichen Zulassung für die Verwendung in Abluftleitungen nach DIN 18017-3:2009-09

der Schächte liegende Anschlussleitungen zwischen AV und luftführender Hauptleitung müssen aus Stahlblech bestehen,
Anschlussleitungen:

- Länge zwischen Schachtwand und AV außerhalb des Schachtes ≤ 6 m,
- dürfen keine Bauteile mit gefordertem Feuerwiderstand überbrücken
- müssen innerhalb von Schächten aus nichtbrennbaren Baustoffen bestehen.

- Luftführende Hauptleitungen: Querschnitt ≤ 1000 cm, dürfen
  1. Ausbildung als feuerwiderstandsfähige LL/feuerwiderstandsfähiger Schacht, keine Installationen innerhalb dieser luftführenden Hauptleitung, AV im Wesentlichen aus nichtbrennbaren Baustoffen (siehe Abb. 6.3.1)
  2. Zulässig: Verlegung in feuerwiderstandsfähigem Schacht ≤ 1000 cm Querschnitt, AV im Wesentlichen aus nichtbrennbaren Baustoffen, keine weiteren Installationen im Schacht (siehe Abb. 6.3.2), **oder**
  3. Verlegung in feuerwiderstandsfähigem Schacht > 1000 cm Querschnitt, **wenn** der Restquerschnitt zwischen Schacht und luftführender Hauptleitung mit einem Mörtelverguss (Dicke ≥ 100 mm) in der Ebene der jeweiligen Geschossdecke vollständig verschlossen ist, weitere Installationen aus nichtbrennbaren Baustoffen für nichtbrennbare Medien sind zulässig (siehe Abb. 6.3.3); für diese Installationen können weitere brandschutztechnische Maßnahmen erforderlich sein.

AV für Entlüftungsanlagen nach DIN 18017-3:2009-09 dürfen auch in Zuluftleitungen verwendet werden, wenn diese Leitungen nur der unmittelbaren Belüftung der entlüfteten Bäder und Toilettenräume dienen. Die AV müssen hierfür geeignet sein.

8 Abluftleitungen von gewerblichen oder vergleichbaren Küchen, ausgenommen Kaltküchen – hier nicht behandelt

9 Gemeinsame Abführung von Küchenabluft und Abgas aus Feuerstätten – hier nicht behandelt

10 Anforderungen an Lüftungsanlagen in Sonderbauten

Die Anforderungen der Abschnitte 3 bis 9 entsprechen in der Regel den brandschutztechnischen Erfordernissen für Lüftungsanlagen in Sonderbauten. Bei gesondert gelagerten Einzelfällen ist zu prüfen, ob zusätzliche oder andere brandschutztechnische Maßnahmen notwendig werden, z. B. zusätzliche Rauchauslöseeinrichtungen für Brandschutzklappen zur Verhinderung der Rauchübertragung. Die Anordnung der Rauchauslöseeinrichtungen darf deren Wirksamkeit durch Verdünnungseffekte nicht beeinträchtigen.

M-LüAR – Schematische Darstellungen

1 Durchführung von Lüftungsleitungen durch raumabschließende Bauteile

1.1 Durchführung vertikaler Lüftungsleitungen durch raumabschließende Decken mit Anforderungen an die Feuerwiderstandsfähigkeit

Zu Abb. 1.2: Folgende Anordnungen sind zulässig:

1) *Schacht aus Wänden F30/F60/F90 aus nichtbrennbaren Baustoffen (bildet brandschutztechnisch eigenen Abschnitt), weitere Installationen (aus brennbaren Baustoffen, mit brennbaren Medien) zulässig, wenn alle Ein- und Ausführungen von LL (auch zur LZ) durch BSK EI 30/60/90 ($v_e h_o$ i$\leftarrow\rightarrow$o)-S geschützt sind (siehe 5.1.4), Schacht-Zugangstüren mit Feuerwiderstand (z.B. T30/T60/T90) wie Schachtwände, zu notwendigen Rettungswegen zudem rauchdicht*

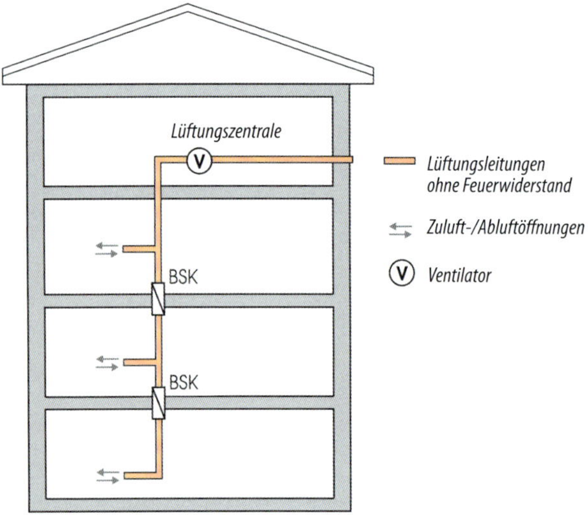

Abb. 1.1: Schottlösung – Brandschutzklappen (BSK) an den Durchdringungen der feuerwiderstandsfähigen Decken

oder

2) *Schacht gemäß L-Klassifikation (weitere nichtbrennbare Installationen mit nichtbrennbaren Medien bis 110 °C zulässig) (siehe 5.1.5), keine brandschutztechnische Abtrennung zur LZ notwendig*

oder

3) *selbständige feuerwiderstandsfähige LL (ohne weitere Installationen) der Klassifikation L30/L60/L90 (Schacht = luftführende Hauptleitung).*

und

jeweils BSK bei Abzweigen in den Geschossen an den Durchtrittsstellen durch den Schacht bzw. an den Anschlussstellen der Lüftungsleitung.

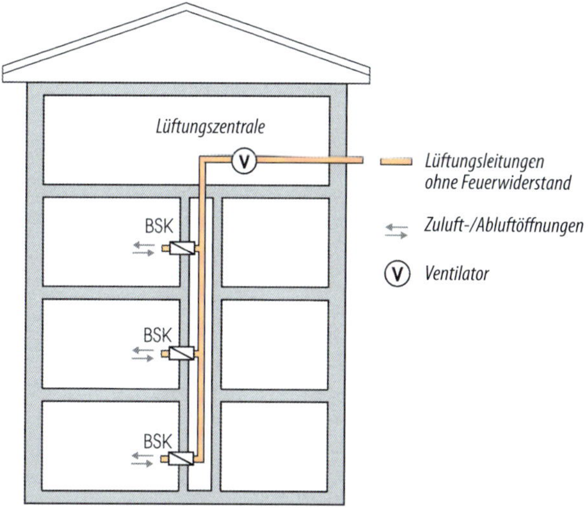

Abb. 1.2: Schachtlösung – Brandschutzklappen (BSK) an den Durchdringungen der feuerwiderstandsfähigen Schachtwände

4

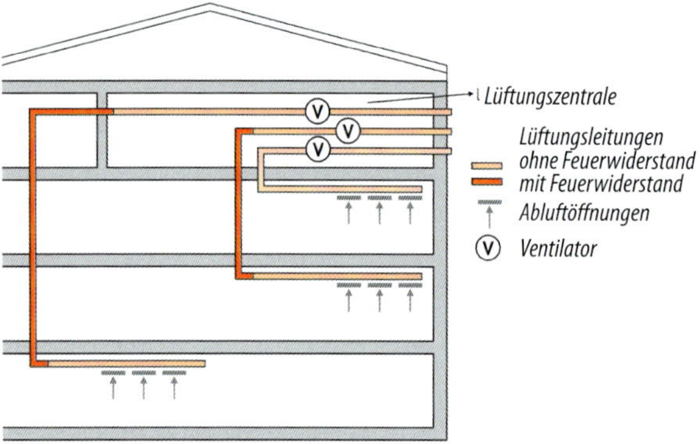

Abb. 1.3: Lüftungsanlagen mit getrennten Haupt- und getrennten Außenluft- oder Fortluftleitungen ohne Absperrvorrichtungen

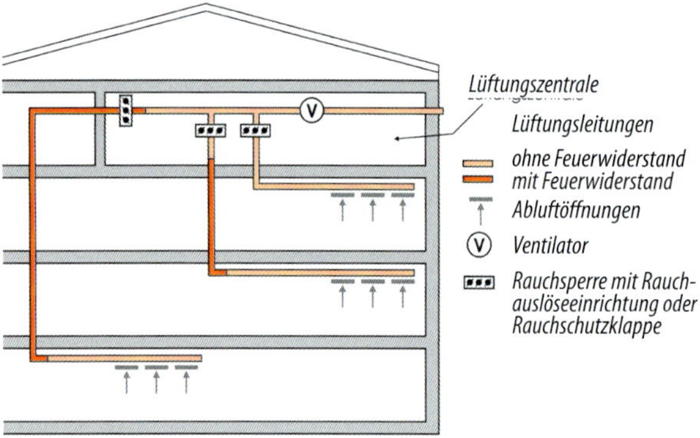

Abb. 1.4: Lüftungsanlagen mit getrennten Hauptleitungen und gemeinsamer Außenluft- oder Fortluftleitung mit Rauchschutz

1.2 Durchführung horizontaler Lüftungsleitungen durch raumabschließende Wände mit Anforderungen an deren Feuerwiderstandsfähigkeit

Die in den Abb. 1.1 bis 1.4 dargestellten Lösungen gelten für Lüftungsanlagen (nicht Lüftungsanlagen nach DIN 18017-3:2009-09) mit horizontal geführten Leitungen, die feuerwiderstandsfähige raumabschließende Wände durchdringen, entsprechend.

Die Abb. 1.1 bis 1.4 sind in diesen Fällen als Horizontalschnitte durch das Gebäude anzuwenden. Die Regelungen der Leitungsdurchführung durch feuerwiderstandsfähige Wände notwendiger Flure sind in den Abb. 3.1 und 3.2 enthalten.

2 Brandschutz im Dachraum

Führen Lüftungsleitungen durch einen Dachraum, müssen bei der Durchdringung einer Decke, die feuerwiderstandsfähig sein muss, zwischen oberstem Geschoss und Dachraum

1. Absperrvorrichtungen eingesetzt werden (siehe Abb. 2.1),
2. die Teile der Lüftungsanlage im Dachraum mit einer feuerwiderstandsfähigen Umkleidung (bei Leitungen, die ins Freie führen, bis über die Dachhaut) versehen werden oder
3. die Lüftungsleitungen selbst feuerwiderstandsfähig ausgebildet sein.

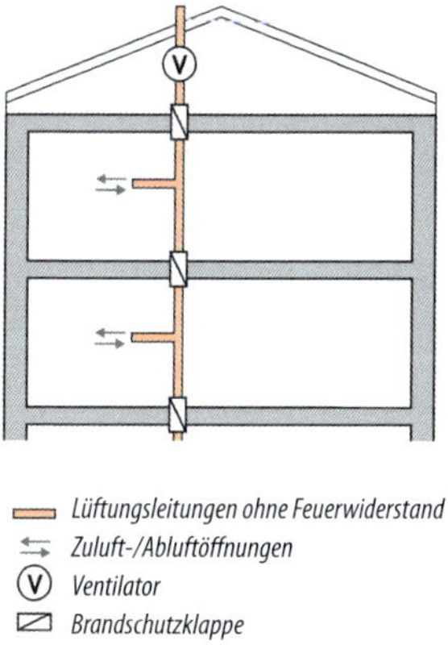

Abb. 2.1: Schottlösung

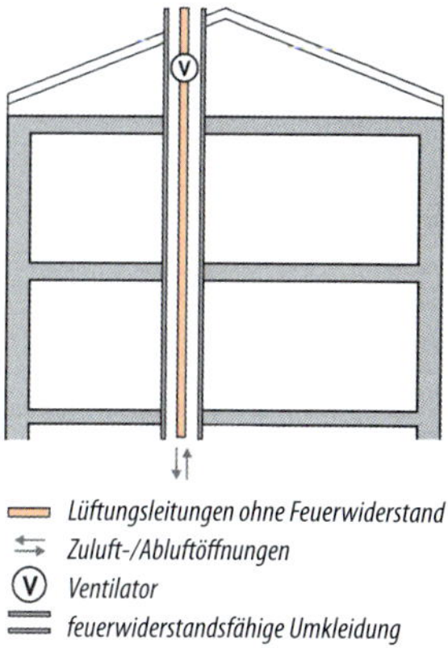

Abb. 2.2: Schachtlösung

3 Leitungsführung durch raumabschließende Wände notwendiger Flure mit Anforderungen an deren Feuerwiderstandsfähigkeit

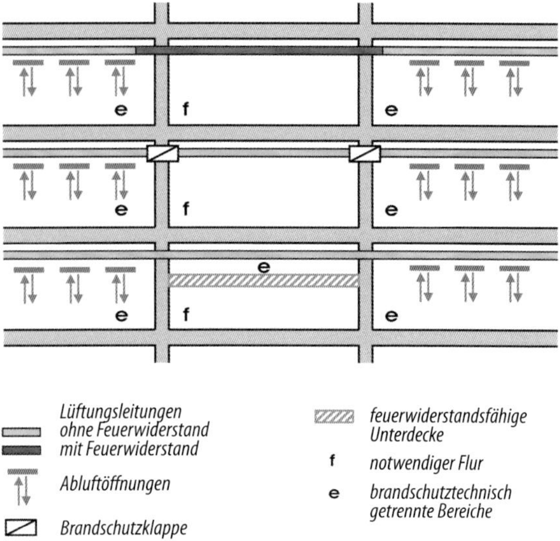

Abb. 3.1: notwendiger Flur unbelüftet

* *Leitung mit Feuerwiderstandsfähigkeit; in Fluren mit feuerhemmenden Wänden siehe bei Stahlblechleitungen Abschnitt 4 . Die Feuerwiderstandsfähigkeit der Leitungen muss auch in den Durchdringungen der Decken oder Wände gegeben sein.*

** *Decke mit entsprechender Feuerwiderstandsfähigkeit bei Beanspruchung von oben und unten; die Decke schließt die Leitung vollständig gegen das Innere des Brandabschnittes bzw. Rettungsweges ab*

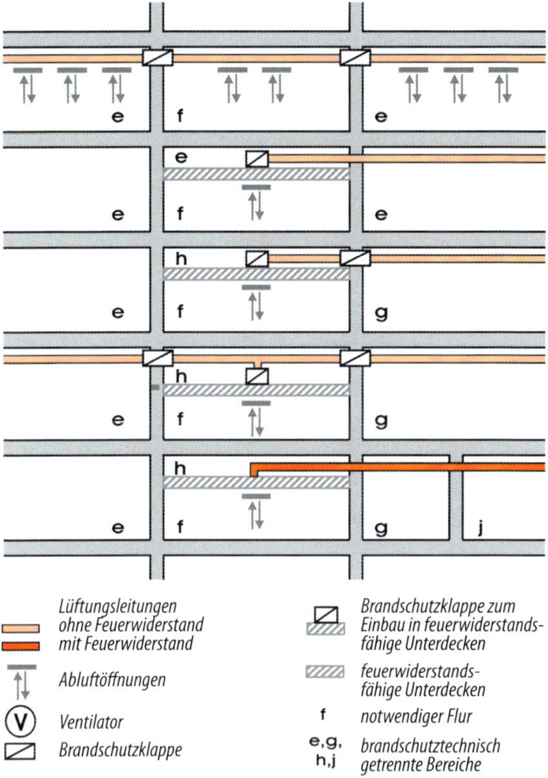

Abb. 3.2: notwendiger Flur belüftet (Fußnoten siehe Abb. 3.1)

4 Abluftanlagen mit Leitungen und Ventilatoren aus brennbaren Baustoffen ohne Absperrvorrichtungen

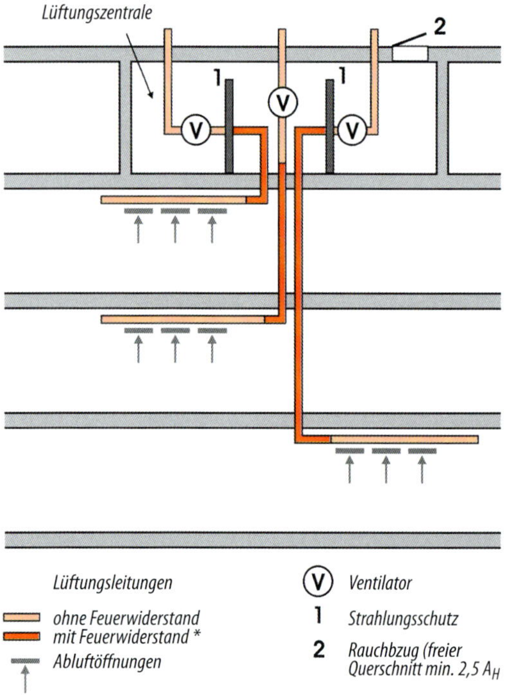

Abb. 4: Abluftanlagen mit Leitungen und Ventilatoren aus brennbaren Baustoffen ohne Absperrvorrichtungen

* mit brennbarer Innenschale

5 Begrenzung der Krafteinleitung durch Lüftungsleitungen in Bauteile des Gebäudes im Brandfall durch Winkel und Verziehungen

(siehe auch 5.2.1.1)

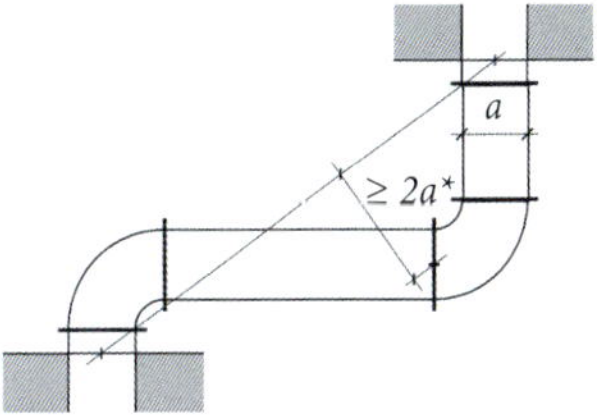

a *Kantenlänge des Lüftungskanals oder Durchmesser der Lüftungsleitung*

* *Es gilt die entfernteste Verbindungsstelle zwischen Bogen und Leitung.*

Abb. 5.1: Begrenzung der Krafteinleitung durch Verzug der Leitung

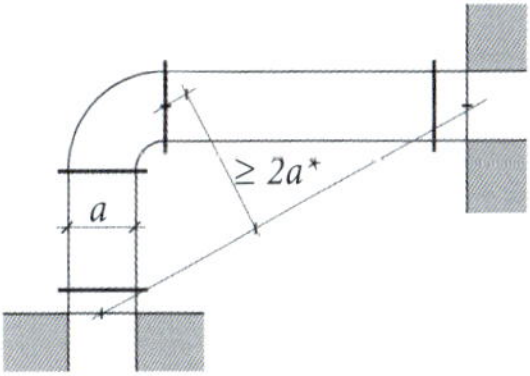

a *Kantenlänge des Lüftungskanals oder Durchmesser der Lüftungsleitung*

* *Es gilt die entfernteste Verbindungsstelle zwischen Bogen und Leitung.*

Abb. 5.2: Begrenzung der Krafteinleitung mit Bogen

Beispielhafte Darstellung von Winkel und Verziehungen, die in den Lüftungsleitungen auftretende Längenänderungen durch Leitungsverformungen z. B. durch Ausknickungen aufnehmen

4

6 Lüftungsanlagen für besondere Nutzungen

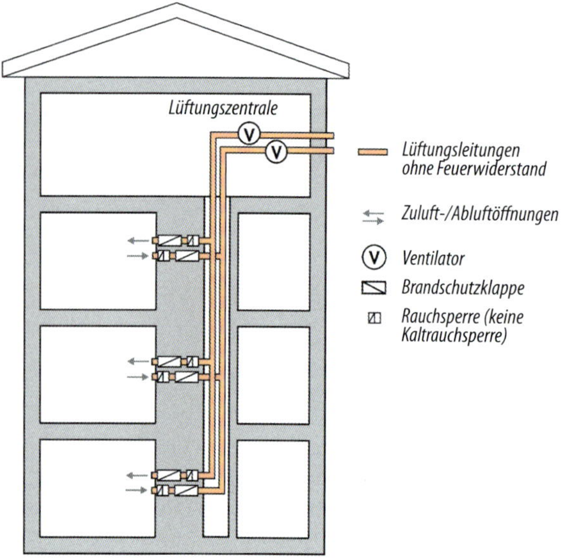

Abb. 6.1: Lüftungsanlagen zur Be- und Entlüftung von Wohnungen bzw. abgeschlossene Nutzungseinheiten max. 200 m

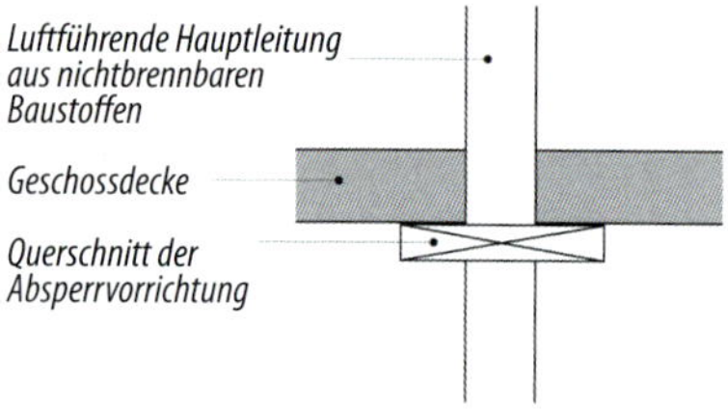

Abb. 6.2: Beispiel für Schottlösung für Lüftungsanlagen nach DIN 18017-3: 2009-09 maximaler Anschlussquerschnitt der Absperrvorrichtungen: 350 cm²

6.3 Schachtlösungen für Lüftungsanlagen nach DIN 18017-3:2009-09

Abkürzungen: AL: Anschlussleitung / AV: Absperrvorrichtung / HL: Hauptleitung / I: weitere Installationen / MV: Mörtelverguss / S: Schacht

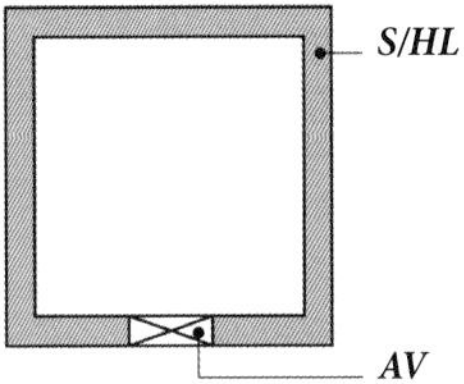

Abb. 6.3.1:

- *S* — *F30/F60/F90 oder L30/L60/L90 Querschnitt max. 1000 cm²*
- *HL* — *= Schacht*
- *AV* — *im Wesentlichen aus nichtbrennbaren Baustoffen Querschnitt max. 350 cm²*
- *AL* — *entfällt*
- *I* — *nicht zulässig*

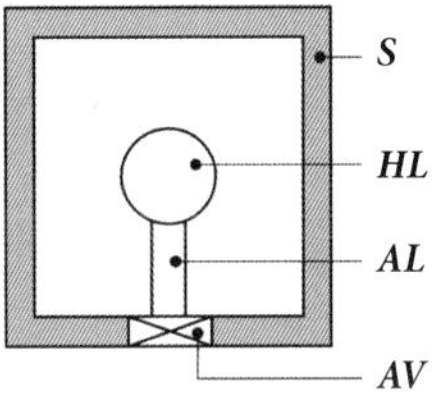

Abb. 6.3.2:

- *S* — *F30/F60/F90 oder L30/L60/L90 Querschnitt max. 1000 cm²*
- *HL* — *Querschnitt nur begrenzt durch max. zulässigen Schachtquerschnitt*
- *AV* — *im Wesentlichen aus nichtbrennbaren Baustoffen Querschnitt max. 350 cm²*
- *AL* — *aus nichtbrennbaren Baustoffen*
- *I* — *nicht zulässig*

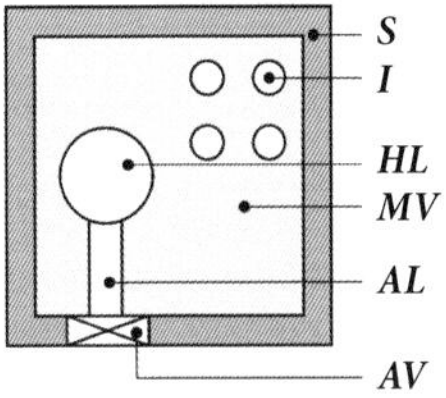

Abb. 6.3.3:

- *S* — *F30/F60/F90 oder L30/L60/L90 Querschnitt beliebig, auch > 1000 cm² Mörtelverguss (≥ 100 mm Dicke) des freien Schachtquerschnittes*
- *HL* — *Querschnitt max. 1000 cm² Stahlblech*
- *AV* — *brennbare Baustoffe auch für wesentliche Teile der AV zulässig Querschnitt max. 350 cm²*
- *AL* — *aus nichtbrennbaren Baustoffen*
- *I* — *nicht zulässig*

4

Muster-Richtlinie über brandschutztechnische Anforderungen an Bauteile und Außenwandbekleidungen in Holzbauweise (MHolzBauRL)

(Fassung 24. September 2024)

Hinweis: Verweise auf Abb. und Tab. beziehen sich auf die Original-Richtlinie.

1 Anwendungsbereich

Die Richtlinie (RL) unterscheidet in Holztafelbauweise (HTB) und Massivholzbauweise (MHB). Sie gilt für hfh Bauteile nach § 26 Abs. 2 Satz 2 Nr. 3 MBO sowie abweichend hfh und abweichend fb Bauteile im Sinne von § 26 Abs. 2 Satz 4 MBO. Feuerwiderstandsfähige Bauteile nach dieser RL sind mit brandschutztechnisch wirksamer Bekleidung (Brandschutzbekleidung BSB) nach 3.4 und soweit erforderlich mit Dämmstoffen nach 3.3 auszuführen.

- für Wände anstelle von Brandwänden (BW) gemäß § 30 Abs. 3 Satz 2 Nr. 1 und 2 MBO
- als TR für die Ausführung von Fugen zwischen Elementen sowie Anschlüssen von Bauteilen untereinander. Von dieser RL erfasste Bauarten bedürfen keiner weiteren Anwendbarkeitsnachweise.
- für Außenwandbekleidungen aus Holz und Holzwerkstoffen nach § 28 Abs. 5 Satz 2 MBO
- nur bei Gebäuden mit brandschutztechnisch abgetrennten Räumen/Raumgruppen ≤ 400 m^2, bei Sonderbauten zusätzlich nur, wenn eine bestimmungsgemäße Nutzung für selbstrettungsfähige Personen vorgesehen ist. Brandschutztechnische Abtrennung mind. durch Trennwände (§ 29 Abs. 2 Nr. 1 MBO) oder notwendige Flure (§ 36 MBO). Eine bestimmungsgemäße Nutzung für selbstrettungsfähige Personen liegt auch in den Fällen von § 50 Abs. 1 und 2 ausgenommen Abs. 2 Satz 2 Nr. 3 (Einrichtungen des Gesundheitswesens) der MBO vor.

Die RL **gilt nicht** für Bauteile in Kellergeschossen sowie in unterirdischen Mittel- und Großgaragen.

2 Begriffe

2.1 Holztafelbauweise HTB (im Sinne dieser RL) besteht aus tragenden und/oder raumabschließenden Bauteilen aus Verbundelementen aus Holzrippen beidseitig beplankt und/oder bekleidet. Eine Dämmung gemäß 3.3 wird in der Konstruktionsebene zwischen den Holzrippen (Gefache) angeordnet. Jeweils raumseitig eine BSB aus nb Baustoffen. Holzrippen und Beplankung/Bekleidung sind mechanisch verbunden. Schallschutztechnisch notwendige Zwischenräume in 2-schaligen Trennwänden sind mit nb Dämmstoffen (ohne Anforderungen) vollständig auszufüllen.

2.2 Massivholzbauweise MHB (im Sinne dieser RL) besteht aus hohlraumfreien Elementen. Bauteile mit verfüllten Hohlräumen sind grundsätzlich wie solche der HTB nach 2.1 zu betrachten; ausgenommen schallschutztechnisch notwendige, mit nb Dämmstoffen vollständig ausgefüllte Zwischenräume in 2-schaligen Trennwänden. Massivholzelemente bestehen aus mechanisch verbundenen/verklebten Schichten einzelner Holzlamellen/Holzwerkstoffplatten. Einzelne produktionsbedingte Fugen zwischen den dichtgestoßenen Lamellen sowie (Entlastungs-)Nuten bleiben unberücksichtigt, soweit diese Fugen im Rahmen des Nachweises des Bauproduktes nach

Abschnitt 3.2 geregelt sind. Zur MHB zählen auch Verbundbauteile, bei denen mit Schichten aus nb Baustoffen kombiniert wird (sog. Hybrid-Bauweise wie z.B. Holz-Beton-Verbunddecken). Dies gilt gleichermaßen auch für hohlraumfreie Bestandteile der Skelettbauweise.

2.3 Fugen und Anschlüsse werden konstruktiv unterschieden in Plattenfugen/-stöße (der Bekleidung), Elementfugen (zwischen zwei Elementen) und Bauteilfugen (zwischen Bauteilen)

2.4 Außenwandbekleidung – gesamte, auf die trag./nichttrag. Außenwand aufgebrachte Bekleidung aus Holz/Holzwerkstoffen, auch aus mehreren Schichten.

2.5 Brandsperre – nb horizontale/vertikale konstruktive brandschutztechnische Maßnahme zur Begrenzung der Brandausbreitung innerhalb und an der Oberfläche der Außenwandbekleidung

3 Allgemeine Anforderungen an Brandverhalten und Feuerwiderstandsfähigkeit

3.1 Allgemeines

Die RL konkretisiert die materiellen brandschutztechnischen Anforderungen an Bauteile und regelt die Anschlüsse dieser Bauteile untereinander. Nicht in der RL beschriebene Anschlüsse und solche, für die keine TB herangezogen werden kann bedürfen eines Anwendbarkeitsnachweises gemäß § 16a MBO. Anforderungen aus anderen TB, insbesondere zur Standsicherheit und Dauerhaftigkeit, bleiben unberührt. Anforderungen der RL an Art und Anordnung von Verbindungsmitteln beschränken sich auf die Gewährleistung des Raumabschlusses, insbesondere der Vorbeugung einer Rauchausbreitung über Bauteilfugen.

3.2 Nachweis der erforderlichen Feuerwiderstandsfähigkeit von Bauteilen nach dieser RL ist gefordert. Der Nachweis kann nach Anlage 1 geführt werden.

3.3 Dämmstoffe müssen nb sein und einen Schmelzpunkt ≥ 1.000 °C gemäß DIN 4102-17:2017-12 aufweisen, sofern die RL nichts anderes bestimmt. Ausführung formschlüssig als vollständig ausfüllende Gefachdämmung, einlagig vollflächig und dicht gestoßen, zwei-/mehrlagig mit versetzten Stößen, matten- oder plattenförmige Dämmschichten mit einem Übermaß von ≥ 2 Prozent der Gefachbreite. Dämmschichten in Fußbodenaufbauten aus bb Baustoffen sind zulässig, wenn der Fußbodenaufbau mit einer BSB nach 4.2 oder 4.3 d nach oben abschließt.

3.4 Brandschutztechnisch wirksame Bekleidung (BSB) muss aus nb Baustoffen bestehen und eine Entzündung der tragenden und aussteifenden sowie raumabschließenden Bauteile aus Holz/Holzwerkstoffen ausreichend lang verhindern. Dies wird erfüllt insbesondere mit Gipsplatten Typ GKF (DIN 18180:2014-09) i.V.m. mind. Typ DF (DIN EN 520:2009-12) oder aus Gipsfaserplatten (GF, Rohdichte ≥ 1.100 kg/m^3) (DIN EN 15283-2:2009-12) oder entsprechenden Leistungseigenschaften nach Europäischer Technischer Bewertung jeweils in Verbindung mit 4.2 und 4.3 dieser RL. **Alternativ**: Nachweis über die Schutzwirkung nach Anhang A 1, Abschnitt A 1.5 dieser RL. Die BSB darf beim Nachweis der Feuerwiderstandsdauer angerechnet und bei Standsicherheitsnachweisen als Beplankung (statisch mitwirkend) angesetzt werden. Dort nachgewiesene

Klammern und Schnellbauschrauben dürfen durch mind. gleichwertige Verbindungsmittel (DIN EN 14592:2012-07) ersetzt werden.

3.5 Folien – Normalentflammbare Folien und Bänder für die Bauteilabdichtung (Wind- bzw. Luftdichtheit) sowie normalentflammbare Dampfbremsen und wasserabweisende Folien sind zulässig.

Tabelle 1: Anforderungen an feuerwiderstandsfähige Bauteile in Holzbauweise (Abschnitt 4)

Bauteile	Anforderungen (Abschnitt 4)
4.1 Allgemeines	
hfh/fb-Bauteile in HTB sowie abweichend hfh/fb-Bauteile in HTB und MHB	Nachweis als tragende und/oder raumabschließende Bauteile über Feuerwiderstandsdauer ≥ 60 min/90 min erforderlich
4.2 Ausführung der brandschutztechnisch wirksamen Bekleidung (BSB)	
Anforderung nach 3.4 Satz 1 Nr. 2 für • hfh oder abweichend hfh Bauteile • abweichend fb Bauteile	erfüllt, wenn ein Ausschluss der Entzündung nach DIN EN 1995-1-2:2010-12 nachgewiesen ist • für t_{ch} von ≥ 60 Minuten (Zeitpunkt des Beginns der Verkohlung hinter dem Bekleidungssystem), • für abweichend feuerbeständige Bauteile für t_{ch} ≥ 90 min
	alternativ erfüllt, wenn die BSB der RL Tab. 1 (t+ ≥ 60 min) bzw. der RL Tab. 2 (t_{ch} ≥ 90 min) entsprechend ausgeführt wird.
Anforderungen an die Ausführung der BSB	• mind. 2-lagig, sofern nachstehend nicht anders geregelt • Plattenfugen mit Fugenversatz, Stufenfalz oder Nut- und Federverbindungen (keine durchgängigen Fugen); auch Stumpfstöße nach Anhang 3 sind zulässig • Befestigung direkt an der Holzkonstruktion (Tragkonstruktion), an zusätzlicher Unterkonstruktion, wenn die Zwischenräume der Unterkonstruktion mit nb Dämmstoffen nach 3.3 vollständig ausgefüllt werden • Befestigung „Platte in Platte" ist nicht zulässig • für Ausbildung der Längs- und Querfugen sind die Stoßfugen der Platten direkt auf der Holz- oder Unterkonstruktion anzuordnen, mit Fugenversatz der beiden Plattenlagen zueinander von ≥ 100 mm
4.3 Reduzierung der brandschutztechnisch wirksamen Bekleidung nach 4.2	
Die BSB nach 4.2 darf unter den hier beschriebenen Randbedingungen reduziert werden bzw. entfallen. Dies git nicht für Wände anstelle von BW gemäß § 30 Abs. 3 Satz 2 Nrn. 1 und 2 MBO sowie § 35 Abs. 4 Nr. 2 MBO.	

Tabelle 1 (Fortsetzung):

Bauteile	Anforderungen (Abschnitt 4)
a) anstelle von hfh Bauteilen in HTB in Gebäuden mit Nutzungseinheiten (NE) ≤ 200 m² BGF abweichend hfh Bauteile mit einer mind. 2-lagigen Bekleidung mit t_{ch} ≥ 30 Minuten ausgeführt werden.	Dies gilt als erfüllt mit • einer BSB aus 2 Lagen, je ≥ 12,5 mm unter Beachtung der Befestigungsmittel und deren Abstände nach RL Tab. 3 • einer raumseitigen BSB einlagig ≥ 18 mm dick und bauteilseitig mit einer Holzwerkstoffplatte (DIN EN 13986:2015-06) ≥ 12 mm (Rohdichte ≥ 500 kg/m³), unter Beachtung der Befestigungsmittel und deren Abstände nach in RL Tab. 4
b) abweichend hfh bzw. abweichend fb Bauteile in MHB dürfen in Gebäuden mit NE ≤ 200 m² BGF mit mind. 1-lagiger BSB mit t_{ch} ≥ 30 min ausgeführt werden	Dies gilt als erfüllt mit • BSB ≥ 18 mm dick und unter Beachtung der in RL Tab. 5 aufgeführten Befestigungsmittel und deren Abstände
c) abweichend hfh bzw. abweichend fb Bauteile in MHB in Gebäuden mit NE oder brandschutztechnisch abgetrennten Raumgruppen ≤ 200 m² BGF * auf diese Bauteile dürfen keine weiteren Bekleidungslagen/Konstruktionen aufgebracht werden.	• die Deckenunterseite oder Wandoberflächen mit einer Gesamtfläche von ≤ 25 % der BGF sind mit bb Bauteiloberflächen zulässig*; • bb Oberflächen einzelner linienförmiger Bauteile (z.B. Stützen und Unterzüge) bleiben bei der Ermittlung der zulässigen Oberflächen unberücksichtigt. Diese Regelung gilt grundsätzlich nicht für Sonderbauten nach § 2 Absatz 4 MBO.
d) Decken in Holzbauweise	Ausführung ohne obere BSB zulässig, wenn mind. ein Fußbodenaufbau nach Anlage 2 und umlaufend ein nb Randdämmstreifen, mind. in Dicke des Fußbodenaufbaus angeordnet sind.
e) An der Außenseite von Außenwänden, die hfh, abweichend hfh oder abweichend fb sein müssen, darf die BSB auf t_{ch} ≥ 30 min reduziert werden.	Dies gilt als erfüllt, wenn die BSB ≥ 18 mm dick ausgeführt wird unter Beachtung der Anforderungen an die Befestigungsmittel und deren Abstände
4.4 Öffnungen für Türen, Fenster, sonstige Einbauten und Durchführungen	
Öffnungen in Holzbauteilen für Einbauten wie Fenster, Türen, Verteilerdosen, Lampenkästen und Durchführungen	erforderliche BSB nach 4.2 bzw. 4.3 ist auch in den Öffnungslaibungen anzuordnen, sofern die Schutzwirkung der BSB nicht auf andere Weise gewährleistet ist. Die Verbindung der raumseitigen Bekleidung mit der Laibungsbekleidung ist durch geeignete Stöße z.B Fugenversatz, Stufenfalz oder Nut- und Federverbindungen oder auch Stumpfstöße auszuführen.

4

Tabelle 2: Anforderungen an die Fügung von Elementen und Anschlüsse von Bauteilen (Abschnitt 5)

Bauteile	Anforderungen (Abschnitt 5)
Fügung von Elementen und Anschlüsse von Bauteilen	müssen auch unter Brandeinwirkung wirksam sein und eine Übertragung von Feuer und Rauch ausreichend lang verhindern.
Element- und Bauteilfugen, insbesondere die angeordnete BSB	dürfen bei durch Brandeinwirkung entstehende Verformungen nicht aufreißen; dies gilt für die Bauteilanschlüsse als erfüllt, wenn die stoßenden Bauteile im Anschlussbereich kontinuierlich in Abständen ≤ 500 mm mit Schrauben oder vergleichbar wirksamen mech. Verbindungsmitteln verbunden werden.
Element- und Bauteilfugen	sind nach TB auszuführen. Alternativ: Anwendung der Prinzipien nach Anhang 3 dieser RL Für andere Ausführungen: Bauartgenehmigung nach § 16a MBO
Anschlüsse von Bauteilen nach dieser RL an Wände und Decken mit geringerer Feuerwiderstandsfähigkeit	müssen so ausgeführt werden, dass die BSB der höherwertigen Bauteile nicht unterbrochen wird.

Tabelle 3: Installationen* in Bauteilen nach dieser Richtlinie (Abschnitt 6)

Bauteile	Anforderungen (Abschnitt 6)
6.1 Allgemeines	Installationen dürfen in Bauteilen nach dieser RL nicht geführt werden, sofern nachfolgend nicht anders geregelt
Führung von Installationen in mehrschaligen Aufbauten	grundsätzlich in Vorsatzschalen oder in Schächten und Kanälen
elektrische Leitungen und Rohrleitungen für nb Medien	einzeln/nebeneinander auf Rohdecken zulässig, sind darüber bb Dämmstoffe angeordnet: Überdeckung durch nb Schüttung/Dämmung ≥ 10 mm dick erforderlich (Abb. 2).
elektrische Leitungen in direktem Kontakt mit bb Dämmstoffen	Schutz der bb Oberfläche der Rohdecke durch eine ≥ 12,5 mm dicke BSB nach 3.4 (Abb. 3), 3.3 bleibt unberührt.
Öffnungen in Wänden/Decken zur Durchführung von Schächten, Kanälen, Installationen	4.4 gilt entsprechend,

Tabelle 3 (Fortsetzung)

Bauteile	Anforderungen (Abschnitt 6)
6.2 Elektrische Installationen in Holztafelbauteilen (HT-Bauteile)	
elektrische Einbauteile in HT-Bauteilen mit Gesamtdämmschichtdicke ≥ 100 mm – Zuleitungen	• einzelne Einbauteile mit Gesamtöffnungsfläche ≤ 200 cm² je Gefach an beliebiger Stelle (aber nicht gegenüber) zulässig, • Dämmschichtdicke darf im Bereich der Öffnungsfläche um ≤ 25 % komprimiert werden, • lichter Abstand zueinander ≥ 500 mm oder horizontal/vertikal mind. durch ein Unterkonstruktionselement getrennt, • einzelne Zuleitungen dürfen in HT-Bauteilen geführt werden
Konstruktionsbauteile aus bb Baustoffen	• Mindestabstand ≥ 150 mm, Wandhohlraum in diesem Bereich vollständig auszufüllen mit Dämmstoff nach 3.3 • Unterschreitung Mindestabstand zulässig, wenn die näher liegenden Bauteile (Rippe) durch BSB mit Dicke ≥ 18 mm und vertikaler Überdeckung von je 500 mm Länge versehen werden
6.3 Elektrische Installationen in Massivholzbauteilen (MH-Bauteile)	
elektrische Einbauteile in MH-Bauteilen	• einzelne Einbauteile mit Gesamtöffnungsfläche ≤ 110 cm² an beliebiger Stelle (aber nicht gegenüber) zulässig • für den Raumabschluss brandschutztechnisch notwendige Mindestbauteildicke darf im Bereich der Öffnungsfläche um ≤ 25 % reduziert werden • lichter Abstand zueinander ≥ 500 mm
elektrische Einbauteile, Zuleitungen (auch als Leerrohr)	• in Kanal unmittelbar hinter der Bekleidungslage mit Breite ≤ 27 mm und Tiefe ≤ 27 mm (in Faserrichtung ausgefräst) zulässig, • andere Kanäle und Leitungen in 2-schaligen Bauteile unzulässig, • zulässig in MH-Bauteilen: einzelne Leitungen oberflächennah

* Als Installationen gelten auch elektrische Einbauteile wie Steckdosen, Schalterdosen, Verteilerdosen und dergl.

Tabelle 4: Hinterlüftete Außenwandbekleidungen (AwB) aus Holz und Holzwerkstoffen bei Gebäuden der Gebäudeklasse 4 und 5 (Abschnitt 7)

Bauteile	Anforderungen Abschnitt 7
7.1 Allgemeines	Diese RL gilt für die Konkretisierung von § 28 Abs. 5 Satz 2 MBO. MVV TB Anhang 6 „Hinterlüftete AwB" ist nicht anzuwenden.
AwB aus Holz und Holzwerkstoffen nach Abschnitt 2.4	sind bei Gebäuden der GK 4 und 5 zulässig, sofern die Begrenzung einer Brandausbreitung nachgewiesen wird. Dies gilt als erfüllt, wenn • Anforderungen nach 7.2 und 7.3 eingehalten werden und • vertikaler Abstand zwischen horizontalen Brandsperren nach 7.2.4 $\leq$ 4 m Für andere Ausführungen bedarf es einer Bauartgenehmigung nach § 16a MBO.
7.2 Maßnahmen zur Begrenzung der Brandausbreitung	
7.2.1 Nichtbrennbare Oberflächen von Außenwänden	
Oberflächen von Außenwänden	müssen nb sein. Wände aus bb Baustoffen benötigen eine durchgehende nb Bekleidung in ausreichender Dicke. Dies gilt als erfüllt mit einer $\geq$ 18 mm dicken Bekleidung gemäß 3.4
Alternative Bekleidung	Anstelle der nb Bekleidung dürfen auch nb, formstabile Dämmstoffe nach 3.3 verwendet werden, wenn diese • $\geq$ 80 mm dick, mit Rohdichte $\geq$ 50 kg/m³ oder • $\geq$ 60 mm dick, mit Rohdichte $\geq$ 115 kg/m³ vollflächig aufgebracht werden. Die Dämmstoffe sind mittels der Konterlattung der AwB (s. Abb. 6, Legende Nr. 4) auf der Außenwand mechanisch zu befestigen. Zur Befestigung der horizontalen Brandsperre dürfen horizontale Riegel (s. Abb. 6, Legende Nr. 1a) mit konstruktiv erforderlichem Querschnitt die Dämmschicht unterbrechen.
bei Verwendung von nb Dämmstoffen in nichttragenden Außenwandkonstruktionen	ist eine Bekleidungsdicke von 15 mm ausreichend.
Befestigungen Folien, Membranen und Bahnen	jeweils gemäß den Vorgaben nach 4.2 bzw. 4.3 sind wie in 3.5 beschrieben zulässig, soweit bautechnisch für Witterungsschutz/Feuchtigkeitsregulierung notwendig
7.2.2 Dämmstoffe	
Dämmstoffe der AwB	müssen nb sein. Abschnitt 7.2.1 bleibt unberührt.

Tabelle 4 (Fortsetzung)

Bauteile	Anforderungen Abschnitt 7
7.2.3 Lüftungsspalt	
Unterkonstruktion für einen Lüftungsspalt	Tiefe ≤ 60 mm (z.B. einfache Lattung 30 mm, doppelte Lattung bzw. Kreuzlattung mit ≤ 2 x 30 mm). Bei Kreuzlattung ist der Lüftungsspalt jeweils zwischen Fenstern, mind. in horizontalen Abständen von ≤ 5 m, durch Aufdopplung der vertikalen Lattung zu schließen.
7.2.4 Horizontale Brandsperren	
ausreichend auskragende horizontale Brandsperren	sind jeweils geschoßweise, durchgehend und grundsätzlich in Höhe der Geschossdecken auszuführen. Sie sind auf der Oberfläche der Außenwand anzuschließen (vergl. Abb. 6).
Befestigung	Die Befestigungsmittel sind bis in die tragende Konstruktion der Außenwand zu führen.
Abstand zu bb Teilen der AwB	≥ 20 mm.
horizontaler Überstand der Brandsperre über die Außenkante der AwB	Maß X, abhängig vom jeweiligen Bekleidungstyp und der Ausrichtung der AwB gemäß Abb. 6 und Tabelle 6.
erforderliche Blechdicke	nach Maß der Auskragung für • Z ≤ 150 mm eine Blechdicke von 1,5 mm • Z > 150 mm eine Blechdicke von 2,0 mm Die Angaben zu Material und Befestigung sind zu beachten.
Verbindung der Elemente der Brandsperre miteinander	kraftschlüssig fugenlos (Fugenbreite ≤ 1 mm). Dies gilt als erfüllt mit • Stoßüberlappung ≥ 150 mm oder • ≥ 2 Verbindungsmitteln (z.B. Nieten) auf beiden Seiten oder • Verschweißen.
Durchführungen (z.B. für Regenfallrohre)	sind zulässig • mit Abstand zur Holzaußenwandbekleidung ≥ 50 mm • aus Stahlblech (Dicke ≥ 1,5 mm) und der • Ringspalt umlaufend ≤ 2 mm.
Brandsperre im Bereich von Innenecken	ist mit einer Länge zu beiden Schenkelseiten von ≥ 1,0 m aus einem Stück herzustellen. besondere Vorkehrungen zur Begrenzung der Brandausbreitung; das gilt als erfüllt, • mit beidseitiger nb Bekleidung (Breite ≥ 1,0 m) der AwB oder • beidseitig über die Länge von 1,0 m ≥ 0,25 m über die AwB auskragende horizontale Brandsperren im Bereich der Innenecke (s. Abb. 7).

4

Tabelle 4 (Fortsetzung)

Bauteile	Anforderungen Abschnitt 7
Bei formschlüssigen Schalungen sowie flächigen Holzwerkstoffplatten im Bereich von Fensterelementen	(s. Tabelle 6) darf in Innenecken der Überstand der horizontalen Brandsperre auf 0,10 m reduziert werden, sofern Öffnungen einen Abstand von ≥ 1,0 m zur Innenecke einhalten (s. Abb. 8). sind horizontale Brandsperren nicht erforderlich, sofern durch die Art der Fensteranordnung eine Brandausbreitung im Lüftungsspalt ausgeschlossen ist (z.B. geschossübergreifende Fensterelemente).
7.2.5 Vertikale Brandsperren	
Im Bereich von Brandwänden (BW) beziehungsweise Wänden nach § 30 MBO, die anstelle von BW zulässig sind	ist die bb AwB über eine Breite von ≥ 1,0 m durch nb Baustoffe zu unterbrechen. Der Lüftungsspalt darf über die BW nicht hinweggeführt werden, sondern ist mind. in BW-Dicke mit einem im Brandfall formstabilen Dämmstoff nach 3.3 und einer Nennrohdichte von ≥ 100 kg/m³ auszufüllen (s. Abb. 9). § 30 Absatz 7 Satz 1 MBO bleibt unberührt.
AwB bei der Ausbildung von Außenecken	es sind besondere Vorkehrungen zur Begrenzung einer Brandausbreitung erforderlich. Das gilt als erfüllt mit einer Verblockung im Lüftungsspalt der Außenecke mit ≥ 50 mm breiten Holzlatten (s. Abb. 10).
7.3 Wirksame Löscharbeiten für die Feuerwehr	
Jede Gebäudeseite mit einer AwB aus Holz oder Holzwerkstoffen muss für wirksame Löscharbeiten erreicht werden können.	Im Einvernehmen mit der Brandschutzdienststelle sind auf dem Grundstück gegebenenfalls Zu- oder Durchfahrten und Bewegungsflächen, entsprechend der Technischen Baubestimmung Nummer A 2.2.1.1 der MVV TB herzustellen.

Hier nicht behandelt:

8 Bauleitung, Übereinstimmungsbestätigung

9 Planunterlagen

A 1 Nachweis der Feuerwiderstandsdauer und der Brandschutzbekleidung

A 2 Deckenbauteile – Nachweis für eine Brandbeanspruchung von oben

A 3 Element- und Bauteilanschlüsse ohne weiteren Nachweis

A 4 Übereinstimmungsbestätigung

Teil 7: Brandschutzplanung und -ausführung

5

Schutzziele

Lutz Battran

Bei der Erstellung von Brandschutznachweisen / Brandschutzkonzepten sollten grundsätzlich auch die Schutzziele berücksichtigt werden. Haupt-Schutzziele resultieren aus Interessenslagen beim Brandschutz. Interesse am Brandschutz kommt in der Regel vom:

- Gesetzgeber
- Versicherer und
- Betrieb (Unternehmer / Betreiber / Mitarbeiter)

In den Brandschutzkonzepten werden oft nur die Interessenlagen des Gesetzgebers, durch Einhalten der Bauvorschriften umgesetzt. Dabei bleiben jedoch die restlichen Schutzziele auf der Strecke. Oft wird dabei übersehen, dass die Bauordnung samt der damit zusammenhängenden Vorschriften so beschaffen sind, dass verschiedene Wege zu einem rechtskonformen Brandschutzkonzept möglich sind. Beispiele hierfür sind:

- Abweichungen, im Rahmen der Landesbauordnungen und Sonderbauvorschriften,
- Wahlweise Vorgehen nach Abschnitt 6 oder 7 bzw. variable Anwendung der Tabellen 2 oder 7 in der Muster-Industriebaurichtlinie.

Leider werden diese Möglichkeiten in der Praxis oft nicht genutzt, weil der Brandschutz nicht unter Berücksichtigung der genannten Haupt-Schutzziele entwickelt, sondern bei Behörden oder anderen Stellen „abgefragt“ wird.

Wesentliche Schutzziele im Detail:

Gesetzgeber:

Vorwiegend **Personenschutz**, **Nachbarschutz**, **Umweltschutz**.

Der Sachschutz ist zwar teilweise in § 14 MBO enthalten, wurde aber bei den vergangenen Novellierungen der Bauordnungen und der damit zusammenhängenden Vorschriften stetig zurückgefahren. Vorgaben enthalten im Wesentlichen die Landesbauordnung, die Arbeitsstättenverordnung, sowie das Bundesimmissionsschutzgesetz sowie die mit diesen Gesetzen verknüpften Vorschriften.

Versicherer:

Versicherung eines Objekts zu konkurrenzfähigen Prämien. Daraus resultiert: Vorwiegend **Sachschutz und Schutz vor Betriebsunterbrechung**. Je besser die versicherten Risiken eines Versicherers sind, desto geringer sind die statistischen Schadenerwartungen. Aus diesem Grund finden gerade Industrierisiken mit hohem Sachschutzniveau leichter und billiger einen angepassten Versicherungsschutz.
Abhängig vom Brandschutzkonzept ergeben sich hier z.B. bauart- und risikoabhängige Prämiensätze und Rabatte für Schutzeinrichtungen.

Betrieb:

Produktion und Vertrieb von Gütern und Dienstleistungen bei wirtschaftlicher Sicherheit. Voraussetzungen hierfür sind: Abstimmung von Aufwand und Ertrag und eine störungsfreie Produktion. Daraus resultiert: Vorwiegend **Schutz vor Betriebsunterbrechung und Personenschutz.**

Gefahren durch einen Brand / eine Betriebsunterbrechung:

- Verlust der Lieferfähigkeit (Vor allem problematisch bei just in time-Verträgen)
- Abwanderung von Kunden an die Konkurrenz
- Wertverlust des Unternehmens, z.B. durch negative Schlagzeilen
- Datenverlust z.B. durch Zerstörung von Datenträgern
- Verlust von unersetzbaren Maschinen und Halbzeugen
- Verlust von Know-how, z.B. bei Personenschäden

Unabhängig von der Notwendigkeit, öffentlich-rechtliche Vorschriften einzuhalten, sollte es der Entscheidung des Bauherrn überlassen sein, inwieweit er einem Risiko durch geeignete Maßnahmen vorbeugen will, ob er das Risiko auf Versicherungen abwälzen will oder ob er es selber tragen möchte. Für diese Entscheidung ist es jedoch erforderlich, dem Bauherrn die Schutzziele zu erläutern.

Ein kompetentes Brandschutzkonzept berücksichtigt alle Schutzziele:

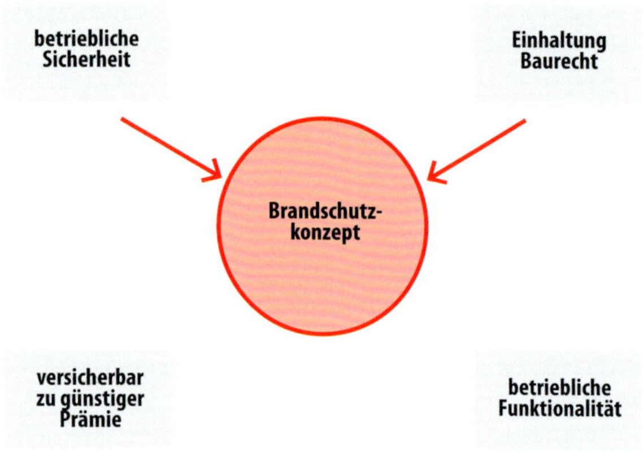

Brandschutzplanung und -ausführung

Kompakte Infos zum vorbeugenden Brandschutz gemäß MBO 09.2024 + MVV TB 2025/1 (Stand 01/2026)

Josef Mayr, Matthias Dietrich

5

0 Vom Vorentwurf zum fachgerecht erstellten Bauwerk

0.0 Brandschutz von Anfang an

Ziel ist ein Gebäude, das alle Grundanforderungen [1] erfüllt. Um (auf den Brandschutz bezogen) dieses Ziel fachgerecht und mit geringstmöglichem Aufwand zu erreichen, ist es empfehlenswert, folgende Phasen zu beachten.

Phase 1: Brandschutz-Vorentwurfskonzept (Vor- und Entwurfsphase)

Phase 2: Brandschutznachweis/-konzept (Genehmigungsphase)

Phase 3: Brandschutz-Ausführungsplanung (Ausführungsplanungsphase)

Phase 4: Fachbauleitung Brandschutz (Vergabe- und Objektüberwachungsphase)

Phase 5: Brandschutz-Wartung und Betrieb (Betriebsphase)

0.1 Phase 1: Brandschutz-Vorentwurfskonzept

Eine frühzeitige Berücksichtigung des vorbeugenden baulichen Brandschutzes bereits bei der Grundlagenermittlung sowie in der Vor- und Entwurfsplanungsphase ist **elementare Voraussetzung für einen reibungslosen und wirtschaftlichen Brandschutznachweis**. Bereits im frühestmöglichen Stadium ist es deshalb empfehlenswert, z. B. folgendes zu beachten:

- Brandverhalten der für das Tragwerk vorgesehenen Baustoffe (z. B. Beton, Mauerwerk, Holz, Stahl)
- Anordnung, Lage und Größe von Brandabschnitten, Erfordernis von Gebäudeabschlusswänden.
- Anordnung, Größe und Trennung von Nutzungseinheiten, evtl. Bildung von Teilnutzungseinheiten.
- Erfordernis, Lage, Anordnung und Länge notwendiger Flure.
- Lage, Anordnung und Zahl von notwendigen Treppen und Treppenräumen.
- Einhaltung der maximal zulässigen Rettungsweglängen.
- Ausführung der zweiten Rettungswege (mit Rettungsgeräten der Feuerwehr oder baulich).

[1] MBO § 3 und Bauproduktenverordnung – BauPVO Januar 2025 Anhang 1

- Verlegen brennbarer Leitungsanlagen in geschützten Rettungswegen.
- Gewährleistung des Brandschutzes bei den Leitungsdurchführungen durch feuerwiderstandsfähige raumabschließende Wände und Decken.
- Bei Industrie- und Gewerbegebäuden: Abstimmung mit dem Feuerversicherer.

Je später diese und auch andere relevante Punkte berücksichtigt werden, umso teurer und aufwendiger kann es werden!

0.2 Phase 2: Brandschutznachweis gemäß LBO

Im Brandschutznachweis/-konzept wird nachgewiesen, dass für die vorliegende Genehmigungsplanung der bauaufsichtlich erforderliche Brandschutz (gemäß der jeweils aktuellen LBO und ihren ergänzenden Vorschriften) eingehalten wird.

0.3 Phase 3: Brandschutz-Ausführungsplanung

Viele Brandschutzprobleme entstehen dadurch, dass bei der Ausführungsplanung der Brandschutz nicht ausreichend berücksichtigt wird. Deshalb ist es wichtig, dass Brandschutznachweise/-konzepte in die Ausführungsplanung **mit einbezogen** werden.

Für die Erstellung von Brandschutznachweisen/-konzepten ist eine Vorgehensweise gemäß nachfolgender Gliederung zu empfehlen, da deren Punkte systematisch aufeinander aufbauen. Außerdem entspricht dies auch der Gliederung der **Brandschutz-Nachweis-Checkliste**, die für die MBO im Brandschutzatlas enthalten ist.

Insbesondere bei komplexen Gebäuden ist es empfehlenswert, dass hierfür ein **Brandschutz-Fachplaner** bei der Ausführungsplanung mitwirkt. Ziel ist dabei die fachgerechte Aus- und Einarbeitung aller brandschutztechnisch relevanten Details in die Ausführungsplanung.

Wird der Brandschutznachweis **extern** erstellt, so ist es empfehlenswert, dass diese Mitwirkung idealerweise vom Ersteller des Brandschutznachweises erfolgt, da dieser „seinen" Nachweis am besten kennt und der dann idealerweise auch die **Fachbauleitung Brandschutz** durchführen kann.

5

0.4 Phase 4: Fachbauleitung Brandschutz

Insbesondere bei komplexen Gebäuden ist es empfehlenswert, dass bei der fachgerechten Umsetzung der Anforderungen des Brandschutznachweises/-konzeptes bzw. der Ausführungsplanung ein **Fachbauleiter Brandschutz** mitwirkt → Punkt 0.3.

Dabei ist besonders auf eine **ausführliche Dokumentation** der fachgerechten Ausführung aller Brandschutzmaßnahmen zu achten (**mit allen vorgeschriebenen Nachweisen und Bestätigungen** → Punkt 27**)**.

Die hierbei entstehenden Kosten sind **extrem gering** im Verhältnis zu den Kosten und zu dem Aufwand, die entstehen, wenn der Brandschutz nicht fachgerecht umgesetzt und dokumentiert wird. Brandschutzmängel können den Bauherrn auch noch Jahrzehnte später „einholen“ und dann zu **sehr hohen Kosten** führen.
Bereits während der Ausführungsplanung (Phase 3), spätestens jedoch bei der Ausschreibung müssen die im Brandschutznachweis/-konzept enthaltenen bauaufsichtlichen Benennungen (Begriffsbestimmungen) fachgerecht den entsprechenden nationalen bzw. europäischen Klassen zugeordnet werden → Punkt 26.

0.5 Phase 5: Brandschutz-Wartung und Betrieb

Nachdem das Gebäude fachgerecht erstellt wurde, ist es wichtig, dass alle brandschutztechnisch relevanten Bauprodukte und Bauteile, für die dies vorgeschrieben ist, regelmäßig **gewartet und geprüft** werden.
Der **Wartungs- und Prüfumfang** ergibt sich in erster Linie aus den jeweiligen An-/Verwendbarkeitsnachweisen, evtl. der jeweiligen VV TB, den Vorgaben der Hersteller und teilweise aus den entsprechenden gesetzlichen (Prüf)Vorschriften.

Außerdem ist es wichtig, dass der gemäß Brandschutznachweis/-konzept erforderliche Brandschutz während der **gesamten Betriebsdauer** des Gebäudes eingehalten wird. Ggf. ist bei Nutzungsänderungen und/oder relevanten Umbauten eine entsprechende Ergänzung, Anpassung und eventuell auch Prüfung/Genehmigung erforderlich.

Unabdingbare Voraussetzung hierzu sind ausreichende und fachgerechte Dokumentationen → Punkt 27 (siehe Phase 4) und entsprechend angepasste Brandschutznachweise/ -konzepte mit den hierzu erforderlichen aktuellen Visualisierungen in Form von Brandschutzplänen → Punkt 25.

1 Vorbemerkungen

Wichtig: Nachfolgend werden die Anforderungen der MBO [2)] angegeben. Die jeweiligen LBOs stimmen in ihren materiellen Anforderungen in der Regel weitgehend mit der MBO überein, können jedoch auch teilweise gravierend davon abweichen.

Zu beachten sind natürlich immer die Anforderungen der jeweiligen LBO!

Siehe hierzu die unter Punkt 02 genannten Brandschutz-Nachweis-Checkliste ➔ **Atlas 5.3.**

In den Überschriften ist teilweise ein Pfeil „➔" mit dem Zusatz **Atlas** und einer Kapitelangabe angegeben. Dieser weist auf erläuternde Kapitel im **Brandschutzatlas** hin.

2) MBO 2002 mit Änderungen 09/2024

2 Bestimmung der Gebäudeklasse, Überprüfung Sonderbau und Schutzziele

2.1 Ermittlung der Gebäudeklasse gemäß MBO [3)]

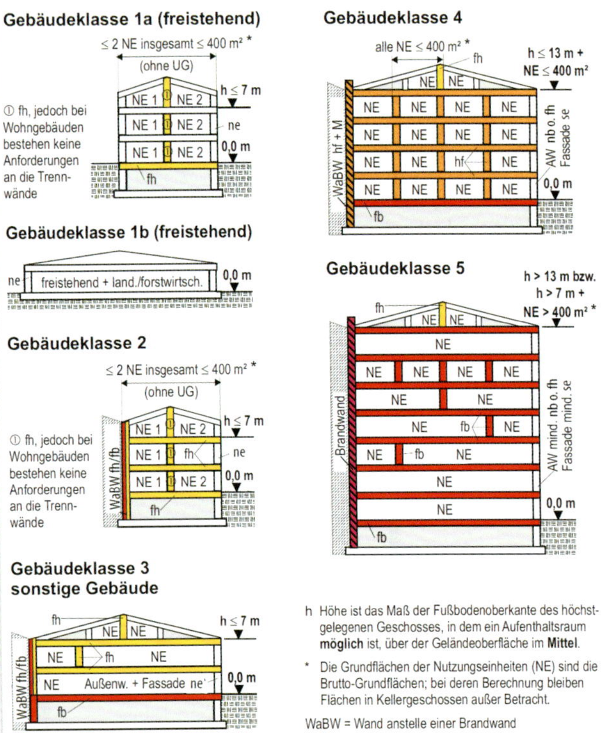

h Höhe ist das Maß der Fußbodenoberkante des höchstgelegenen Geschosses, in dem ein Aufenthaltsraum **möglich** ist, über der Geländeoberfläche im **Mittel**.

* Die Grundflächen der Nutzungseinheiten (NE) sind die Brutto-Grundflächen; bei deren Berechnung bleiben Flächen in Kellergeschossen außer Betracht.

WaBW = Wand anstelle einer Brandwand

3) In den LBOs teilweise unterschiedlich geregelt. Beispiele: Bayern und Nordrhein-Westfalen: GK 1b muss nicht freistehen. Rheinland-Pfalz: GK 1 und 2 sind anders definiert. In einigen Bundesländern besteht in der GK 4 keine Begrenzung der NE auf 400 m² oder es gilt eine abweichende Definition.

2.2 Überprüfung Sonderbau

An Hand der LBO ist zu überprüfen, ob es sich bei dem Gebäude um einen **Sonderbau** handelt. Falls dies zutrifft, ist zu prüfen, ob der Sonderbau geregelt oder nicht geregelt ist, siehe jeweilige LBO und VV TB Punkt A.2.2.

Für geregelte Sonderbauten können gemäß jeweiliger Sondervorschrift teilweise **besondere Anforderungen** aber auch **Erleichterungen** bestehen. Dies gilt sinngemäß auch für nicht geregelte Sonderbauten, wobei es hierfür im jeweiligen Land keine Sondervorschrift gibt. Hier kann (falls vorhanden) evtl. die **Muster-Sondervorschrift** zur Meinungsfindung herangezogen werden.

Wichtig:
Die nachfolgenden Informationen sind für Sonderbauten nur in dem Umfang verwendbar, in dem der Sonderbau nach der jeweiligen LBO behandelt werden kann.

2.3 Bauaufsichtliche Schutzziele

Bauliche Anlagen sind so

- anzuordnen
- zu errichten
- zu ändern und
- instand zu halten,

dass der **Entstehung** eines Brandes und der **Ausbreitung** von Feuer und Rauch (Brandausbreitung) **vorgebeugt** wird und bei einem Brand

- die **Rettung** von Menschen und Tieren sowie
- **wirksame Löscharbeiten**

möglich sind (§ 14 MBO 2002).

Wichtig:
In den meisten Ländern ist bei Sonderbauten und in der Regel auch bei allen anderen Gebäuden vorgeschrieben, dass die Einhaltung dieser Schutzziele durch einen Brandschutznachweis/-konzept nachgewiesen wird. Dort, wo dies (noch) nicht vorgeschrieben wird, ist es trotzdem sehr empfehlenswert.

2.4 Private Schutzziele

Über die bauaufsichtlichen Schutzziele hinaus können weitergehende Schutzziele bestehen, z. B.:

- Produktionssicherheit
- Arbeitsplatzsicherung
- Datensicherung
- Schutz der Baudenkmäler und Kunstwerke
- Schutz des eigenen Lebens.

Insbesondere bei Industrie- und Gewerbegebäuden ist eine frühzeitige Abstimmung mit dem Feuerversicherer zu empfehlen.

Zum Schutz gegen die tödliche Gefahr durch Brandrauch bei Wohnungsbränden sind **Rauchwarnmelder** nach DIN 14676 dringend notwendig und werden in den LBOs in der Regel in Schlafräumen, Kinderzimmern und Fluren, über die Rettungswege von Aufenthaltsräumen führen, vorgeschrieben.

Außerdem ist es empfehlenswert, den Schutzumfang an die eigenen Sicherheitsbedürfnisse anzupassen, z. B. durch zusätzliche Rauchwarnmelder in den Wohnzimmern, Keller- und Dachräumen und vor allem in den Küchen durch **Wärmemelder** bzw. für Küchen geeignete Melder, da dort die meisten Brände entstehen.

3 Brandverhalten von Baustoffen und Bauteilen

3.1 Bauaufsichtliche Anforderungen an Baustoffe → Atlas 4.2

Die LBOs unterscheiden in:

- nichtbrennbare (nb)
- schwerentflammbare (se)
- normalentflammbare (ne)
- leichtentflammbare

Baustoffe.

Leichtentflammbare Baustoffe dürfen nicht verwendet werden. Dies gilt nicht, wenn sie in Verbindung mit anderen Baustoffen nicht leichtentflammbar sind. [4)]

Zuordnungstabellen zu nationalen und europäischen Klassen → Punkt 26.

Beachte: Auch bei Einfamilienhäusern dürfen nur Baustoffe verwendet werden, die mindestens normalentflammbar sind. Nachweis durch ein entsprechendes amtliches Prüfzeugnis. Insbesondere ist dies bei „baubiologischen“ Dämmstoffen zu beachten (z. B. Schafwolle, Kork, Kokosfaser, Papier, Stroh).

4) **Anmerkung:** Allerdings muss dann die Eigenschaft „... dass sie in Verbindung mit anderen Baustoffen nicht mehr leichtentflammbar sind“, mit einem entsprechenden amtlichen Prüfzeugnis nachgewiesen werden.

3.2 Bauaufsichtliche Anforderungen an Bauteile, Bauarten → Atlas 4.3

Die LBOs unterscheiden in:

- feuerbeständige (fb)
- hochfeuerhemmende (hf)
- feuerhemmende (fh)

Bauteile und Bauarten.

Diese können

- nur tragend,
- nur raumabschließend oder
- raumabschließend und tragend sein.

Die Feuerwiderstandsfähigkeit bezieht sich

- bei **tragenden und aussteifenden Bauteilen** auf deren Standsicherheit im Brandfall und
- bei **raumabschließenden Bauteilen** auf deren Widerstand gegen die Brandausbreitung.

Wichtig: Bei feuerbeständigen und hochfeuerhemmenden Bauteilen bestehen gemäß den LBOs neben den Anforderungen an die jeweiligen **Feuerwiderstandsdauer** noch zusätzliche Anforderungen an das Brandverhalten ihrer Baustoffe. Diese werden auf nationaler Ebene durch die Zusatzbezeichnungen -A, -AB, -B und [HolzR][5] kenntlich gemacht.

Lautet die bauaufsichtliche Bauteilanforderung **feuerbeständig**, so müssen die tragenden und aussteifenden Teile aus nichtbrennbaren Baustoffen bestehen und raumabschließende Bauteile eine zusätzlich in Bauteilebene durchgehende Schicht aus nichtbrennbaren Baustoffen haben.

Lautet die bauaufsichtliche Bauteilanforderung **hochfeuerhemmend**, so muss entweder der vorstehende Absatz eingehalten werden oder bei Bauteilen, deren tragende und aussteifende Teile aus brennbaren Baustoffen bestehen, müssen die Bauteile allseitig eine brandschutztechnisch wirksame Bekleidung aus nichtbrennbaren Baustoffen (Brandschutzbekleidung) und Dämmstoffe aus nichtbrennbaren Baustoffen haben. Ausführung nach [HolzR][5].

5
[5] [HolzR]: Keine „offizielle“ Zusatzbezeichnung nach den LBOs. Wird jedoch im Brandschutzatlas und in diesem Heft als Abkürzung für Konstruktionen verwendet, bei denen in den Gebäudeklassen 4 und 5 tragende Bauteile aus brennbaren Baustoffen unter Beachtung der Muster-Holzbaurichtlinie zulässig sind, siehe auch Seite 275

Abweichend von den beiden vorstehenden Absätzen sind Bauteile, die **feuerbeständig oder hochfeuerhemmend** sein müssen, aus **brennbaren Baustoffen** zulässig, sofern sie den Technischen Baubestimmungen (TB) nach § 85a (MBO) entsprechen. Für diese Bauteile gilt dann gemäß MVV TB A 2.2.1.4 die MHolzBauRL. Das gilt nicht für Brandwände sowie Treppenraumwände in der Bauart von Brandwänden in Gebäuden der GK 5, (fb + nb + M).

Zusammenfassung:

- **Feuerbeständige Bauteile** müssen in den wesentlichen Teilen aus nichtbrennbaren Baustoffen bestehen.
- Abweichend davon sind Bauteile, die feuerbeständig sein müssen, aus brennbaren Baustoffen zulässig, wenn sie den Anforderungen nach MHolzBauRL entsprechen [HolzR]. Das gilt nicht für Brandwände sowie Treppenraumwände in der Bauart von Brandwänden in GK 5 (fb + nb + M).
- **Hochfeuerhemmende Bauteile** mit tragenden und aussteifenden Teilen aus nichtbrennbaren Baustoffen müssen in den wesentlichen Teilen aus **nichtbrennbaren Baustoffen** bestehen.
- **Hochfeuerhemmende Bauteile** mit tragenden und aussteifenden Teilen aus **brennbaren Baustoffen** müssen allseitig eine brandschutztechnisch wirksame Bekleidung aus nichtbrennbaren Baustoffen (Brandschutzbekleidung) und Dämmstoffe aus nichtbrennbaren Baustoffen haben. Der Nachweis von hochfeuerhemmenden Bauteilen mit tragenden und aussteifenden Bauteilen aus brennbaren Baustoffen erfolgt in der Regel durch ein allgemeines bauaufsichtliches Prüfzeugnis.
- Abweichend davon sind **Bauteile, die hochfeuerhemmend** sein müssen, aus **brennbaren Baustoffen** zulässig, wenn sie den Anforderungen nach MHolzBauRL entsprechen [HolzR].

(Fortsetzung Seite 231)

Abb. 3-1: Massivbauweise mit Tragwerk aus nichtbrennbaren Baustoffen
(gilt sinngemäß auch für Decken)

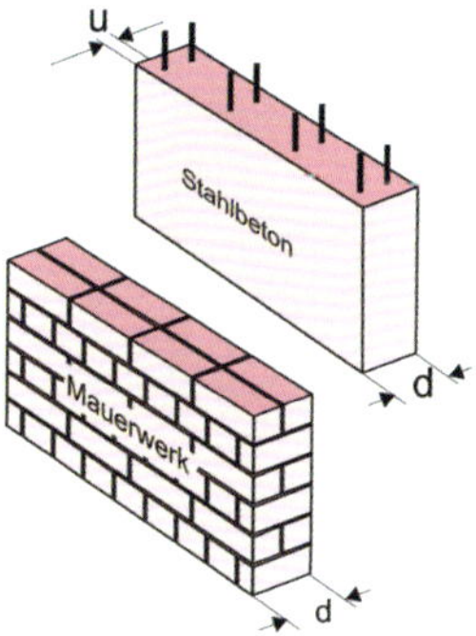

Abb. 3-2: Trockenbauweise mit nichtbrennbarem Tragwerk (Ständern)
(gilt sinngemäß auch für Decken)

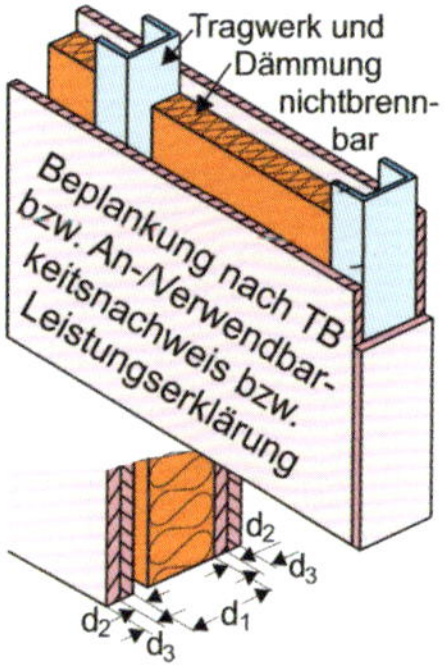

Tabelle 3-1: Zuordnung der bauaufsichtlichen Benennungen von Bauteilen in Massivbauweise mit nichtbrennbarem Tragwerk zu den Klassen nach DIN 4102-2, 4102-3 und DIN EN 13501-2 (gilt sinngemäß auch für Decken)

Bauaufsichtliche Anforderungen	**Klassen nach DIN 4102**	**Klassen nach DIN EN 13501-2**		
		mit Raumabschluss		ohne Raumabschluss
		tragend	nichttragend	tragend
fh	F 30-A	REI 30 [nb]	EI 30 [nb]	R 30 [nb]
	F 30-AB	REI 30 [wnb]	EI 30 [wnb]	
hf	F 60-A	REI 60 [nb]	EI 60 [nb]	R 60 [nb]
	F 60-AB	REI 60 [wnb]	EI 60 [wnb]	
fb	F 90-A	REI 90 [nb]	EI 90 [nb]	R 90 [nb]
	F 90-AB	REI 90 [wnb]	EI 90 [wnb]	
hf + M (WaBW)	F 60-A + M	REI 60-M [nb]	EI 60-M [nb]	
	F 60-AB + M	REI 60-M [wnb]	EI 60-M [wnb]	
fb + nb + M (BW)	F 90-A + M	REI 90-M [nb]	EI 90-M [nb]	

Erläuterung der Begriffe in eckigen Klammern siehe Seite 275

Abb. 3-3: Holztafelbauweise nach MHolzBauRL Abschnitt 4 (gilt sinngemäß auch für Decken)

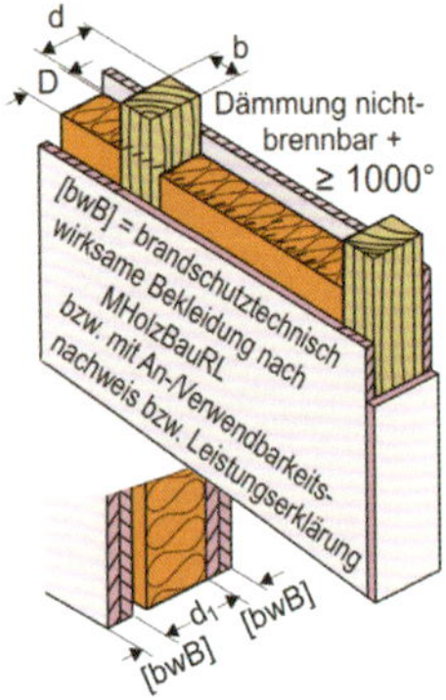

Abb. 3-4: Massivholzbauweise nach MHolzbauRL (gilt sinngemäß auch für Decken)

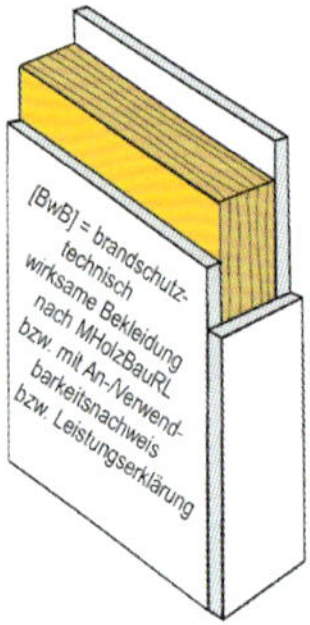

Tabelle 3-2: Zuordnung der bauaufsichtlichen Benennungen von hochfeuerhemmenden Bauteilen sowie abweichend hochfeuerhemmenden und abweichend feuerbeständigen Bauteilen im Sinne von § 26 Abs. 2 Satz 4 MBO nach MHolzBauRL zu den Klassen nach DIN 4102-2 und DIN EN 13501-2

Bauaufsichtliche Anforderungen	Klassen nach DIN 4102	Klassen nach DIN EN 13501-2		
		mit Raumabschluss		ohne Raumabschluss
		tragend	nichttragend	tragend
hf bzw. abweichend hf	F 60 [HolzR]	REI 60 [HolzR]	EI 60 [HolzR]	R 60 [HolzR]
abweichend fb	F 90 [HolzR]	REI 90 [HolzR]	EI 90 [HolzR]	90 [Holz]
hf + M (WaBW)	F 60-M [HolzR]	REI 60-M [HolzR]	EI 60-M [HolzR]	–
fb + nb + M (BW)	unzulässig	unzulässig	unzulässig	–

[HolzR] Anwendungsbereich und zusätzliche Anforderungen nach MHolzBauRL, siehe Fußnote 5) auf Seite 227 und Tabelle 26-7 auf Seite 275.

Die Muster-Holzbaurichtlinie stellt in diesen Fällen sowohl den bauaufsichtlichen Nachweis als auch den Nachweis für die Bauart (als Ersatz für eine Bauartgenehmigung) dar. Dies bedeutet, dass in dieser Richtlinie verschiedene (bauaufsichtliche) Randparameter hinsichtlich der Nutzung und der Fläche der brandschutztechnischen Einheiten bestehen. Ferner werden in dieser Richtlinie auch die materiellen Anforderungen im Hinblick auf die brandschutztechnische Bekleidung definiert. Werden alle Anforderungen der Muster-Holzbaurichtlinie beachtet, sind keine weiteren Nachweise für die Bauart erforderlich.

3.3 „Verbale" Anforderungen der LBOs

Die bauaufsichtlichen Anforderungen werden in der Regel „**verbal**" und teilweise auch als sogenannte „**unbestimmte Rechtsbegriffe**" gestellt. Die Schwierigkeit besteht diesbezüglich darin, dass damit nicht gebaut werden kann.

Die bauaufsichtlichen verbalen Anforderungen (nachfolgend „**Begriffsbestimmungen**" genannt) müssen erst in klar definierte **Klassen** umgesetzt werden bzw. bei den **unbestimmten Rechtsbegriffen** ist eine im jeweiligen Land gebräuchliche Auslegung erforderlich.

3.4 Angaben im Brandschutznachweis bzw. -konzept

Es ist empfehlenswert, im Brandschutznachweis/-konzept die in den LBOs angegebenen bauaufsichtlichen Begriffsbestimmungen zu verwenden, z. B.:

- **fb** statt F 90-AB bzw. R(EI) 90-A2-s1, d0
- **Türe fb + RD + S** statt T 90-RS bzw. $EI_2 90$ S_{200} C5 usw.

Erst in der Brandschutz-Ausführungsplanung und für die Fachbauleitung Brandschutz werden dann diesen bauaufsichtlichen Begriffsbestimmungen ausführbare Klassen zugeordnet.

Dies ist grundsätzlich sowohl mit nationalen als auch europäischen Klassen möglich. Allerdings ist dabei zu beachten, dass in zunehmendem Maße Bauprodukte mit nationalen Klassen nicht mehr in den Verkehr gebracht werden dürfen (z.B. bestimmte Feuerschutzabschlüsse). Zuordnungstabellen siehe Punkt 26.

4 Brandabschnitte und Brandwände → Atlas 6.2.2

4.0 Grundsätzliches und Schutzziel

Das Abschottungsprinzip ist die wirksamste Maßnahme des vorbeugenden baulichen Brandschutzes! Die raumabschließenden (abschottenden) Wände und Decken verhindern für die Dauer ihrer Feuerwiderstandsfähigkeit eine Ausbreitung von Feuer und Rauch und helfen damit wirksam, den Brandschaden

- auf den Brandentstehungsraum oder
- auf einen brandschutztechnisch getrennten Abschnitt bzw. Bereich, (Wohnung, Nutzungseinheit, Geschoss, Brandabschnitt) oder
- auf das betroffene Gebäude

zu begrenzen.

Das **Abschottungsprinzip** ist jedoch nur wirksam, wenn die abschottenden Wände und Decken fachgerecht ausgeführt werden. Dies gilt besonders für alle An- und Abschlüsse, die Ausführung im Dachbereich und die Sicherung der für die Nutzung des Gebäudes notwendigen Öffnungen und Leitungsdurchführungen.

Schutzziel: Brandwände müssen als raumabschließende Bauteile zum Abschluss von Gebäuden (Gebäudeabschlusswand) oder zur Unterteilung von Gebäuden in Brandabschnitte (innere Brandwand) ausreichend lang die Brandausbreitung auf andere Gebäude oder Brandabschnitte verhindern.

Eine Abschottung bzw. Begrenzung des Schadens kann sinngemäß auch durch ausreichend große **Brandschutzabstände** erreicht werden (→ Atlas 6.2.2-A).

Abschottungen bzw. brandschutztechnische Unterteilungen durch Abstände kann auch aus Gründen der Feuer-Industrieversicherung erforderlich bzw. empfehlenswert sein, z. B. durch Anordnung von **Komplextrennwänden** (→ Atlas 6.2.3) oder **Abständen**.

Tabelle 4-1: Anforderungen an Brandwände und Wände anstelle von Brandwänden gemäß § 30 MBO

GK	Bauaufsichtliche Anforderung		Kurzbezeichnung
GK 5	**BW** müssen auch unter zus. mechanischer Beanspruchung fb sein und aus nb Baustoffen bestehen.		**BW:** fb + nb + M
GK 4	**Anstelle von BW sind zulässig:** Wände, die auch unter zus. mechanischer Beanspruchung hf sind.		**WaBW:** hf + M
GK 1 bis 3	**Anstelle von BW sind zulässig: hf Wände**		**WaBW:** hf
GK 1 bis 3 (Gebäudeabschlusswand)	**Anstelle von BW sind zulässig:** GA, die von innen nach außen mindestens die Feuerwiderstandsfähigkeit feuerhemmender Bauteile, und von außen nach innen die Feuerwiderstandsfähigkeit feuerbeständiger Bauteile haben.		**WaBW:** von innen F 30-B und von außen F 90-B
Wohn-/Landwirtschaftliches Gebäude nach 4.1 Nr. 4	Brutto-Rauminhalt des landwirtschaftlich genutzten Gebäudes oder Gebäudeteils	$> 2.000\ m^3$	**BW:** fb + nb + M
		$\leq 2000\ m^3$	**WaBW:** fb

4.1 Erfordernis

Brandwände sind erforderlich

1. Als **Gebäudeabschlusswand** [6] (GA) bei einem Abstand von ≤ 2,50 m gegenüber der Grundstücksgrenze [7].
2. Als **innere Brandwand** zur Unterteilung ausgedehnter Gebäude in Abständen von ≤ 40 m [8].
3. Als **innere Brandwand** zur Unterteilung landwirtschaftlich genutzter Gebäude in Brandabschnitte $\leq 10.000\ m^3$.
4. Als **Gebäudeabschlusswand** zwischen Wohngebäuden und angebauten landwirtschaftlich genutzten Gebäuden sowie als **innere Brandwand** zwischen dem Wohnteil und dem landwirtschaftlich genutzten Teil eines Gebäudes.

5

[6] Ausgenommen von Gebäuden ohne Aufenthaltsräume und ohne Feuerstätten mit nicht mehr als 50 m^3 Brutto-Rauminhalt.

[7] Gilt nicht für bestimmte seitliche Wände von Vorbauten, wenn sie von dem Nachbargebäude oder der Nachbargrenze einen Abstand einhalten, der ihrer eigenen Ausladung entspricht (jedoch mind. 1 m).

[8] Rheinland-Pfalz: 60 m: Gemäß MIndBauRL sind teilweise wesentlich größere Abstände zulässig.

4.2 Feuerwiderstandsdauer und Bauart

Siehe Tabelle 4-1. Bei Gebäuden der GK 1 bis 4 sind anstelle von Brandwänden (BW) die in Tabelle 4-1 genannten Wände anstelle von Brandwänden zulässig (nachfolgend WaBW genannt). Diese müssen jedoch bezüglich ihrer sonstigen Ausführung (siehe nachfolgende Punkte) alle Anforderungen an Brandwände einhalten. Die Feuerwiderstandsdauer der Öffnungsverschlüsse und Verglasungen (nur in inneren Brandwänden zulässig) reduziert sich jedoch entsprechend auf die Feuerwiderstandsdauer der Wand.

4.3 Weitere Anforderungen

Durchgängigkeit

BW und WaBW müssen unversetzt bis zur Bedachung durchgehen. Versatz von inneren BW und WaBW ist nur unter bestimmten Voraussetzungen zulässig, die eine Brandübertragung nach oben in andere Brandabschnitte (BA) ausschließen (→ Atlas 6.2.2-B/3).

Ausbildung im Dachbereich (→ Atlas 6.2.2-B/4)

- **GK 4 bis 5:** BW und WABW: 30 cm über Dach oder beiderseits 50 cm auskragende fb + nb Platte aus massiven Baustoffen. Über die Brandwand dürfen brennbare Teile des Daches nicht hinweggeführt werden.
- **GK 1 bis 3:** BW und WaBW: Bis mindestens unter die Dachhaut. Verbleibende Hohlräume sind vollständig mit nichtbrennbaren Baustoffen auszufüllen.
- Gemäß Industriebaurichtlinie: Immer mind. 50 cm über Dach.

Sicherung des einspringenden Winkels von BW und WaBW

Wenn der Winkel der inneren Ecke ≤ 120 Grad beträgt: Sicherung auf 5 m (→ Atlas 6.2.2-B/5).

Bauteile mit brennbaren Baustoffen, Außenwände, Außenwandbekleidungen und eingreifende Bauteile in BW und WaBW (→ Atlas 6.2.2-B/6 und 7).

- Bauteile mit brennbaren Baustoffen dürfen über BW und WaBW nicht hinweggeführt werden.

- Bei Außenwandkonstruktionen, die eine seitliche Brandausbreitung begünstigen können, wie hinterlüfteten Außenwandbekleidungen oder Doppelfassaden, sind gegen die Brandausbreitung im Bereich der BW und WaBW besondere Vorkehrungen zu treffen. Konkrete Möglichkeiten der Umsetzung dieses Schutzziels sind in der MVV TB beschrieben.
- Außenwandbekleidungen von Gebäudeabschlusswänden müssen einschließlich der Dämmstoffe und Unterkonstruktionen nichtbrennbar sein.
- Bauteile dürfen in BW und WaBW nur so weit eingreifen, dass deren Feuerwiderstandsfähigkeit nicht beeinträchtigt wird; für Leitungen, Leitungsschlitze und Schornsteine gilt dies entsprechend.
- Bei Industriegebäuden bestehen weitergehende Anforderungen siehe MIndBauRL.

Öffnungen und Verglasungen in BW und WaBW

- In Gebäudeabschlusswänden unzulässig.
- In inneren BW und WaBW: Nur zulässig, wenn sie auf die für die Nutzung erforderliche Zahl und Größe beschränkt sind. In diesem Fall Sicherung von
  - Türöffnungen: fb + dicht + selbstschließend (in hf WaBW: hf + dicht + selbstschließend).
  - Verglasungen: fb (in hf WaBW: hf)

Leitungsdurchführungen in BW und WaBW:

Schottung bzw. Sicherung in der gleichen Feuerwiderstandsdauer der BW bzw. WaBW. Ausführung nach MLAR und MLüAR.

5

5 Trennwände → Atlas 6.2.1

Schutzziel: Trennwände müssen als raumabschließende Bauteile von Räumen oder Nutzungseinheiten innerhalb von Geschossen ausreichend lang widerstandsfähig gegen die Brandausbreitung sein.

5.1 Erfordernis

Trennwände sind erforderlich

1. zwischen Nutzungseinheiten (NE) sowie zwischen NE und anders genutzten Räumen, ausgenommen notwendigen Fluren,
2. zum Abschluss von Räumen mit Explosions- oder erhöhter Brandgefahr,
3. zwischen Aufenthaltsräumen (AR) und anders genutzten Räumen im KG.

5.2 Feuerwiderstandsdauer

siehe Tabelle 5.1

Tabelle 5-1: Anforderungen an Trennwände gemäß § 29 MBO

Gebäudeklasse	Zwischen NE sowie zwischen NE und anders genutzten Räumen, ausgenommen notwendigen Fluren			Zwischen AR und anders genutzten Räumen im KG	Zum Abschluss von Räumen mit Explosions- oder erhöhter Brandgefahr
	Normalgeschosse	DG, über denen AR möglich sind	DG, über denen keine AR möglich sind *)		
GK 5	fb	fb	fh	fb	fb
GK 4	hf	hf	fh	fb	fb
GK 3	fh	fh	fh	fb	fb
GK 1 + 2 **)	fh	fh	fh	fh	fb

DG = Geschoss im Dachraum; KG = Kellergeschosse; AR = Aufenthaltsräume; NE = Nutzungseinheiten

*) Auf fachgerechten oberen An- bzw. Abschluss der Trennwand achten

**) Gilt nicht für Wohngebäude der Gebäudeklassen 1 und 2

5.3 Weitere Anforderungen

Oberer An- bzw. Abschluss

In Normalgeschossen:

- bis zur Rohdecke.

Im Dachraum:

- bis unter die Dachhaut oder
- bis an eine raumabschließende Decke (Unterdecke), die ein-

schließlich der sie tragenden und aussteifenden Bauteile fh herzustellen ist. Anmerkung: Auf Ausführbarkeit der Anschlüsse gemäß den Verwendbarkeitsnachweisen von Trennwand und Unterdecke ist zu achten.

Öffnungen und Verglasungen

Nur zulässig, wenn sie auf die für die Nutzung erforderliche Zahl und Größe beschränkt sind. Dann:

- Sicherung von Türöffnungen (für fh-, hf- und fb-Trennwände): fh + dicht + selbstschließend (fh+D+S).
- Sicherung von Sichtöffnungen: Brandschutzverglasungen in der gleichen Feuerwiderstandsdauer der Trennwand.

Leitungsdurchführungen

Schottung bzw. Sicherung in der gleichen Feuerwiderstandsdauer der Trennwände [9]. Ausführung nach MLAR und MLüAR.

6 Notwendige Flure →Atlas 7.6

Schutzziel: Flure, über die Rettungswege aus AR oder aus NE mit AR zu Ausgängen in notwendige Treppenräume oder ins Freie führen (notwendige Flure), müssen so angeordnet und ausgebildet sein, dass die Nutzung im Brandfall ausreichend lang möglich ist.

Erfordernis

Notwendige Flure sind **nicht** erforderlich:

- in Wohngebäuden der GK 1 und 2
- in sonstigen Gebäuden der GK 1 und 2, ausgenommen in KG
- innerhalb von NE mit ≤ 200 m² und innerhalb von Wohnungen
- innerhalb von NE, die einer Büro- oder Verwaltungsnutzung dienen, mit ≤ 400 m²; das gilt auch für Teile größerer NE, wenn diese Teile ≤ 400 m² sind, Trennwände nach Punkt 5 haben und jeder Teil unabhängig von anderen Teilen jeweils einen 1. und 2. RW hat [10].

5

9) Gilt nicht für Decken der GK 1-2, innerhalb von Wohnungen und innerhalb derselben NE 400 m2 ≤ 2 Geschosse.

10) Auf die Gebäudeklasse achten. Beispiel: Zwei Teil-NE von je 201 m2 ergeben eine NE mit insgesamt 402 m2, was gemäß MBO bei einem Gebäude mit einer Höhe h ≤ 13 m zur Einstufung in Gebäudeklasse 5 fuhrt. Einige Länder haben jedoch davon abweichende Regelungen.

Nutzbare Breite

Muss für größten zu erwartenden Verkehr ausreichen (i.d.R. mind. 1 m), Weiteres → Punkt 9.6.

Stufen

Folge von < 3 Stufen ist unzulässig.

Rauchabschnitte (gilt nicht für Laubengänge)

Bei Flurlängen > 30 m: Unterteilung in Rauchabschnitte durch nichtabschließbare, rauchdichte und selbstschließende Abschlüsse (Türen RD+S+N). Ausführung des oberen Abschlusses bis an die Rohdecke oder bis an die Unterdecke der Flure, wenn diese fh ist. Fallen die Rauchabschnitte mit BA zusammen, dann in den BW: Türen fb+RD+S+N.

Stichflure zu einem Sicherheitstreppenraum (gilt nicht für Laubengänge)

Maximale Länge ≤ 15 m

Wände und Brüstungen von notwendigen Fluren und Laubengangwände mit nur einer Fluchtrichtung

- in Normalgeschossen und DG: fh + Bekleidung nb
- in KG GK 3-5: fb + Bekleidung nb
- in KG GK 1-2: fh + Bekleidung nb

Die Wände sind bis an die Rohdecke zu führen. Sie dürfen bis an die Unterdecke der Flure geführt werden, wenn diese fh ist und ein den vorstehenden Anforderungen entsprechender Raumabschluss sichergestellt ist.

Sicherung von Türöffnungen

- dichtschließend (D)
- zu Lagerbereichen im KG: feuerhemmend, dicht und selbstschließend (fh+D+S).

Sicherung von Verglasungen

Grundsätzlich in der gleichen Feuerwiderstandsdauer der raumabschließenden Wände. Brandschutzverglasungen sind in der Regel ausschließlich als Festverglasungen zulässig.

In der MVV TB werden für kombinierte Elemente mit Türöffnung und Verglasung inzwischen Erleichterungen definiert. Demnach dürfen dichtschließende Türen lichtdurchlässige Seitenteile enthalten, sofern das Türelement mit Seitenteil insgesamt nicht breiter als 1,50 m ist.

In den Außenwänden von notwendigen Laubengängen mit nur einer Fluchtrichtung sind ab einer Brüstungshöhe von 0,90 m Fenster ohne Anforderungen zulässig.

Wichtig: Für die Brüstungen dieser Laubengänge gilt jedoch die gleiche Anforderung wie an Flurwände (also fh + Bekleidung nb).

Brandverhalten der Baustoffe in notw. Fluren und Laubengängen mit nur einer Fluchtrichtung

- Bekleidungen, Putze, Unterdecken und Dämmstoffe: nb Baustoffe.
- Wände und Decken aus brennbaren Baustoffen müssen eine Bekleidung aus nb Baustoffen in ausreichender Dicke haben.

Verlegung von Leitungs- und Lüftungsanlagen

Nach MLAR, MSysBöR, MLüAR (siehe Tabelle 6-1).
Hinsichtlich der Brandlasten von Leitungsanlagen werden gemäß Abschnitt 1 MLAR keine besonderen Anforderungen gestellt.

Leitungsdurchführungen

Schottung bzw. Sicherung in der gleichen Feuerwiderstandsdauer der Flur- bzw. Laubengangwand. Ausführung nach MLAR, MLüAR und MSysBöR [9].

***Tipp:** Die jeweiligen Anforderungen hängen von der Gesamtsituation und den bei der Verlegung von Leitungs- und Lüftungsanlagen getroffenen Maßnahmen ab.*
→ Atlas 6.10.3-A/3

Hinweis:

Bei Laubengängen mit zwei Fluchtrichtungen wird unterstellt, dass immer eine Fluchtmöglichkeit besteht, die vom Brandereignis weg führt. Daher werden in diesen Fällen keine brandschutztechnischen Anforderungen an die Wände und Brüstungen gestellt. Auch die Türen bedürfen keiner besonderer Anforderung. Ferner ist in diesen Fällen die Verwendung brennbarer Bekleidungen, Putze, Unterdecken und Dämmstoffe zulässig. Unabhängig von diesen Erleichterungen muss das Tragwerk und die Decke (eigentlich der Fußboden) des Laubengangs den Anforderungen gemäß der jeweiligen Gebäudeklasse genügen.

Tabelle 6-1: Verlegung von Leitungsanlagen

<table>
<tr><th>Leitungen</th><th>Verlegung in notwendigen Fluren (nach MLAR)</th></tr>
<tr><td>Nichtbrennbare Leitungsanlagen mit nb Medien</td><td rowspan="2">Offene Verlegung zulässig.
Werden für die offene Verlegung Elektro-Installationskanäle oder -rohre (siehe DIN EN 50085-1(VDE 0604 Teil 1): 2014-05) verwendet, so müssen diese aus nichtbrennbaren Baustoffen bestehen.</td></tr>
<tr><td>Brennbare Leitungen, die ausschließlich zur Versorgung der notw. Flure dienen</td></tr>
<tr><td rowspan="2">Brennbare Leitungsanlagen mit nb Medien, die nicht ausschließlich zur Versorgung der notw. Flure dienen:
Nur zulässig, wenn eine Nutzung als Rettungsweg ausreichend lang möglich ist. Gemäß MLAR bestehen z. B. folgende Möglichkeiten:</td><td>Offene Verlegung ist nur zulässig für Leitungen mit verbesserten Brandverhalten in Gebäuden der GK 1 - 3, die keine Sonderbauten sind in NE ≤ 200 m^2</td></tr>
<tr><td>Verlegung
• in fh + nb Installationsschächten und -kanälen,
• über fh + nb Unterdecken,
• in Unterflurkanälen nach Abschnitt 3.5 MLAR,
• in Systemböden nach MSysBöR,
• in Schlitzen von massiven Wänden (Bauteilen), die mit ≥ 15 mm mineralischem Putz auf nb Putzträger oder mit ≥ 15 mm Platten aus mineralischen Baustoffen verschlossen sind,
• einzeln oder nebeneinander angeordnet voll eingeputzt (gilt nur für Elektroleitungen),
• innerhalb von mindestens fh Wänden in Leichtbauweise, jedoch nur Leitungen, die ausschließlich der Versorgung der in und an der Wand befindlichen elektrischen Betriebsmitteln dienen (gilt nur für Elektroleitungen)
• außerhalb des notwendigen Flurs.</td></tr>
</table>

7 Notwendige Treppen → Atlas 7.4

Schutzziel: Siehe Punkt 8.

Anforderungen

- Jedes nicht ebenerdige Geschoss und der benutzbare Dachraum müssen über mind. eine notwendige Treppe (NT) zugänglich sein.
- Statt NT sind Rampen mit flacher Neigung zulässig.
- Rolltreppen sind als NT unzulässig.
- Einschiebbare Treppen und Leitern sind als NT unzulässig. Sie sind in GK 1-2 zu einem Dachraum ohne AR zulässig.
- NT sind in GKL 4-5 in einem Zug zu allen Geschossen zu führen. Sie müssen mit den Treppen zum Dachraum unmittelbar verbunden sein. Dies gilt nicht für Maisonette-Treppen ≤ 2 Geschosse in NE ≤ 200 m², wenn in jedem Geschoss ein anderer RW erreicht werden kann.
- Anforderungen an **tragende Teile** NT → Tabelle 7-1.

Tabelle 7-1 Anforderungen an die tragenden Teile notwendiger Treppen gemäß § 34 MBO

Gebäudeklasse	Treppen im Gebäude	Außentreppen
GK 5	fh und nb	nb
GK 4	nb	
GK 3	fh oder nb	
GK 1-2	keine besonderen Anforderungen (normalentflammbar)	

- Nutzbare Breite muss für den größten zu erwartenden Verkehr ausreichen (i.d.R. 1 m). Weitere Infos → Punkt 9.6.
- Fester und griffsicherer Handlauf erforderlich. Wenn Verkehrssicherheit es erfordert, beidseitige Hand- und Zwischenhandläufe.
- Treppe darf nicht unmittelbar hinter einer Tür beginnen, die in Richtung Treppe aufschlägt. Zwischen Treppe und Tür ist ein ausreichender Treppenabsatz anzuordnen.

8 Notwendige Treppenräume → Atlas 7.5

Schutzziel: Notwendige Treppenräume (NTR) müssen so angeordnet und ausgebildet sein, dass die Nutzung der notwendigen Treppen (NT) im Brandfall ausreichend lang möglich ist.

Erfordernis von NTR

Jede NT muss zur Sicherstellung der RW aus den Geschossen ins Freie in einem eigenen, durchgehenden Treppenraum liegen (NTR).

Dies gilt nicht für

- Gebäude der GK 1 und 2,
- Maisonette-Treppen ≤ 2 Geschosse in NE ≤ 200 m², wenn in jedem Geschoss ein anderer RW erreicht werden kann sowie für
- Außentreppen, wenn ihre Nutzung ausreichend sicher ist und **im Brandfall nicht gefährdet werden kann**. Siehe hierzu Tabelle 8-1.

Maximale Entfernung

Von jeder Stelle eines AR sowie eines KG muss mindestens ein Ausgang in einen NTR oder ins Freie in höchstens 35 m Entfernung erreichbar sein.

Übereinanderliegende KG

Benötigen jeweils mind. 2 Ausgänge in NTR oder ins Freie.

Mehrere NTR

Mehrere erforderliche NTR sind so zu verteilen, dass sie möglichst entgegengesetzt liegen und die RW möglichst kurz sind.

Unmittelbarer Ausgang ins Freie

Jeder NTR muss einen unmittelbaren Ausgang ins Freie haben. Führt der Ausgang eines NTR nicht unmittelbar ins Freie, muss der Raum zwischen dem NTR und dem Ausgang ins Freie

- mindestens so breit sein wie die NT,
- Wände wie der NTR haben,
- rauchdichte und selbstschließende (RD + S) Abschlüsse zu notwendigen Fluren haben und
- ohne Öffnungen zu anderen Räumen, ausgenommen zu notwendigen Fluren, sein.

Wände notwendiger Treppenräume

siehe Tabelle 8-1

Tabelle 8-1: Anforderungen an die Wände notwendiger Treppenräume (NTR) gemäß § 35 MBO

GK	Treppenraumwände	Außenwände von NTR, die durch andere an diese anschließende Gebäudeteile im Brandfall … *)	
		… **gefährdet** werden können	… **nicht gefährdet** werden können
GK 5	Bauart einer Brandwand (Bauart BW)		
GK 4	Auch unter zusätzlicher mechanischer Beanspruchung hf (hf + M)		aus nichtbrennbaren Baustoffen
GK 3	fh + Bekleidung/Dämmstoff nb		
GK 1-2	Nicht relevant, da kein notwendiger Treppenraum erforderlich ist		

* Sicherung von Öffnungen in den Treppenraumaußenwänden bzw. Beurteilung der Gefährdungssituation durch die an die Treppenraumwände anschließenden anderen Gebäudeteile → Atlas 7.5/6 und /3.6

Oberer Abschluss

- gleiche Feuerwiderstandsfähigkeit wie Geschossdecken oder
- Ausführung bis unter die Dachhaut (sinngemäß wie bei BW bzw. WaBW der GK 1 bis 3).

Brandverhalten der Baustoffe

- Bekleidungen, Putze, Dämmstoffe, Unterdecken, Einbauten: aus nb Baustoffen.
- Wände und Decken aus brennbaren Baustoffen müssen eine Bekleidung aus nb Baustoffen in ausreichender Dicke haben.
- Bodenbeläge, ausgenommen Gleitschutzprofile: mind. se Baustoffe.

Sicherung von Öffnungen

siehe Tabelle 8-2

- Die Feuerschutz- und Rauchschutzabschlüsse dürfen lichtdurchlässige Seitenteile und Oberlichte enthalten, wenn der Abschluss insgesamt ≤ 2,5 m ist.

Beleuchtung, Belüftung und Entrauchung

- NTR müssen zu beleuchten sein.
- NTR ohne Fenster benötigen in Gebäuden mit einer Höhe h [11] von mehr als 13 m eine Sicherheitsbeleuchtung.
- NTR müssen belüftet und zur Unterstützung wirksamer Löscharbeiten entraucht werden können

5

11) → Punkt 2.1 Gebäudeklassen

Tabelle 8-2: Anforderungen an die Sicherung von Türöffnungen in den Wänden notwendiger Treppenräume gemäß § 35 MBO

Lage der Tür	Bauaufsichtliche Anforderung	Abkürzung
• zu Wohnungen sowie zu sonstigen Räumen und NE vergleichbarer Größe (bis 200 m²), ausgenommen der nachfolgend genannten Räume	dicht + selbstschließend *)	D+S *)
• zu notwendigen Fluren	rauchdicht + selbstschließend	RD+S
• zu KG, zu nicht ausgebauten DG, Werkstätten, Läden, Lager- und ähnlichen Räumen	feuerhemmende, rauchdichte und selbstschließende Türen	fh+RD+S
• zu sonstigen Räumen und NE > 200 m², ausgenommen Wohnungen		

*) Anforderungen teilweise unterschiedlich, z. B. in Bayern: Vollwandig, dicht und selbstschließend (V+D+S); in Baden-Württemberg und Nordrhein-Westfalen: Zu Wohnungen: dichtschließend (D). Zu sonstigen Räumen und NE (≤ 200 m²): dicht und selbstschließend (D+S).

Es wird unterschieden zwischen NTR mit und NTR ohne in jedem Geschoss öffenbaren Fenstern.

NTR mit in jedem Geschoss öffenbaren Fenstern

- Die NTR müssen in jedem oberirdischen Geschoss unmittelbar ins Freie führende Fenster mit einem freien Querschnitt von ≥ 0,50 m² haben, die geöffnet werden können.
- in Gebäuden der GK 5 ist zusätzlich an der obersten Stelle eine Öffnung zur Rauchableitung erforderlich.

NTR ohne in jedem Geschoss ausreichend große öffenbare Fenster

- Die NTR müssen an der obersten Stelle eine Öffnung zur Rauchableitung haben
- In Gebäuden der GK 4 und 5 sind, soweit dies zur Belüftung und Entrauchung zur Unterstützung wirksamer Löscharbeiten erforderlich ist, besondere Vorkehrungen zu treffen [12].

Öffnungen zur Rauchableitung

Die vorgenannten Öffnungen zur Rauchableitung müssen in jedem

12) **Achtung:** In einigen Ländern bestehen zusätzliche Anforderungen, die teilweise erheblich über die Mindestanforderungen der MBO hinausgehen.

NTR einen freien Querschnitt von ≥ 1 m^2 und Vorrichtungen zum Öffnen ihrer Abschlüsse haben, die vom EG sowie vom obersten Treppenabsatz aus zu bedienen sind.

Verlegung von Leitungs- und Lüftungsanlagen

Siehe sinngemäß Punkt 6 Tabelle 6-1 **mit dem Unterschied**, dass die Anforderungen an die Installationsschächte und -kanäle bzw. Unterdecken bei GK 5: fb, GK 4: hf und GK 3: fh sind.

Leitungsdurchführungen

Schottung bzw. Sicherung in der gleichen Feuerwiderstandsdauer der Treppenraumwand. Ansonsten siehe sinngemäß → Punkt 6.

9 Flucht- und Rettungswege → Atlas 7.3

Grundsatz:

Für NE wie Wohnungen, Praxen, selbstständige Betriebsstätten müssen

- in jedem Geschoss mit Aufenthaltsräumen
- mind. zwei voneinander unabhängige Rettungswege (RW)
- ins Freie

vorhanden sein; beide RW dürfen jedoch innerhalb des Geschosses über denselben notwendigen Flur führen.

9.1 System der Rettungswege

- Bei NE **ohne** AR ist nur **ein** (baulicher) Rettungsweg erforderlich. An die Ausbildung dieses RW werden in der Regel keine besonderen Anforderungen gestellt. Es müssen jedoch teilweise (z. B. im KG, in Tiefgaragen und in einigen Sonderbauten) bestimmte Mindestlängen eingehalten werden (in KG ≤ 35 m).
- Bei NE **mit** AR sind in der Regel **zwei** voneinander unabhängige RW erforderlich. Diese Unabhängigkeit bezieht sich in der Regel auf die **vertikalen** RW.
- Auf horizontaler Ebene wird die Unabhängigkeit **nicht verlangt**, da beide RW innerhalb des Geschosses über den gleichen Gang im Raum oder über denselben notw. Flur führen dürfen.
- An die Ausbildung beider RW werden Anforderungen gestellt

5

Tabelle 9-1: Erster und zweiter Rettungsweg

Erster Rettungsweg aus NE ohne AR	• Länge im KG ≤ 35 m • Ausgang ins Freie (im EG) • Ausgang zu notwendiger Treppe (andere Geschosse)
Erster Rettungsweg aus NE mit AR	• Länge ≤ 35 m • sicherer Ausgang ins Freie (im EG) • notwendiger Flur mit sicherem Ausgang ins Freie (im EG) • notwendige Treppe mit sicherem Ausgang ins Freie (andere Geschosse) • notwendiger Flur + notwendige Treppe mit sicherem Ausgang ins Freie (andere Geschosse)
Zweiter Rettungsweg aus NE ohne AR	• in der Regel nicht erforderlich, da keine AR vorhanden
Zweiter Rettungsweg aus NE mit AR	• weiterer sicherer Ausgang ins Freie (im EG) • weitere notwendige Treppe mit sicherem Ausgang ins Freie (alle Geschosse) • eine mit Rettungsgeräten anleiterbare Stelle innerhalb der NE *) • Fluchtbalkon **), Nottreppe **), Notleiter **)
Sonderfall: Sicherheitstreppenraum	• ein zweiter Rettungsweg ist nicht erforderlich, wenn der RW über einen Sicherheitstreppenraum führt.
Sonderfall: zu ebener Erde liegende NE	• Ein zweiter Rettungsweg ist für eingeschossige, zu ebener Erde liegende Nutzungseinheiten (NE) nicht erforderlich, wenn im Brandfall die Rettung über einen direkten Ausgang ins Freie möglich ist ***).

*) Siehe nachfolgenden Punkt 9.3: „Zweiter Rettungsweg über Rettungsgeräte der Feuerwehr"
**) Abstimmung mit der für den Brandschutz zuständigen Stelle und Abweichung (Ausnahme/Befrei ung) erforderlich
***) In den Ländern teilweise unterschiedlich geregelt.

(z. B. notwendige Flure, notwendige Treppenräume, Rettungsgeräte der Feuerwehr usw.).

- Die Anforderungen an die Rettugnsweglänge bezieht sich nur auf den ersten Rettungsweg.
- Ein zweiter RW ist nicht erforderlich, wenn der RW über einen Sicherheitstreppenraum führt.
- Ein zweiter Rettungsweg ist für eingeschossige, zu ebener Erde liegende Nutzungseinheiten nicht erforderlich, wenn im Brandfall die Rettung über einen direkten Ausgang ins Freie möglich ist ***).

9.2 Erster Rettungsweg

Der erste RW aus NE mit AR muss immer baulich sein. Er besteht aus unsicheren Bereichen (z. B. unsicherer Gang innerhalb der NE bis zur Ausgangstüre und sicheren Bereichen (z. B. notwendiger Flur, notwendiger Treppenraum, Ausgang ins Freie oder sichere Außentreppe). Außerdem bestehen Anforderungen an seine Länge (gemäß LBO in der Regel ≤ 35 m).

9.3 Zweiter Rettungsweg

Der **zweite RW** kann

- **baulich** sein, z. B. durch weitere notwendige Treppen (in notwendigen Treppenräumen oder als sichere Außentreppen) oder
- von der Feuerwehr über deren Rettungsgeräte hergestellt werden.

Beide Rettungswege (baulich oder Rettungsgeräte der Feuerwehr) sind zunächst **gleichwertig,** obwohl sie beide über Vor- und Nachteile verfügen.

Zweiter Rettungsweg baulich

Wird der zweite RW baulich hergestellt, spricht man häufig **nicht** mehr von erstem und zweiten RW. Die NE hat in diesem Fall zwei (oder mehrere) bauliche RW, die in Ihrer Ausbildung **gleichwertig** sind.
Einer dieser RW darf die maximal zulässige Länge (gemäß LBO in der Regel ≤ 35 m) nicht überschreiten. An die anderen (weiteren) baulichen RW bestehen dann **keine Längenbegrenzungen** mehr.
Stehen mehrere bauliche Rettungswege zur Verfügung, können ggf. Erleichterungen in Kauf genommen werden. In diesem Fällen könnten beispielsweise beim Schutz von Außentreppen vor einer Brandbeaufschlagung reduzierte Anforderungen gestellt werden.

Zweiter Rettungsweg über Rettungsgeräte der Feuerwehr

- Grundlegende Voraussetzung dafür ist, dass die Feuerwehr über die erforderlichen Rettungsgeräte verfügt und diese auch einsetzen kann. Beim Einsatz von tragbaren Leitern (bis 8 m Rettungshöhe) kann dies grundsätzlich unterstellt werden. Der Einsatz von Hubrettungsgeräten (bis 23 m Rettungshöhe) ist jedoch nur möglich, wenn die Feuerwehr über die erforderlichen Rettungsgeräte verfügt. Außerdem müssen die dafür erforderlichen Feuerwehrflächen (z. B. bei Hubrettungsgeräten: Feuerwehrzu- und -durchfahrten, Aufstellflächen usw.) vorhanden sein.

- Die anleiterbare Stelle muss sich gemäß § 33 Abs. 2 MBO innerhalb der Nutzungseinheit befinden.
- Gemäß MBO und den LBOs, die die MBO diesbezüglich übernommen haben ist bei Gebäuden, **die keine Sonderbauten** sind, der zweite RW über Rettungsgeräte der Feuerwehr ohne weitere Prüfung zulässig. Es muss dann nicht geprüft werden, ob Bedenken wegen der Personenrettung bestehen.
- **Wichtig**: Bei **Sonderbauten** (gemäß MBO) und in einigen Ländern **auch bei Gebäuden, die nach LBO zu behandeln sind** (die also keine Sonderbauten sind), ist der zweite Rettungsweg über Rettungsgräte der Feuerwehr nur zulässig, **wenn keine Bedenken wegen der Personenrettung bestehen.**
  - **Anhaltswerte**: Erfolgt aus den vorbeschriebenen Gründen eine besondere Prüfung des zweiten RW, geht die Feuerwehr in der Regel davon aus, dass die Sicherstellung des zweiten RW für bis zu 10 bis 12 Personen innerhalb einer NE sachgerecht ist. **Ab 30 Personen innerhalb einer NE** wird seitens der Feuerwehr in der Regel ein baulicher zweiter Rettungsweg als erforderlich gesehen.
  - Teilweise sind solche Grenzen auch bereits in der LBO angegeben; in einigen Ländern (z. B. Sachsen, Sachsen-Anhalt, Thüringen und Nordrhein-Westfalen) ist auch bei Gebäuden, die keine Sonderbauten sind, zu prüfen, ob Bedenken wegen der Personenrettung bestehen).

9.4 Rettungsgeräte der Feuerwehr

Als Rettungsgeräte der Feuerwehr können in der Regel angesetzt werden:

- **4-teilige Steckleiter** (Rettungshöhe bis **8 m**) oder
- **Drehleiter**, z. B. DL 23/12 bzw. DLK 23/12, wenn diese bei der Feuerwehr vorgehalten wird (Rettungshöhe bis 23 m).

Die **dreiteilige Schiebleiter** (Rettungshöhe bis 12 m) wird i.d.R. nicht (mehr) akzeptiert und kann damit für Neubauten nicht angesetzt werden bzw. nur nach vorheriger Abstimmung mit der für den Brandschutz zuständigen Stelle. Im geschützten Bestand kann sie jedoch i.d.R. als Rettungsgerät angesetzt werden, wenn das Bestandsgebäude mit diesem Rettungsweg genehmigt wurde und keine konkrete Gefahr besteht.

9.5 Rettungsweglängen

Wohngebäude und vergleichbare Gebäude: ≤ 35 m [13]. Gemessen wird die **kürzeste Entfernung in Lauflinie** ohne Berücksichtigung der Raumausstattung, jedoch nicht durch Wände und feste Einbauten. Die 35 m gelten auch für jede Stelle im KG.

Sonderbauten: Unterschiedliche Rettungsweglängen und Messmethoden, → jeweilige Sonderbauverordnung bzw. Richtlinie ➔ Atlas 7.3, 8 und 9.2.

9.6 Rettungswegbreiten

- Mindestbreite nach jeweiliger LBO (i.d.R. 1,00 m, teilweise 1,25 m)
- Mindestmaße enthält auch die DIN 18065, die teilweise über die MVV TB eingeführt ist (1,00 m).
- Nach MVStättV mind. 1,20 m je 200 darauf angewiesene Personen.
- Bei Arbeitsstätten: Nach ASR A2.3 siehe Tabelle 9-2 ➔ Atlas 7.4.

Tabelle 9-2: Rettungswegbreiten nach ASR A2.3 (03.2022)

Anzahl Personen (Einzugsgebiet)	Lichte Mindestbreite von **Hauptfluchtwegen** (in m)
bis 5	0,90
bis 20	1,00
bis 200	1,20
bis 300	1,80
bis 400	2,40

Achtung: Die Tabelle 9-2 dient nur der groben Orientierung für die Hauptfluchtwege. Die neue ASR A2.3 (03.2022) enthält in Abschnitt 5 sehr umfangreiche Regelungen zu den Mindestbreiten und -höhen, siehe dort.

9.7 Anleiterbare Stellen (Fenster)

- Mindestgröße 0,9 x 1,2 m [14, 15]
- Brüstungshöhe ≤ 1,20 m
- Im DG: Abstand Unterkante Fenster zur Traufe horizontal gemessen ≤ 1 m ➔ Atlas 7.3/5.3 und 10/4.
- Müssen jederzeit zugänglich und zu öffnen sein.

9.8 Nottreppe und -leitern

Ausführung nach DIN 14094. Es ist die Genehmigung einer Abwei-

5

[13] Stichflure zu Sicherheitstreppenräumen max. 15 m siehe Punkt 6.

[14] In einigen Ländern unterschiedlich (z. B. Bayern: b x h mind. 0,6 x 1,00 m, Baden-Württemberg: b x h mind. 0,90 x 1,20 m, wobei unter bestimmten Voraussetzungen eine Unterschreitung bis minimal b x h 0,60 x 0,90 m möglich ist.)

[15] Hierbei sind sowohl „stehende" Fenster (b x h mind. 0,90 x 1,20 m) als auch „liegende" Fenster (b x h mind. 1,20 x 0,90 m zulässig.

chung (Ausnahme/Erleichterung) erforderlich.

9.9 Rettungswege für Behinderte

***Tipp:** Berliner Verordnung über die Evakuierung von Rollstuhlbenutzern vom 15. Juni 2000*

9.10 Gefangene Räume

Für die nach LBO ohne notwendigen Flur zulässigen NE ≤ 200 m^2 und Büro-/Verwaltungs-NE ≤ 400 m^2 bestehen nach Baurecht innerhalb dieser NE keine besonderen Anforderungen. Ansonsten sind besondere Maßnahmen notwendig → Atlas 7.6/3.6. Bei Arbeitsstätten: ASR beachten. Notwendige Maßnahmen können z. B. sein:

- Sichtverbindung,
- zweiter Ausgang (Bypasslösung),
- Brandmeldeanlage mit Evakuierungssignal.

10 Flächen für die Feuerwehr → Atlas 7.1

***Tipp:** Rechtzeitig mit Feuerwehr klären:*
- *Zugänglichkeit des Gebäudes*
- *Feuerwehrzu-/durchgänge bzw. Feuerwehrzu-/durchfahrten*
- *Aufstell- und Bewegungsflächen*
- *Löschwasserversorgung*
- *Flucht- und Rettungswege, insbesondere den zweiten Rettungsweg.*

Ausführung nach

- Richtlinien für Feuerwehrflächen (wenn gemäß MVV TB A 2.2.1.1 eingeführt)
- DIN 14090 (wenn im jeweiligen Land eingeführt)
- Anforderungen der LBO.

Zweiter RW über Rettungsgeräte der Feuerwehr

Abhängig von der Brüstungshöhe (H) der zum Anleitern bestimmten Fenster oder Stellen sind folgende Maßnahmen erforderlich:

- **H ≤ 8 m:** Feuerwehrzu-/-durchgänge
- **H > 8 m:** Feuerwehrzu-/-**durchfahrten** + Aufstell- und Bewegungsflächen für Hubrettungsfahrzeuge.
- **F-Zugang:** geradlinig, b = 1,25 m, h = 2 m
- **F-Zufahrt:** b = 3 m, h = 3,50 m (bei Durchfahrtslänge > 12 m: b = 3,50 m), Übergangsradius 11 m. Weitere Anforderungen → Atlas 7.1.

Zweiter RW baulich

In der Regel sind nur Feuerwehrzu- und -durchgänge erforderlich.

Lage des Gebäudes

Liegen Gebäude oder Teile davon mehr als 50 m von öffentlicher Verkehrsfläche entfernt, sind Feuerwehrzu-/durchfahrten herzustellen, wenn sie aus Gründen des Feuerwehreinsatzes erforderlich sind.

11 Tragwerk → Atlas 6.1

Schutzziel: Tragende und aussteifende Wände und Stützen müssen im Brandfall ausreichend lang standsicher sein (MBO § 27).

Tipp: Diese Anforderung bezieht sich **nur auf das Tragwerk**, d. h. die Wände müssen zunächst keine raumabschließende Funktion haben, es sei denn, sie müssen zugleich auch Anforderungen an den Raumabschluss erfüllen, → Punkte 4 und 5.

Wichtig:
Bei der Visualisierung des Brandschutznachweises bitte das Tragwerk **nicht farbig** eintragen. Falls eine Visualisierung des Tragwerks verlangt wird, hierfür einen eigenen Plansatz verwenden.

Anforderungen (siehe Tabelle 11-1)

- Bei Sonderbauten bestehen evtl. besondere Anforderungen. Industriebauten: Bemessung nach IndBauRL möglich → Atlas 8.12.
- Die Ausführung des Tragwerks kann Einfluss auf die Höhe der Versicherungsprämie der Feuerversicherung haben → Atlas 10.1.

Tabelle 11-1: Anforderungen an das Tragwerk gemäß § 27 MBO

Gebäudeklasse	Normalgeschosse und notw. Flure als Laubengänge	DG, über denen AR möglich sind	DG, über denen keine AR möglich sind *)	KG	Balkone
GK 5	fb	fb	–	fb	–
GK 4	hf	hf	–	fb	–
GK 3	fh	fh	–	fb	–
GK 2	fh	fh	–	fh	–
GK 1	–	–	–	fh	–

DG = Geschoss im Dachraum; KG = Kellergeschosse; AR = Aufenthaltsräume

*) Auf fachgerechten oberen An- bzw. Abschluss von evtl. vorhandenen Trennwänden achten → Punkt 5.

5

12 Außenwände und Fassade → Atlas 6.3

Schutzziel: Außenwände und -wandteile wie Brüstungen und Schürzen sind so auszubilden, dass eine Brandausbreitung auf und in diesen Bauteilen ausreichend lang begrenzt ist (MBO § 28).

Anforderungen für GK 1 bis 3

Tragende Außenwände

Anforderungen wie tragende Wände → Punkt 11.

Nichttragende Außenwände, Oberflächen, Bekleidungen, Dämmstoffe und Unterkonstruktionen

Keine besonderen Anforderungen (mindestens normal entflammbar). Bei Doppelfassaden mit geschossübergreifenden Hohl- oder Lufträumen in GK 3 sind gegen die Brandausbreitung besondere Vorkehrungen zu treffen.

Anforderungen für GK 4 und 5

Tragende Außenwände

Anforderungen wie tragende Wände → Punkt 11.

Nichttragende Außenwände und nichttragende Teile tragender Außenwände

Aus nb-Baustoffen [16] oder wenn sie aus brennbaren Baustoffen bestehen: als raumabschließende Bauteile fh.

Oberflächen von Außenwänden sowie Außenwandverkleidungen einschließlich der Dämmstoffe und Unterkonstruktionen

Schwer entflammbar und nicht brennend abfallend oder abtropfend [17]. Unterkonstruktionen aus normal entflammbaren Baustoffen sind zulässig, wenn die Brandausbreitung auf und in diesen Bauteilen ausreichend lang begrenzt ist. Abweichend sind hinterlüftete Außenwandbekleidungen, die den Technischen Baubestimmungen nach § 85a (MBO) entsprechen, mit Ausnahme der Dämmstoffe, aus normalentflammbaren Baustoffen zulässig.[18]

[16] Gilt nicht für Türen und Fenster, Fugendichtungen, brennbare Dämmstoffe in nb geschlossenen Profilen der Außenwandkonstruktionen und Kleinteile, die nicht zur Brandausbreitung beitragen. ***Tipp:*** *Diese Erleichterung gilt nur für (einzelne) Fenster und Türen in Außenwänden (Lochfassaden), nicht aber für großflächige Verglasungen oder Glasfassaden.*

[17] Baustoffe, die schwerentflammbar sein müssen, dürfen nicht brennend abfallen oder abtropfen.

[18] Das Projekt muss vom Anwendungsbereich der MHolzBauRL erfasst sein. Ferner muss die Ausführung der MHolzBauRL Abschnitt 7 (Hinterlüftete Außenwandbekleidungen aus Holz und Holzwerkstoffen bei Gebäuden der Gebäudeklasse 4 und 5) entsprechen.

Balkonbekleidungen, die über die erforderliche Umwehrungshöhe hinaus hochgeführt werden müssen schwerentflammbar und nicht brennend abfallend oder abtropfend sein [17].

Solaranlagen an Außenwänden, die mehr als 2 Geschosse überbrücken müssen schwerentflammbar und nicht brennend abfallend oder abtropfend sein [17].
Bei **Außenwandkonstruktionen mit geschossübergreifenden Hohl- oder Lufträumen wie hinterlüftete Außenwandbekleidungen und Doppelfassaden** sind gegen die Brandausbreitung besondere Vorkehrungen zu treffen.

Tipp: *Vorkehrungen sind z. B. Brandsperren mindestens alle zwei Geschosse im Hinterlüftungsspalt → MVV TB Anhang 6 „Hinterlüftete Außenwandbekleidungen"*

Ausführung

Kein brennendes Abfallen oder Abtropfen

Fußnote 17 beachten. Bei Verwendung von europäischen Klassen ist hier die **„Zusatzklasse" d0** (kein brennendes Abtropfen) erforderlich.

WDVS mit brennbaren Baustoffen

- MVV TB Punkt A 2.1.5, B 2.2.1.5 und Anhang 11 (Außenseitige Wärmedämm-Verbundsysteme (WDVS) mit Putzschicht mit ETA) beachten.
- Darauf achten, dass die Ausführung in allen Punkten nach dem jeweiligen Ver-/Anwendbarkeitsnachweis erfolgt und dies **ausreichend dokumentiert und nachgewiesen** wird.

5

13 Decken → Atlas 6.4

Schutzziel: Decken müssen als tragende und raumabschließende Bauteile zwischen Geschossen im Brandfall ausreichend lang standsicher und widerstandsfähig gegen Brandausbreitung sein (MBO § 31).

Feuerwiderstandsdauer

siehe Tabelle 13-1

Deckenanschlüsse an Außenwände

Sind so herzustellen, dass sie den o. g. Schutzzielanforderungen genügen.

Öffnungen in feuerwiderstandsfähigen Decken

- Zulässig in Gebäuden der GK 1-2 und innerhalb derselben NE ≤ 400 m^2 ≤ 2 Geschosse.
- Ansonsten nur zulässig, wenn sie auf die für die Nutzung erforderliche Zahl und Größe beschränkt sind. In diesem Fall: Sicherung in der gleichen Feuerwiderstandsfähigkeit der Decke.

Leitungsdurchführungen

Schottung bzw. Sicherung in der gleichen Feuerwiderstandsdauer der Decken. Ausführung nach MLAR und MLüAR.

Tabelle 13-1: Anforderungen an Decken gemäß § 31 MBO

Gebäudeklasse	GK 5	GK 4	GK 3	GK 2	GK 1
Normalgeschosse und notw. Flure als Laubengänge	fb	hf	fh	fh	–
DG, über denen AR möglich sind	fb	hf	fh	fh	–
DG, über denen keine AR möglich sind *)	–	–	–	–	–
KG	fb	fb	fb	fh	fh
Balkone	–	–	–	–	–
unter und über Räumen mit Explosions/erhöhter Brandgefahr	fb	fb	fb	fb **)	fb **)
Zwischen dem landwirtschaftlich genutztem Teil und dem Wohnteil	fb	fb	fb	fb	fb

DG = Geschoss im Dachraum; KG = Kellergeschosse; AR = Aufenthaltsräume

*) Auf fachgerechten oberen An- bzw. Abschluss von Trennwänden achten → Punkt 5.

**) Gilt nicht für Wohngebäude der Gebäudeklasse 1 und 2.

14 Dächer → Atlas 6.4

Schutzziel: Bedachungen müssen gegen eine Brandbeanspruchung von außen durch Flugfeuer und strahlende Wärme ausreichend lang widerstandsfähig sein (harte Bedachung) (MBO § 32).

Anforderungen

- Grundsätzlich harte Bedachung erforderlich (gegen Flugfeuer und strahlende Wärme widerstandsfähig).
- Weiche Bedachungen sind bei GKL 1-3 zulässig. Dann bestehen jedoch besondere Anforderungen, z. B. wesentlich größere Abstände (bis zu 24 m).
- Anforderungen an harte Bedachung bestehen nicht bei:
  - Gebäuden ohne AR und ohne Feuerstätten ≤ 50 m^3 BRI.
  - Lichtdurchlässigen Bedachungen aus nb Baustoffen. Brennbare Fugendichtungen und brennbare Dämmstoffe in nb Profilen sind zulässig.
  - Dachflächenfenster, Oberlichte und Lichtkuppeln von Wohngebäuden.
  - Eingangsüberdachungen und Vordächer aus nb Baustoffen.
  - Eingangsüberdachungen aus brennbaren Baustoffen, wenn die Eingänge nur zu Wohnungen führen.
- Lichtdurchlässige Teilflächen aus brennbaren Baustoffen und begrünte Bedachungen [19] sind zulässig, wenn eine Brandentstehung bei einer Brandbeanspruchung von außen durch Flugfeuer und strahlende Wärme nicht zu befürchten ist oder Vorkehrungen hiergegen getroffen sind.
- Dachüberstände, Dachgesimse, Dachaufbauten, lichtdurchlässige Bedachungen, Dachflächenfenster, Lichtkuppeln, Oberlichte und **Solaranlagen** sind so anzuordnen und herzustellen, dass Feuer nicht auf andere Gebäudeteile und Nachbargrundstücke übertragen werden kann.

5

[19] Die brandschutztechnischen Anforderungen ergeben sich insbesondere aus Abschnitt 11.4.7 der DIN 4102 - Teil 4.

- Von Brandwänden und von Wänden, die anstelle von Brandwänden zulässig sind, müssen folgende Abstände eingehalten werden:*)

1. ohne Abstand

a) Dachflächenfenster, Oberlichte, Lichtkuppeln und Öffnungen in der Bedachung, wenn die Wände nach Halbsatz 1 mindestens 30 cm über die Bedachung geführt sind,

b) Solaranlagen, Dachgauben und ähnliche Dachaufbauten aus brennbaren Baustoffen, wenn sie durch die Wände nach Halbsatz 1 gegen Brandübertragung geschützt sind.

2. mindestens 0,50 m

Solaranlagen, die mit max. 30 cm Höhe über der Dachhaut installiert oder im Dach integriert sind, wenn sie nicht unter Nummer 1 Buchst. b fallen.

3. mindestens 1,25 m

a) Dachflächenfenster, Oberlichte, Lichtkuppeln und Öffnungen in der Bedachung, die nicht unter Nummer 1 Buchst. a fallen,

b) Dachgauben und ähnliche Dachaufbauten, wenn sie nicht unter Nummer 1 Buchst. b fallen,

c) Solaranlagen, die nicht unter Nummer 1 Buchst. b und Nummer 2 fallen.

- Traufseitig aneinandergebaute Gebäude: fh von innen nach außen einschließlich Tragwerk. Öffnungen müssen waagrecht gemessen ≥ 2 m [20] von der BW bzw. WaBW entfernt sein.
- Dächer von Anbauten, die an Wände mit Öffnungen oder ohne Feuerwiderstandsfähigkeit anschließen: 5 m gleiche Feuerwiderstandsfähigkeit von innen nach außen (einschließlich Tragwerk) wie die Decken des höheren Gebäudes. Gilt nicht für Anbauten an Wohngebäude der GK 1 bis 3.

*) Achtung: Bei Photovoltaikanlagen bestehen in den einzelnen Ländern teilweise sehr unterschiedliche Anforderungen, siehe die jeweilige LBO. Es bestehen teilweise auch unterschiedliche Meinungen darüber, von wo bzw. wie die angegebenen Abstände zu messen sind.

[20] In Bayern ≥ 1,25 m

15 Rauchableitung aus KG → Atlas 6.16

- Jedes KG ohne Fenster muss mindestens eine Öffnung ins Freie haben, um eine Rauchableitung zu ermöglichen.
- Gemeinsame Kellerlichtschächte für übereinanderliegende KG sind unzulässig.

16 Aufzüge → Atlas 6.16

Siehe MBO § 39.

17 Leitungsanlagen, Lüftungsanlagen und Installationsschächte und -kanäle → Atlas 6.10 und 6.11

Leitungsanlagen

Sicherung von Leitungsdurchführungen durch raumabschließende feuerwiderstandsfähige Wände und Decken

Leitungen dürfen durch raumabschließende Bauteile, für die eine Feuerwiderstandsfähigkeit vorgeschrieben ist, nur hindurchgeführt werden, wenn eine Brandausbreitung ausreichend lang nicht zu befürchten ist oder Vorkehrungen hiergegen getroffen sind[21]. (BW und WaBW → 4, Trennwände → 5, Flurwände → 6, Treppenraumwände → 8, Decken → 13 und Dächer mit erforderlichem Raumabschluss → 14)

Verlegung von Leitungsanlagen in baulich geschützten Rettungswegen

In notwendigen Treppenräumen (NTR), in Räumen zwischen NTR und dem Ausgang ins Freie und in notwendigen Fluren sind Leitungsanlagen nur zulässig, wenn eine Nutzung als Rettungsweg im Brandfall ausreichend lang möglich ist. (notwendige Flure → 6 und notwendige Treppenräume → 8).

Funktionserhalt von bestimmten Leitungsanlagen

In der MBO sind hierzu keine besonderen Aussagen getroffen.

[21] Gilt nicht für Leitungs- und Lüftungsanlagen sowie Installationsschächte und -kanäle in Gebäuden der GK 1 bis 2, innerhalb von Wohnungen und innerhalb derselben NE ≤ 400 m² ≤ 2 Geschosse.

> ***Tipp:*** *Für Sonderbauten können besondere Anforderungen bestehen. Diese ergeben sich aus der jeweiligen Sonderbauverordnung. Sie sind im Rahmen des Brandschutznachweises/-konzeptes zu ermitteln.*

Lüftungsanlagen

Brandverhalten der Baustoffe

Lüftungsleitungen sowie deren Bekleidungen und Dämmstoffe müssen aus nb Baustoffen bestehen; brennbare Baustoffe sind zulässig, wenn ein Beitrag der Lüftungsleitung zur Brandentstehung und Brandweiterleitung nicht zu befürchten ist [21)].

Sicherung von Lüftungsleitungsdurchführungen durch raumabschließende feuerwiderstandsfähige Wände und Decken

Lüftungsleitungen dürfen raumabschließende Bauteile, für die eine Feuerwiderstandsfähigkeit vorgeschrieben ist, nur überbrücken, wenn eine Brandausbreitung ausreichend lang nicht zu befürchten ist oder wenn Vorkehrungen hiergegen getroffen sind [21)]. (BW und WaBW → 4, Trennwände → 5, Flurwände → 6, Treppenraumwände → 8, Decken → 13 und Dächer mit erforderlichem Raumabschluss → 14).

> ***Tipp:*** *Diese Anforderungen gelten als eingehalten, wenn die Ausführung gemäß MLüAR erfolgt.*

Verlegung von Lüftungsleitungsanlagen in baulich geschützten Rettungswegen

Nur zulässig, wenn eine Nutzung als RW ausreichend lang möglich ist [21)]. Ausführung nach MLüAR (notwendige Flure → 6 und notwendige Treppenräume → 8).

Installationsschächte und -kanäle

Die Anforderungen an Leitungsanlagen gelten entsprechend.

18-20 Feuerungsanlagen, Aufbewahrung fester Abfallstoffe, Blitzschutzanlagen

Siehe MBO § 42, 45 und 46 → Atlas 6.13 und 6.12.3

21 Rauchwarnmelder in Wohnungen

In Wohnungen müssen Schlafräume und Kinderzimmer sowie Flure die zu Aufenthaltsräumen führen, jeweils mindestens einen Rauchwarnmelder haben. Die Rauchwarnmelder müssen so eingebaut oder angebracht und betrieben werden, dass Brandrauch frühzeitig erkannt und gemeldet wird. Die Wichtigkeit und Bedeutung von Rauchwarnmeldern ist auch in 2.4 beschrieben.

22 Löschwasserversorgung → Atlas 6.17.1

Ausführung nach

- DVGW Arbeitsblatt W 405 sowie
- Feuerwehrvorschriften

Größenordnung: Je nach baulicher Nutzung, Gebäudegröße und Bauart: 800, 1600, 3200 l/min (entspricht 48, 96, 192 m^3/h) für mindestens 2 Stunden.

Hinweis:
Abweichende Regelung in IndBauRL Punkt 5.1 → Atlas 8.12.

23 Weitere Anforderungen

Für Gebäude, die keine Sonderbauten sind und die nach der MBO beurteilt werden können, enthalten die Punkte 1 bis 22 die wichtigsten Kriterien für einen Brandschutznachweis bzw. ein Brandschutzkonzept. Es sollte jedoch geprüft werden, ob damit alle relevanten Punkte bearbeitet und abgehandelt worden sind. Bei **Sonderbauten** und bestimmten **besonderen Nutzungen** müssen Brandschutznachweise/-konzepte **weitergehende und zusätzliche Angaben** enthalten, soweit dies für die brandschutztechnische Beurteilung notwendig ist. Diese ergeben sich aus den jeweiligen Vorschriften an die Brandschutznachweise/-konzepte und Sonderbauten.

24 Zusammenstellung der Abweichungen und brandschutztechnischen Besonderheiten

Bei jedem Brandschutznachweis/-konzept ist es sinnvoll bzw. notwendig, entweder am Anfang oder am Ende alle darin enthaltenen Abweichungen übersichtlich darzustellen. Dies ermöglicht dem Leser in Verbindung mit der Visualisierung des Brandschutznachweises/-konzeptes in Form von Brandschutzplänen einen schnellen Überblick.
Auch Erleichterungen gemäß § 51 MBO sind im Zuge des Brandschutznachweises /-konzept entsprechend darzustellen und zu begründen. Dies gilt u.U. auch für brandschutztechnische Abweichungen von technischen Baubestimmungen gemäß § 85a Abs. 1 MBO, soweit der Inhalt der technischen Baubestimmung Gegenstand des Brandschutznachweises / -konzeptes ist.
Ebenso ist es sinnvoll, nochmals (falls vorhanden) zusammenfassend auf **brandschutztechnische Besonderheiten hinzuweisen**, z.B., wenn bestimmte Annahmen getroffen wurden, die für den Brandschutznachweis wichtig sind.

25 Visualisierung des Brandschutznachweises/-konzepts

Für eine schnelle und einfache Übersicht und Handhabung sollten Brandschutznachweise/-konzepte in Brandschutzplänen visualisiert werden. In einigen Bundesländern sind entsprechende Pläne sogar verpflichtender Bestandteil. Die Pläne sollten alle Anforderungen an **raumabschließende feuerwiderstandsfähige Wände** und Decken (einschließlich der Sicherung ihrer Öffnungen) sowie an die **Rettungswege** und maximalen **Rettungsweglängen** enthalten.
Weitere Anforderungen sollten nur dann eingetragen werden, wenn es sinnvoll ist und dadurch die Übersichtlichkeit nicht leidet.
Anforderungen an das Tragwerk sollten nicht in diese Pläne eingetragen werden → Punkt 11.
Grundsätzliche Informationen zur Verwendung der bauaufsichtlichen Benennungen (Begriffsbezeichnungen) im Brandschutznachweis/-konzept → Punkte 3.3 und 3.4.

Tabelle 25-1: Legende für Brandschutzpläne

Legende für Brandschutzpläne

Farbe/Zeichen		**Bauteil**	
	violett	BW = Brandwand = fb+nb+M (Brandwand GK 5)	
	violett	BBW = Bauart einer Brandwand = fb+nb+M (Treppenraumwand GK 5)	
	dunkel-orange	WaBW = Wand anstelle einer Brandwand = hf+M (GK 1-4)	
		BBW = Bauart Brandwand = hf+M (Treppenraumwand GK 4)	
	rot/gelb	WaBW = Wand anstelle einer BW = fh innen → fb außen	
	rot	fb = feuerbeständig	
	orange	hf = hochfeuerhemmend	
	gelb	fh = feuerhemmend	
	blau	Sicherung von Türen/Öffnungen mit klassifizierten Abschlüssen mit Angabe der bauaufsichtlichen Anforderungen, z. B. fb+S, fb+RD+S, RD+S usw.	
	hellblau	Sicherung von Türöffnungen mit nicht klassifizierten Abschlüssen mit Angabe der bauaufsichtlichen Anforderungen, z. B. D, D+S, V+D+S usw.	
	dunkel-grün	notwendige Treppe, notwendiger Treppenraum und zugehöriger Ausgang ins Freie	
	hellgrün	notwendiger Flur	
	grün	baulicher Rettungsweg	
	grün	Rettungsweg durch Rettungsgeräte der Feuerwehr	
....	grün	Rettungsweglänge	
	grün	anleiterbare Stelle bzw. geeignetes Fenster für zweiten Rettungsweg	mit tragbarer Leiter
	grün		mit Hubrettungsgerät der Feuerwehr
	grün	Feuerwehrzu-/-durchgang für tragbare Leiter oder zweiten baulichen Rettungsweg	
	grün	Feuerwehrzu-/-durchfahrt + Aufstellflächen für Hubrettungsgeräte der Feuerwehr + Bewegungsflächen	

Wichtig: Für eine gute Lesbarkeit und Übersichtlichkeit der Brandschutzpläne ist es empfehlenswert, im Wesentlichen nur alle raumabschließenden feuerwiderstandsfähigen Wände und Decken, die Sicherung aller Öffnungen und die Rettungswege zu visualisieren. Außerdem sollten brandschutztechnisch wichtige Bereiche bzw. Punkte in die Pläne eingetragen werden. Die Visualisierung des Tragwerkes macht dagegen keinen Sinn. Wird diese erwünscht, so sollten ggf. Textfelder auf den Brandschutzplänen eingefügt werden um Verwechselungen mit den raumabschließenden Bauteilen zu vermeiden.

Es ist empfehlenswert, für die Brandschutzpläne die in Tabelle 25-1 angegebene Legende zu verwenden. Abkürzungen und Kurzerläuterungen → Punkte 26 und 28

Hinweis:
Vollständiges Beispiel mit Checklisten, Brandschutznachweis, Brandschutzplänen und Legenden → Atlas Kap. 5.3.

26 Zuordnung der bauaufsichtlichen Begriffsbestimmungen in nationale und europäische Klassen

In den nachfolgenden Tabellen 26-1 bis 26-10 wird angegeben, wie die jeweiligen bauaufsichtlichen Benennungen (Begriffsbestimmungen) in nationale (DIN 4102) bzw. europäische (DIN EN 13501) Klassen umgesetzt werden können. Basis sind hierzu die Anhänge 4 und 14 der MVV TB, welche die jeweiligen Zuordnungen enthalten.

Wichtig: Die Zuordnungen der MVV TB sind mittlerweile so komplex geworden, dass sie nur noch schwer zu verstehen sind. Die nachfolgenden Tabellen stellen sie stark vereinfacht und deutlich besser lesbar dar. Sie sollen als Hilfsmittel für eine einfache und schnelle Übersicht und Information dienen. Allerdings können Sie die teilweise sehr komplexen Informationen der MVV TB nicht in vollständiger Genauigkeit wiedergeben. **Es gelten immer die Zuordnungen und Anforderungen der im jeweiligen Land eingeführten VV TB.**

26.1 Zuordnung von Baustoffen → Atlas 4.3

siehe Tabellen 26-1 und 26-2 (MVV TB Anhang 4 Punkt 1)

26.2 Zuordnung zum Brandverhalten von elektrischen Leitungen und dem Funktionserhalt von elektrischen Kabelanlagen

siehe Tabellen 26-3 und 26-4 (MVV TB Anhang 4, Punkt 2).

26-3 Zuordnung von Bedachungen

siehe Tabelle 26-5 (MVV TB Anhang 4, Punkt 3).

26.4 Zuordnung von Bauteilen, Brandwänden und Außenwänden → Atlas 4.4

siehe Tabellen 26-6 und 26-7 (MVV TB Anhang 4 Punkt 4)

26.5 Zuordnung von Abschlüssen und Feststellanlagen → Atlas 6.8

siehe Tabelle 26-8 und 26-9 (MVV TB Anhang 4 Punkt 5)

26.6 Zuordnung von Kabel- und Rohrabschottungen, Lüftungsanlagen, Installationskanäle und –schächte und Brandschutzverglasungen → Atlas 6.9 - 6.12

siehe Tabellen 26-10 und 26-11 (MVV TB Anhang 4 Punkte 6, 8 und 9 sowie Anhang 14)

26.7 Zuordnung von sonstigen Bauprodukten und Bauarten

siehe MVV TB, Anhang 4, Punkte 7 und 10.

Fußnoten zu Tabelle 26-1

a) Der Integralwert I der Rauchentwicklung ist durch Bestimmung des Flächeninhalts mittels Rechteckmethode unter der Kurve der Lichtschwächung über die Zeit zu ermitteln, die bei der Prüfung nach DIN 4102-15: 1990-05 während der Beflammungsdauer mittels der Lichtmessstrecke nach DIN 50055:1989-03 mit einer Abtastrate von mindestens einem Messwert je 3 Sekunden aufgezeichnet wird.

b) Leicht entflammbare Baustoffe dürfen nicht verwendet werden; dies gilt nicht, wenn sie in Verbindung mit anderen Baustoffen nicht leicht entflammbar sind.

*) Bei Prüfung gemäß EN 13823:2023 $TSP_{600\,s} \leq 35\ m^2$; diese Angabe ist nicht erforderlich bei Bauprodukten, deren Brandverhalten nach CWFT-Entscheidungen 2003/43/EG vom 17.01.2003 (Abl. L13/35), 2003/593/EG vom 07.08. 2003 (Abl. L201/35), 2006/673/EG vom 05.10.2006 (Abl. L276/77) und 2010/83/EU vom 09.02.2010 (Abl. L38/13) sowie delegierte Verordnung (EU) 2017/1228 vom 20.03.2017 (Abl. L177/4) der Europäischen Kommission ohne Prüfung in die Klasse A2 – s1,d0 eingestuft ist.

**) Bei Prüfung gemäß EN 13823:2023 $TSP_{600\,s} \leq 35\ m^2$; diese Angabe ist nicht erforderlich bei Bauprodukten, deren Brandverhalten nach CWFT-Entscheidungen 2003/43/EG vom 17.01.2003 (Abl. L13/35) und 2007/348/EG vom 15.05.2007 (Abl. L131/21) der Europäischen Kommission ohne Prüfung in die Klasse B-s1,d0 eingestuft ist.

1) Klassen gemäß delegierter Verordnung 2016/364 (EU) – umgesetzt durch Klassifizierung gemäß DIN EN 13501-1 oder Kommissionsentscheidungen für Klassifizierungen ohne weitere Prüfung.

2) **Mindestens erforderliche Leistungen zum Glimmverhalten:**
Zur Erfüllung der Bauwerksanforderungen in A 2.1.2 bei schwerentflammbaren oder nichtbrennbaren Teilen baulicher Anlagen, bei denen Bauprodukte nach folgenden harmonisierten Normen (EN 438-7:2005, EN 13162:2012+A1:2015, EN 13168:2012+A1:2015, EN 13170:2012+A1:2015, EN 13171:2012+A1:2015, EN 13950:2014, EN 13964:2014, EN 13986:2004+A1:2015, EN 14064-1:2010, EN 14190:2014, EN 14303:2009+A1:2013, EN 15037-4:2010+A1:2013, EN 15498:2008) verwendet werden sollen, sind gemäß Tabelle 1.2 Angaben zum Glimmverhalten erforderlich. Zur Bestimmung des Glimmverhaltens liegt ein europäisches Prüfverfahren DIN EN 16733:2016-07 vor; die notwendige Angabe lautet: „Die Prüfung wurde bestanden: das Produkt zeigt keine Neigung zum kontinuierlichen Schwelen".

5

Tabelle 26-1: Zuordnung der bauaufsichtlichen Begriffsbestimmungen zum Brandverhalten von Baustoffen zu den nationalen Klassen nach DIN 4102-1 und den europäischen Klassen nach DIN EN 13501-1: einschließlich lineare Rohrdämmstoffe und Bodenbeläge. (nach MVV TB Anhang 4 Punkte 1.1 bis 1.3)

Bauaufsichtliche Anforderungen	**Abkürzung**	**Mindestens erforderliche Baustoffklassen nach DIN 4102-1:1998-05**	**Weitere Merkmale für die Verwendung (national)**
nichtbrennbar	nb	A 2	• soweit erforderlich zusätzlich Rohdichte
nichtbrennbar + Schmelzpunkt ≥ 1000 °C	nb + Schmelzpunkt ≥ 1000 °C	A 2	• Schmelzpunkt ≥ 1000 °C • soweit erforderlich zusätzlich Rohdichte
schwerentflammbar	se	B 1	Baustoffe mit Ausnahme Bodenbeläge: • begrenzte Rauchentwicklung (I [a]) ≤ 400 % x Min. bei Prüfung nach DIN 4102-15:1990-05) bestanden • soweit erforderlich zusätzlich Rohdichte
schwerentflammbar und nicht brennend abfallend oder abtropfend	se + [kbA]	B 1	• kein brennendes Abfallen oder Abtropfen • begrenzte Rauchentwicklung (I [a]) ≤ 400 % x Min. bei Prüfung nach DIN 4102-15:1990-05) bestanden • soweit erforderlich zusätzlich Rohdichte
normalentflammbar	ne	B 2	–
leichtentflammbar [b]	le	B 3	–

Fußnoten zu Tab. 26-1 siehe Seite 263

Tabelle 26-1: Fortsetzung

Mindestens erforderliche Leistungen [1] nach harmonisierten technischen Spezifikationen (Klassen nach DIN EN 13501-1)			**Weitere Merkmale (ausgenommen Bodenbeläge)**
Bauprodukte, ausgenommen lineare Rohrdämmstoffe und Bodenbeläge	**lineare Rohrdämmstoffe**	**Bodenbeläge**	
A2 – s1, d0 *)	$A2_L$ – s1, d0	$A2_{fl}$ – s1	Angabe: • Glimmverhalten [2] • soweit erforderlich Rohdichte
A2 – s1, d0 *)	$A2_L$ – s1, d0	$A2_{fl}$ – s1	Angabe: • Schmelzpunkt ≥ 1000 °C • Glimmverhalten [2] • soweit erforderlich Rohdichte
C – s2, d2	C_L – s2, d2	C_{fl} – s1	Angabe: • Glimmverhalten [2] • soweit erforderlich Rohdichte
C – s2, d0	C_L – s2, d0	–	
E – d2	E_L – d2	E_{fl}	E_{fl}
F	–	–	–

Fußnoten zu Tab. 26-1 siehe Seite 263

5

Tabelle 26-2: Legende und Erläuterung der Kurzbezeichnungen

Kurz-zeichen	Kriterium / Anforderung	Anwendungsbereich, Erläuterung
Klassen und Kurzzeichen auf nationaler Ebene		
A	nichtbrennbare Baustoffe	Klassen nach DIN 4102-1 für die Klassifizierung des Brandverhaltens von Baustoffen
B 1	schwer entflammbare Baustoffe	
B 2	normalentflammbare Baustoffe	
B 3	leicht entflammbare Baustoffe (dürfen nur verwendet werden, wenn sie in Verbindung mit anderen Baustoffen nicht leichtentflammbar sind).	
Rauchentwicklung ... • geringe I ≤ 100 % x Min. • begrenzte I ≤ 400 % x Min.	bei Prüfung nach DIN 4102-15: 1990-05	nationale Anforderungen an die Rauchentwicklung; I siehe auch MVV TB Anhang 4 Tabelle 1.1, Kopfnoten a und b
brennendes Abtropfen/Abfallen • nein • ja	Wird bei der Prüfung brennbarer Baustoffe brennendes Abtropfen/Abfallen festgestellt, muss dies beim Ü-Zeichen vermerkt werden. Tritt es nicht auf, erfolgt keine entsprechende Kennzeichnung.	Nationale Anforderungen an das brennende Abtropfen/Abfallen. Prüfung durch DIN 4102-1.
Klassen und Kurzzeichen auf europäischer Ebene		
A	kein Beitrag zum Brand	Klassen nach DIN EN 13501 für die Klassifizierung des Brandverhaltens von Bauprodukten
B	sehr begrenzter Beitrag zum Brand	
C	begrenzter Beitrag zum Brand	
D	hinnehmbarer Beitrag zum Brand	
E	hinnehmbares Brandverhalten	
F	keine Leistung festgestellt	
s	Anforderungen an die Rauchentwicklung s1: geringe Rauchentwicklung s2: begrenzte Rauchentwicklung	s (Smoke) Rauchentwicklung s1 geringe Rauchentwicklung s2 mittlere Rauchentwicklung s3 hohe Rauchentw. bzw. nicht geprüft
d	Anforderungen an das brennende Abtropfen/Abfallen d0: kein brennendes Abtropfen/Abfallen d1, d2: brennendes Abtropfen/Abfallen	d (Droplets) brennendes Abtropfen/Abfallen d0 kein brennendes Abtropfen/Abfallen binnen 600 Sek. d1 kein brennendes Abtropfen/Abfallen mit Nachbrennzeit > 10 Sek. binnen 600 Sek. d2 keine Leistung festgestellt
...fl	Brandverhaltensklasse für Bodenbeläge	...fl (Floorings)
...L	Brandverhaltensklasse für Produkte zur Wärmedämmung von linearen Rohren	...L (linear Pipe Thermal Insulation Products)

Tabelle 26-3 Elektrische Leitungen: Zuordnung der bauaufsichtlichen Begriffsbestimmungen zum Brandverhalten von Baustoffen zu den nationalen Klassen nach DIN 4102-1 und europäischen Klassen nach Abschnitt 4.1 der DIN EN 50575:2014+A1:2016 (in Deutschland DIN EN 50575:2017-02).

Mindestens erforderliche Baustoffklassen nach DIN 4102-1:1998-05	Bauaufsichtliche Anforderungen	Mindestens erforderliche Leistungen nach DIN EN 50575
A2	nichtbrennbar	A_{ca}
B1 • begrenzte Rauchentwicklung	schwerentflammbar	$B1_{ca}$-s2
B1 • geringe Rauchentwicklung	schwerentflammbar + geringe Rauchentwicklung	$B1_{ca}$-s1
B2	normalentflammbar	E_{ca}

Begrenzte Rauchentwicklung: (I 400 % x Min. bei Prüfung nach DIN 4102-15:1990-05) bestanden
Geringe Rauchentwicklung: (I 100 % x Min. bei Prüfung nach DIN 4102-15:1990-05) bestanden
ca (cable): Brandverhaltensklassen von Kabeln
Legende: Siehe auch Tabelle 26-2

Tabelle 26-4 Elektrische Kabelanlagen: Zuordnung der bauaufsichtlichen Anforderungen an den Funktionserhalt zu Funktionserhaltsklassen

Mindestens erforderliche Funktionserhaltsklassen nach DIN 4102-12:1998-11	Bauaufsichtliche Anforderungen an den Funktionserhalt in Minuten
E 30	≥ 30
E 60	≥ 60
E 90	≥ 90

Tabelle 26-5: Bedachungen mit Brandbeanspruchung von außen durch Flugfeuer und strahlende Wärme

Mindestens erforderliche Klassen nach DIN 4102-7:1998-071	Bauaufsichtliche Anforderungen	Mindestens erforderliche Leistung nach europäischen Klassen
Widerstandsfähig gegen Flugfeuer und strahlende Wärme	Brandbeanspruchung von außen durch Flugfeuer und strahlende Wärme (harte Bedachung)	BROOF(t1)

Tabelle 26-6: Zuordnung der bauaufsichtlichen Anforderungen an Bauteile, Brandwände und nichttragende Außenwände zu den nationalen Feuerwiderstandsklassen nach DIN 4102 sowie den europäischen Klassen nach DIN EN 13501-2.

Klassen DIN 4102		← **Bauaufsichtliche Anforderungen** →	
Bauteile	**nichttragende Außenwände**	**Feuerwiderstandsdauer**	**Zusatzanforderungen der Bauordnungen**
Massivbauweise und Trockenbauweise aus nichtbrennbaren Baustoffen			
F 30-A	W 30 [nb]	**fh**	• aus nb Baustoffen
F 60-A	W 60 [nb]	**hf**	• aus nb Baustoffen
F 60-A + [M]		**WaBW** **hf**	Wand anstelle einer Brandwand • unter zusätzlicher mechanischer Belastung hf • aus nb Baustoffen
F 90-A	W 90 [nb]	**fb**	• aus nb Baustoffen
Brandwand F 90-A + [M]		**BW**	Brandwand • unter zusätzlicher mechanischer Belastung fb • aus nb Baustoffen
Massivbauweise und Trockenbauweise mit wesentlichen Teilen aus nichtbrennbaren Baustoffen			
F 30-AB	W 30 [wnb]	**fh**	• tragende und aussteifende Teile aus nb Baustoffen • bei raumabschließenden Bauteilen zusätzlich eine in Bauteilebene durchgehende Schicht aus nb Baustoffen
F 60-AB	W 60 [wnb]	**hf**	• tragende und aussteifende Teile aus nb Baustoffen • bei raumabschließenden Bauteilen zusätzlich eine in Bauteilebene durchgehende Schicht aus nb Baustoffen
F 60-AB + [M]		**WaBW** **hf**	Wand anstelle einer Brandwand • unter zusätzlicher mechanischer Belastung hf • tragende und aussteifende Teile aus nb Baustoffen • eine in Bauteilebene durchgehende Schicht aus nb Baustoffen
F 90-AB	W 90 [wnb]	**fb**	• tragende und aussteifende Teile aus nb Baustoffen • bei raumabschließenden Bauteilen zusätzlich eine in Bauteilebene durchgehende Schicht aus nb Baustoffen

Tabelle 26-6: Fortsetzung

Klassen DIN EN 13501-2			
tragende Bauteile		**nichttragende Bauteile**[3)]	
ohne Raumabschluss[1)]	mit Raumabschluss[2)]	mit Raumabschluss[2)]	
		Innenwände	**Außenwände**
Seite 229, Bilder 3-1 und 3-2			
R 30 [nb]	REI 30 [nb]	EI 30 [nb]	E 30 (i→o) und EI 30 (i←o) [nb]
R 60 [nb]	REI 60 [nb]	EI 60 [nb]	E 60 (i→o) und EI 60 (i←o) [nb]
–	REI 60-M [nb]	EI 60-M [nb]	
R 90 [nb]	REI 90 [nb]	EI 90 [nb]	E 90 (i→o) und EI 90 (i←o) [nb]
–	REI 90-M [nb]	EI 90-M [nb]	
Seite 229, Bild 3-1 und 3-2			
R 30 [nb]	REI 30 [wnb]	EI 30 [wnb]	E 30 (i→o) und EI 30 (i←o) [wnb]
R 60 [nb]	REI 60 [wnb]	EI 60 [wnb]	E 60 (i→o) und EI 60 (i←o) [wnb]
–	REI 60-M [wnb]	EI 60-M [wnb]	
R 90 [nb]	REI 90 [wnb]	EI 90 [wnb]	E 90 (i→o) und EI 90 (i←o) [wnb]

5

Tabelle 26-6: Fortsetzung

Klassen DIN 4102		← Bauaufsichtliche Anforderungen →	
Bauteile	**nichttragende Außenwände**	**Feuerwiderstandsdauer**	**Zusatzanforderungen der Bauordnungen**
Feuerhemmende Trockenbauweise mit brennbarem Tragwerk (Ständern) und Holztafelbauweise und Massivholzbauweise nach MHolzBauRL			
F 30-B	W 30 4)	**fh**	
F 30-B [bnb]	W 30 [bnb]	**fh**	• aus brennbaren Baustoffen mit einer Bekleidung aus nb Baustoffen in ausreichender Dicke
Mit Klassen nach DIN 4102 nicht möglich.		**hf**	• tragende und aussteifende Teile aus brennbaren Baustoffen • allseitige brandschutztechnisch wirksame Bekleidung (Brandschutzbekleidung) aus nb Baustoffen • Dämmstoffe aus nb Baustoffen
Mit Klassen nach DIN 4102 nicht möglich.		**WaBW** **hf**	(Wand anstelle einer Brandwand) • unter zusätzlicher mechanischer Belastung hf • tragende und aussteifende Teile aus brennbaren Baustoffen • allseitig eine brandschutztechnisch wirksame Bekleidung aus nb Baustoffen (Brandschutzbekleidung) • Dämmstoffe aus nb Baustoffen

Tabelle 26-6: Fortsetzung

Klassen DIN EN 13501-2			
tragende Bauteile		**nichttragende Bauteile** 3)	
ohne Raumabschluss 1)	mit Raumabschluss 2)	mit Raumabschluss 2)	
		Innenwände	**Außenwände**
Seite 230, Bild 3-3			
R 30 E - d2	REI 30 E - d2	EI 30 E - d2	E 30 (i→o) und EI 30-ef (i←o) E - d2 4)
R 30 [bnb]	REI 30 [bnb]	EI 30 [bnb]	E 30 (i→o) und EI 30-ef (i←o) [bnb] 4)
R 60 [HolzR]	REI 60 [HolzR]	EI 60 [HolzR]	EI 60 [HolzR] 4)
–	REI 60-M [HolzR]	EI 60-M [HolzR]	EI 60-M [HolzR] 4)
R 90 [HolzR]	REI 90 [HolzR]	EI 90 [HolzR]	EI 90 [HolzR] 4)

5

Tabelle 26-6: Fortsetzung

Klassen DIN 4102	← Bauaufsichtliche Anforderungen →		
Bauteile	**nichttragende Außenwände**	**Feuerwiderstandsdauer**	**Zusatzanforderungen der Bauordnungen**
Gebäudeabschlusswände (F 30-B) + (F 90-B) nach DIN 4201-4/10.5.8 – Seite 220, Bild 3-3			
Gebäudeabschlusswand (F 30-B) + (F 90-B) nach DIN 4102/10.5.8		**WaBW F 30 - F 90**	F 30 - F 90 Gebäudeabschlusswand an Stelle einer Brandwand • von innen nach außen Feuerwiderstandsfähigkeit des Tragwerks, mindestens jedoch von fh-Bauteilen • von außen nach innen Feuerwiderstandsfähigkeit von fb Bauteilen

1) Für die mit reaktiven Brandschutzsystemen beschichteten Stahlbauteile ist die Angabe IncSlow gemäß DIN EN 13501-2:2010-02 in der Leistungserklärung zusätzlich zu nennen.

2) Obere und seitliche An- und Abschlüsse so, dass die bauaufsichtlichen Schutzziele eingehalten werden (gemäß LBOs).

3) Bei nichttragenden Bauteilen gehören die Bauteile, die deren Standsicherheit bewirken (z.B. Rahmenkonstruktionen von nichttragenden Wänden) zu den „wesentlichen Bauteilen" und damit zu den „tragenden Bauteilen" auf die sich die Anforderungen an das Brandverhalten der Bauprodukte (Baustoffe) der LBOs beziehen. Aussteifung entsprechend der jeweiligen Klasse.

Tabelle 26-6: Fortsetzung

Klassen DIN EN 13501-2			
tragende Bauteile		**nichttragende Bauteile**[3]	
ohne Raumabschluss[1]	mit Raumabschluss[2]	mit Raumabschluss[2]	
		Innenwände	**Außenwände**
–	REI 30 (i→o) - REI 90 (i←o) [5]	EI 30 (i→o) - EI 90 (i←o) [5]	

4) Bei Gebäuden der GK 4 und 5 Anforderungen an die Oberflächen von Außenwänden sowie Außenwandbekleidungen beachten.

5) Plus Anforderungen an das Brandverhalten der Baustoffe

Tabelle 26-7: Legende zu Tabelle 26-6

Kurzzeichen	Kriterium	Anwendungsbereich, Erläuterung
Klassen und Kurzzeichen auf nationaler Ebene		
fh	feuerhemmend	Verbale bauaufsichtliche Anforderungen = „Begriffsbestimmungen" für das Brandverhalten von Bauteilen
hf	hochfeuerhemmend	
fb	feuerbeständig	
nb	nichtbrennbar	Verbale bauaufsichtliche Anforderungen = „Begriffsbestimmungen" für das Brandverhalten von Baustoffen
se	schwerentflammbar	
ne	normalentflammbar	
BW	Brandwand	
WaBW	Wand anstelle einer Brandwand	anstelle von BW in GK 1 - 4
BBW	Bauart einer Brandwand	Treppenraumwand bei GK 5
M	Unter zusätzlicher mechanischer Belastung	WaBW und Treppenraumwand bei GK 4
GA	Gebäudeabschlusswand	
MHolzBauRL	Nationale Ausführungsregeln für brandschutztechnische Anforderungen an Bauteile und Außenwandbekleidungen in Holzbauweise.	
Klassen und Kurzzeichen auf europäischer Ebene		
R	Résistance (Tragfähigkeit)	Beschreibung der Feuerwiderstandsfähigkeit auf europäischer Ebene.
E	Etanchéité (Raumabschluss)	
I	Isolation (Wärmedämmung unter Brandeinwirkung)	
M	Mechanical (mechanische Einwirkung auf Wände = Stoßbeanspruchung)	Erfüllt die Anforderung: „**auch unter zusätzlicher mechanischer Belastung**"
(i→o), (i←o)	inside → outside, inside ← outside	Richtung der klassifizierten Feuerwiderstandsdauer
E - d2	Baustoffklasse E (normal entflammbar)	Brandverhalten von Bauprodukten (Baustoffen). Klassen + weitere Informationen siehe Tabellen 26-1 und -2.
A2 - s1, d0	Baustoffklasse A2 – s1, d0 (nichtbrennbar)	

Tabelle 26-7: Fortsetzung

Zusatzanforderungen – Abkürzung	Für das Brandverhalten des Bauteils mindestens geeignete Klassen bzw. Zusatzanforderungen	Erläuterung
Wichtig: Bei den nachfolgend in [. . .] stehenden Abkürzungen handelt es sich nicht um genormte oder offizielle Abkürzungen, sondern um ein Abkürzungssystem zur Verknüpfung der europäischen Bauteilklassen mit den zusätzlichen Anforderungen der LBOs, das im Brandschutzatlas zur besseren Handhabbarkeit und Lesbarkeit verwendet wird. Bei jeder Verwendung dieser Abkürzungen ist es wichtig, dass dazu immer auch die genaue Legende mit angegeben wird.		
[bb]	• **E-d2**	= **b**renn**b**ar Gemäß den LBOs können auch noch weitere Anforderungen bestehen (z.B. Bekleidung nichtbrennbar).
[nb]	• **A2 – s1, d0***)	= **n**icht**b**rennbar
[wnb]	• Tragwerk: **A2 –s1, d0***) • Bei raumabschließenden Bauteilen (Klassen EI und E): Zusätzlich eine in Bauteilebene durchgehende • Schicht: **A2 –s1, d0***) • im Übrigen: **E - d2**	= **w**esentlich **n**icht**b**rennbar Entspricht der Anforderung der DIN 4102-2: ***„. . . und in den wesentlichen Teilen aus nichtbrennbaren Baustoffen."***
[HolzR]	• Tragwerk: **E - d2** • Bauteile, die **hochfeuerhemmend** sein müssen, sowie **abweichend hochfeuerhemmende** und **abweichend feuerbeständige** Bauteile im Sinne von § 26 Abs. 2 Satz 4 MBO • Ausführung nach MHolzBauRL	Anwendungsbereich und zusätzliche Anforderungen sowie Ausführungsregeln nach MHolzBauRL Siehe hierzu Erläuterungen auf den Seite 227 bis 231.
[bwB]	• **b**randschutztechnisch **w**irksame **B**ekleidung	nach MHolzBauRL Abschnitt 3.4 und 4.2
[bnb]	• Bekleidung: **A2 –s1, d0** in ausreichender Dicke *), **) • im Übrigen: **E - d2**	= **b**ekleidung **n**icht**b**rennbar in ausreichender Dicke
[M]	• unter zusätzlicher mechanischer Belastung	Gleich mit der Klasse M nach DIN EN 13502-2

*) erforderlich: Anforderungen an das Glimmverhalten

**) für bestimmte Bauteile, z.B. Wände von notwendigen Fluren und Treppenräumen bestehen nach den LBOs Anforderungen an eine nichtbrennbare Bekleidung in ausreichender Dicke. Außerdem können nach MHolzBauRL weitergehende Anforderungen bestehen [HolzR]

5

Tabelle 26-8: Zuordnung der bauaufsichtlichen Anforderungen an Abschlüsse zu den nationalen und europäischen Klassen

Klassen nach DIN 4102-5 bzw. Anforderung [2]	Bauaufsichtliche Anforderung		Klassen nach DIN EN 13501-2 bzw. DIN EN 16034*)	
	Benennung	Abkürzung	Türen	Tore, Klappen
T 30-D	feuerhemmend, dicht- und selbstschließend	fh+D+S	EI$_2$30-S$_a$C5	EI$_2$30-S$_a$C2
T 30-RS	feuerhemmend, rauchdicht u. selbstschließend	fh+RD+S	EI$_2$30-S200C5	EI$_2$30-S$_{200}$C2
T 60-D	hochfeuerhemmend, dicht- u. selbstschließend	hf+D+S	EI$_2$60-SaC5	EI$_2$60-S$_a$C2
T 60-RS	hochfeuerhemmend, rauchdicht und selbstschließend	hf+RD+S	EI$_2$60-S200C5	EI$_2$60-S$_{200}$C2
T 90-D	feuerbeständig, dicht- und selbstschließend	fb+D+S	EI$_2$90-SaC5	EI$_2$90-S$_a$C2
T 90-RS	feuerbeständig, rauchdicht und selbstschließend	fb+RD+S	EI$_2$90-S200C5	EI$_2$90-S$_{200}$C2
RS	rauchdicht und selbstschließend	RD+S	S$_{200}$C5	S$_{200}$C2
dicht- und selbstschließend	dicht- und selbstschließend	D+S	S$_a$C5 [1]	S$_a$C2 [1]
dicht- und selbstschließend mit vollwandigem Türblatt	vollwandig, dicht- und selbstschließend	V+D+S	S$_a$C5 [V] [1]	S$_a$C2 [V] [1]
dichtschließend	dichtschließend	D	[D] [1]	[D] [1]

*) Die mindestens erforderlichen Leistungen müssen für beide Seiten des Abschlusses erklärt sein.

1) Zu dichtschließenden Türen und dicht- und selbstschließenden Abschlüssen siehe MVV TB Anhang 4, Punkte 5.4 und 5.5. Außerdem können gemäß den jeweiligen landesspezifisch eingeführten VV TBs bzw. TBs bezüglich der Umsetzung der Anforderung „dicht" auch andere Regelungen bestehen.

2) **Wichtig:** Es ist zu beachten, dass in zunehmendem Maße Bauprodukte mit nationalen Klassen nicht mehr in den Verkehr gebracht werden dürfen (z.B. bestimmte Feuer- und Rauchschutzabschlüsse).

Klima- und Verformungsklassen von Feuer- und/oder Rauchschutzabschlüssen in Außenwänden von baulichen Anlagen, ausgenommen Förderanlagenabschlüssen

Es gelten die Anforderungen nach vorstehender Tabelle 26-8. Für die Außenanwendung müssen zusätzlich das Differenzklima nach EN 14351-1:2006+A2:2016 (In Deutschland umgesetzt durch DIN EN 14351-1:2016-12) und die Verformungsklassen nach EN 12219:1999 (in Deutschland umgesetzt durch DIN EN 12219:2000-06) nachgewiesen sein. Zur Erfüllung der bauaufsichtlichen Anforderungen sind mindestens die Klassen 2(d) und 2(e) erforderlich.

Tabelle 26-9: Legende zu Tabelle 26-8

Kurzzeichen	Kriterium	Anwendungsbereich, Erläuterung
Klassen und Kurzzeichen auf nationaler Ebene		
T 30, T 60, T 90	Feuerwiderstandsklasse von Feuerschutzabschlüssen (30, 60, 90 Minuten)	
RS	Rauchschutzabschluss nach DIN 18095	
S	Selbstschließend	
D	Dichtschließend	
V	Vollwandig	
N	Nichtabsperrbar	
FSA	Feststellanlage	
PS	Panikschloss	
Klassen und Kurzzeichen auf europäischer Ebene		
EI_2	Étanchéité + Isolation	Raumabschluss und Wärmedämmung unter Brandeinwirkung
S_a S_{200}	Smoke	**Begrenzung der Rauchdurchlässigkeit** (Dichtheit, Leckrate) S_a: erfüllt die Anforderungen bei Umgebungstemperatur S_{200}: erfüllt die Anforderungen sowohl bei Umgebungstemperatur als auch bei 200°C
C…	Closing	Selbstschließende Eigenschaft (ggf. mit Anzahl der Lastspiele) einschließlich Dauerfunktion. **Dauerfunktionsprüfung:** **Klasse 5 (C5 = 200.000 Zyklen):** für Feuerschutz-/Rauchschutztüren (Drehflügelabschlüsse), Schlupftüren in Toren sowie Bauprodukte nach EN 13241:2003 + A2:2016, die gemäß MVV TB Abschnitt A 2.1.6 als Türen gelten] **Mind. Klasse 2 (C2 = 10.000 Zyklen):** für sonstige Feuerschutz-/Rauchschutzabschlüsse (z. B. Klappen, Tore)

Tabelle 26-10: Zuordnung der bauaufsichtlichen Anforderungen an Kabel- und Rohrabschottungen, Lüftungsanlagen, Installationskanäle und -schächte und Brandschutzverglasungen zu den Feuerwiderstandsklassen auf nationaler Ebene nach DIN 4102-6, -8, -9 und MLüAR sowie auf europäischer Ebene nach DIN EN 13501-2 und -3.

Klassen auf nationaler Ebene	Bauaufsichtliche Anforderung	Klassen auf europäischer Ebene	Bemerkungen bzw. Zusatzanforderungen
		Kabelabschottungen	
DIN 4102-9	**Bauaufsichtliche Benennung**	**DIN EN 13501-2**[1)]	**Brandverhalten** mind. geeignete Klasse nach DIN EN 13501-1
S 30	fh	EI 30	E
S 60	hf	EI 60	
S 90	fb	EI 90	
		Rohrabschottungen	
DIN 4102-11[2)]	**Bauaufsichtliche Benennung**	**DIN EN 13501-2**[1)]	**Brandverhalten** mind. geeignete Klasse nach DIN EN 13501-1
R 30	fh	EI 30-U/U*), EI 30-C/U**)	E
R 60	hf	EI 60-U/U*), EI 60-C/U**)	
R 90	fb	EI 90-U/U*), EI 90-C/U**)	

1) Die Zuordnung zu den europäischen Klassen nach DIN 13501-2 erfolgt nur informativ, da diese in der MVV TB (2023/1) derzeit nicht vorgesehen ist.

2) Die Klassifizierung ist nur zulässig, wenn bei der Brandprüfung von:
   a) Vorkehrungen für Durchführungen von brennbaren Rohren oder Rohren mit einem Schmelzpunkt < 1000 °C die Rohrenden innerhalb und außerhalb des Prüfofens offen ausgeführt sind. Sind die Vorkehrungen ausschließlich für Trinkwasser-, Heiz- und Kälteleitungen mit Durchmessern ≤ 110 mm vorgesehen, darf das Rohr wahlweise außerhalb des Prüfofens geschlossen sein.
   b) Vorkehrungen für Durchführungen von nichtbrennbaren Rohren mit einem Schmelzpunkt ≥ 1000 °C (Ausführung der Rohrleitung ohne Anschlüsse von brennbaren Rohren) die Rohrenden in der Brandprüfung innerhalb des Prüfofens geschlossen und außerhalb offen ausgeführt sind (wahlweise beidseitig offen).

*) Zur Abschottung von brennbaren Rohren oder Rohren mit einem Schmelzpunkt < 1000 °C; für Trinkwasser-, Heiz- und Kälteleitungen mit Durchmessern ≤ 110 mm ist auch die Klasse EI ...-U/C zulässig.

**) Zur Abschottung von Rohrleitungen aus nichtbrennbaren Rohren mit einem Schmelzpunkt ≥ 1000 °C, Ausführung der Rohrleitung ohne Anschlüsse von brennbaren Rohren.

Tabelle 26-10: Fortsetzung

Klassen auf nationaler Ebene		Bauaufsichtliche Anforderung	Klassen auf europäischer Ebene	Bemerkungen bzw. Zusatzanforderungen
Lüftungsleitungen				
DIN 4102-6 und DIN V 4102-21	**Baustoffklasse DIN 4102-1**	**Bauaufsichtliche Benennung**	**DIN EN 13501-3**	**Brandverhalten** DIN EN 13501-1
L 30	A2 abweichend gemäß MVV TB A 2.2.1.11, Abschn. 3.2: B1	fh	EI 30 ($v_e h_o$ i$\longleftrightarrow$o)S	A2-s1, d0 abweichend gemäß MVV TB A 2.2.1.11, Abschn. 3.2: C-s2, d2
L 60	A2	hf	EI 60 ($v_e h_o$ i$\longleftrightarrow$o)S	A2-s1, d0
L 90	A2	fb	EI 90 ($v_e h_o$ i$\longleftrightarrow$o)S	A2-s1, d0
Brandschutzklappen in Unterdecken nach Verwendbarkeitsnachweis				
DIN 4102-6*)		**Bauaufsichtliche Benennung**		*) und zusätzliche Bezeichnung für Unterdecke gemäß Verwendbarkeitsnachweis
K 30 U		fh		
K 60 U		hf		
K 90 U		fb		
Brandschutzklappen in Ab- oder Fortluftleitungen von gewerblichen Küchen nach Verwendbarkeitsnachweis				
DIN 4102-6		**Bauaufsichtliche Benennung**		
K 30		fh		
K 60		hf		
K 90		fb		

Tabelle 26-10: Fortsetzung

Klassen auf nationaler Ebene	Bauaufsichtliche Anforderung	Klassen auf europäischer Ebene	Bemerkungen bzw. Zusatzanforderungen
Absperrvorrichtungen gemäß MLüAR, Abschnitt 7.2			
MLüAR Abschnitt 7.2	**Bauaufsichtliche Benennung**		
K 30-18017, K 30-18017-S	fh		
K 60-18017, K 60-18017-S	hf		
K 90-18017, K 90-18017-S	fb		
Brandschutzklappen nach DIN EN 15650			
	Bauaufsichtliche Benennung		
	fh	EI 30 ($v_e h_o$ i←→o)-S	
	hf	EI 60 ($v_e h_o$ i←→o)-S	
	fb	EI 90 ($v_e h_o$ i←→o)-S	

Klassen auf nationaler Ebene	Bauaufsichtliche Anforderung	Klassen auf europäischer Ebene *)	Bemerkungen bzw. Zusatzanforderungen
Installationskanäle und-schächte, einschließlich der Abschlüsse ihrer Öffnungen			
DIN 4102-11	**Bauaufsichtliche Benennung**	**DIN EN 13501-2**	**Brandverhalten** mind. geeignete Klasse nach DIN EN 13501-1
I 30	fh und nb	EI 30 ($v_e h_o$ i↔o)	A2-s1,d0
I 60	hf und nb	EI 60 ($v_e h_o$ i↔o)	für im Brandfall aufschäumende Baustoffe gilt: E-d2
I 90	fb und nb	EI 90 ($v_e h_o$ i↔o)	

*) Bauprodukte für Installationskanäle aus werkseitig vorgefertigten Formstücken und Zubehörteilen nach EAD 350003-01-1109. Es gelten die Verwendungs- und Ausführungsbestimmungen von MVV TB Anhang 4 Abschnitt 8.3.

Tabelle 26-10: Fortsetzung

Klassen auf nationaler Ebene	Bauaufsichtliche Anforderung	Klassen auf europäischer Ebene *)	Bemerkungen bzw. Zusatzanforderungen
Brandschutzverglasungen, die die Anforderungen fh, hf und fb erfüllen			
DIN 4102-13	**Bauaufsichtliche Benennung**	**DIN EN 13501-2**	
F 30	fh	EI 30	
F 60	hf	EI 60	
F 90	fb	EI 90	
Brandschutzverglasungen, die nur Anforderungen an den Raumabschluss erfüllen			
DIN 4102-13	**Bauaufsichtliche Benennung**	**DIN EN 13501-2**	
G 30 **)	fh	E 30 **)	
G 60 **)	hf	E 60 **)	
G 90 **)	fb	E 90 **)	

*) Brandschutzverglasungen nach ETAG 003 oder EAD 210005-00-0505 siehe MVV TB Anhang 4 Abschnitt 9.2 und 9.3.

**) Erfüllen nicht die bauaufsichtlichen Anforderungen fh, hf und fb, sondern nur Anforderungen an den Raumabschluss. Sie können deshalb nur im Rahmen einer Abweichung (oder Erleichterung) eingesetzt werden, wenn keine Bedenken wegen der Strahlungswärme bestehen.

Tabelle 26-11: Legende zu Tabelle 26-10

Kurzzeichen	Kriterium	Anwendungsbereich, Erläuterung
Klassen und Kurzzeichen auf nationaler Ebene		
S 30, S 60, S 90	Klassen von Kabelabschottungen nach DIN 4102-9	
R 30, R 60, R 90	Klassen von Rohrabschottungen und Rohrummantelungen nach DIN 4102-11	
L 30, L 60, L 90	Klassen von Lüftungsleitungen nach DIN 4102-6	
K 30 U, K 60 U, K 90 U	Klassen von Brandschutzklappen in Unterdecken nach Verwendbarkeitsnachweis (DIN 4102-6)	
K 30-DIN 18017 K 60-DIN 18017 K 90-DIN 18017	Absperrvorrichtungen gemäß MLüAR, Abschnitt 7.2	
K 30, K 60, K 90	Klassen von Brandschutzklappen nach DIN 4102-6	
F 30, F 60, F 90	Klassen von Bauteilen (z. B. Wänden und Decken) nach DIN 4102-2	
G 30, G 60, G 90	Klassen von G-Brandschutzverglasungen (Sonderbauteilen). Begrenzen den Raumabschluss. Erfüllen nicht die bauaufsichtlichen Anforderungen fh, hf und fb.	
Klassen und Kurzzeichen auf europäischer Ebene		
E (Étanchéité)	Raumabschluss	
I (Isolation)	Wärmedämmung (unter Brandeinwirkung)	
S (Smoke)	Rauchdichtheit (Begrenzung der Rauchdurchlässigkeit)	Entrauchungsleitungen, Entrauchungsklappen, Lüftungsleitungen, Brandschutzklappen
i↔o (in - out)	Richtung der klassifizierten Feuerwiderstandsdauer	Nichttragende Außenwände, Installationsschächte/-kanäle, Lüftungsleitungen/ Brandschutzklappen; Entrauchungsklappen
v_e, h_o (vertical, horizontal)	für vertikalen/horizontalen Einbau klassifiziert	Lüftungsleitungen, Brandschutzklappen, Entrauchungsleitungen
U/U (uncapped/ uncapped)	Rohrende offen innerhalb des Prüfofens / Rohrende offen außerhalb des Prüfofens	Rohrabschottungen
C/U (capped/ uncapped)	Rohrende geschlossen innerhalb des Prüfofens / Rohrende offen außerhalb des Prüfofens	Rohrabschottungen
U/C (uncapped/ capped)	Rohrende offen innerhalb des Prüfofens / Rohrende geschlossen außerhalb des Prüfofens	Rohrabschottungen

27 Übersicht über häufig verwendete Abkürzungen

Tabelle 27-1: Erläuterung von häufig verwendeten Abkürzungen

Abkürzung	Erläuterung
→ Atlas	Angabe der Fundstelle im Brandschutzatlas. Dort werden die Punkte ausführlich und mit zahlreichen Skizzen erläutert.
Abkürzungen, Kurzzeichen und Erläuterungen von	• Baustoffen Tabelle → 26-2 • Bauteilen, Brandwänden und Außenwänden → Tabelle 26-4 • Türen → Tabelle 26-6 • Kabel- und Rohrabschottungen, Lüftungsanlagen, Installationskanäle und -schächte und Brandschutzverglasungen → Tabelle 26-8
[...]	Bei den in [...] stehenden Abkürzungen handelt es sich nicht um genormte oder offizielle Abkürzungen, sondern um ein Abkürzungssystem zur Verknüpfung der europäischen Bauteilklassen mit den zusätzlichen Anforderungen der LBOs, das im Brandschutzatlas zur besseren Handhabbarkeit und Lesbarkeit verwendet wird.
[nb] 1)	nichtbrennbar (vollständig aus nichtbrennbaren Baustoffen)
[wnb] 1)	in den wesentlichen Teilen nichtbrennbar. Gleiche Anforderungen wie -AB
[bwB] 1)	brandschutztechnisch wirksame Bekleidung (nach MHolzBauRL Abschnitt 4.2)
[bnb] 1)	Bekleidung nichtbrennbar. Wände und Decken aus brennbaren Baustoffen mit einer Bekleidung aus nb Baustoffen in ausreichender Dicke
[M]	unter zusätzlicher mechanischer Belastung
HolzR	Es bestehen umfangreiche zusätzliche Anforderungen nach der MHolzBauRL. Diese sind zusätzlich zur jeweiligen Klasse zu beachten. Übersicht und weitere Erläuterungen siehe Punkt 3.2 mit den Abbildungen 3-3 und 3-4 sowie die Tabellen 26-6 und 26-7

1) Erläuterungen siehe Tabelle 26-7

Tabelle 27-1: Fortsetzung

Abkürzung	Erläuterung
fb, hf, fh	fb = feuerbeständig, hf = hochfeuerhemmend, fh = feuerhemmend
nb, se, ne	nb = nichtbrennbar, se = schwerentflammbar, ne = normalentflammbar
A1, A2, B1, B2, B3	Baustoffklassen auf nationaler Ebene nach DIN 4102-1
F 30, F 60, F 90	Feuerwiderstandsklassen auf nationaler Ebene nach DIN 4102-2
W 90, T 90, L 90, K 90, I 90, R 90, G 90, E 90	Feuerwiderstandsklassen von Sonderbauteilen auf nationaler Ebene nach DIN 4102
BW, BA, GA	BW = Brandwand, BA = Brandabschnitt, GA = Gebäudeabschlusswand
BBW	BBW = Bauart einer Brandwand (in der Regel Treppenraumwand bei GK 5)
WaBW	Wand anstelle einer Brandwand (Wand, die nach der LBO bei Gebäuden der GK 1 bis 4 anstelle einer Brandwand zulässig ist)
-A	und aus nichtbrennbaren Baustoffen
-AB	und in den wesentlichen Teilen aus nichtbrennbaren Baustoffen. Zu den wesentlichen Teilen gehören • Bei tragenden Bauteilen alle tragenden oder aussteifenden Bauteile. • Bei nichttragenden Bauteilen auch die Bauteile, die deren Standsicherheit bewirken (z. B. Rahmenkonstruktionen von nichttragenden Wänden) • Bei raumabschließenden Bauteilen (Bauteilen mit raumabschließender Funktion) eine in Bauteilebene durchgehende Schicht aus nichtbrennbaren Baustoffen
-B	und aus brennbaren Baustoffen (ohne besondere Anforderung an die Baustoffklasse)
R, E, I, M	Siehe Tabelle 26-7
ABP	Allgemeines bauaufsichtliches Prüfzeugnis einer anerkannten Materialprüfanstalt
ABZ	Allgemeine bauaufsichtliche Zulassung des DIBt
ABG	Allgemeine Bauartgenehmigung des DIBt

Tabelle 27-1: Fortsetzung

Abkürzung	Erläuterung
VBG	Vorhabenbezogene Bauartgenehmigung
ZiE	Zustimmung im Einzelfall
ÜH	Übereinstimmungserklärung des Herstellers
ÜHP	Übereinstimmungserklärung des Herstellers nach vorheriger Prüfung des Bauprodukts durch eine anerkannte Prüfstelle
ÜA	Übereinstimmungserklärung des Anwenders
ÜZ	Übereinstimmungszertifikat durch eine anerkannte Zertifizierungs-stelle
RW	Rettungsweg
GK	Gebäudeklasse
NE, AR, Whg.	Nutzungseinheit, Aufenthaltsraum, Wohnung
KG, EG, OG, DG	Kellergeschoss, Erdgeschoss, Obergeschoss, Geschoss im Dachraum
NT, NTR	Notwendige Treppe, Notwendiger Treppenraum
MVV TB	Muster-Verwaltungsvorschrift Technische Baubestimmungen (herausgegeben vom DIBt)
MHolzBauRL	Muster-Richtlinie über brandschutztechnische Anforderungen an Bauteile und Außenwandbekleidungen in Holzbauweise
Zuordnungsregel	Anhang 4 der MVV TB: „Bauaufsichtliche Anforderungen, Zuordnung der Klassen, Verwendung von Bauprodukten, Anwendung von Bau-arten". Außerdem enthält Anhang 14 der MVV TB Zuordnungsregeln für Bauprodukte der Technischen Gebäudeausrüstung.

Inhalt des Brandschutznachweises

Die Dokumentation des Brandschutzes im Rahmen von Bauanträgen ist in den Bundesländern sehr unterschiedlich geregelt. Manche Landesbauordnungen verlangen überhaupt keine Dokumentation und überlassen es den einzelnen Bauaufsichtsbehörden zu einzelnen Sachfragen Gutachten zu beauflagen. Viele Landesbauordnungen schreiben für Sonderbauten Brandschutzkonzepte vor, in denen der Brandschutz dieser Bauvorhaben erläutert wird. Hier existieren in einigen Bundesländern spezifische Checklisten oder es wird auf die vfdb-Richtlinie 01-01 zurückgegriffen.

Aktuell folgen mehrere Bundesländer dem System der Musterbauordnung bzw. der Muster-Bauvorlagenverordnung. Hier wird für jedes Bauvorhaben ein Brandschutznachweis vorgeschrieben. Dieser ist anhand der Pläne und wenn erforderlich in einen eigenen schriftlichen Teil zu führen. Brandschutznachweis bedeutet einen Abgleich zwischen den einschlägigen materiell-rechtlichen Anforderungen und der geplanten Ausführung. Hierzu ist in § 11 Muster-Bauvorlagenverordnung eine Liste aufgeführt, welche Punkte, im Rahmen des Brandschutznachweises abgearbeitet werden müssen.

In der Praxis hat es sich bewährt, anhand dieser Liste das betroffene Bauvorhaben abzuarbeiten. Ergibt es sich, dass Anforderungen nicht eingehalten werden können oder sollen, führt dies in der Regel zu Abweichungen, die schriftlich bei der Bauaufsichtsbehörde (in manchen Bundesländern auch beim Prüfingenieur oder Prüfsachverständigen für Brandschutz) einzureichen und zu begründen sind. Dabei ist deren Unbedenklichkeit, ggf. unter Einbeziehung von Ersatzmaßnahmen zu begründen.

Insbesondere bei Sonderbauten ohne bauaufsichtlich eingeführte Sonderbauvorschrift kann der Brandschutznachweis auch gesondert in Form eines objektbezogenen Brandschutzkonzeptes dargestellt werden.

Nachfolgend werden die Inhalte des § 11 Muster-Bauvorlagenverordnung als Checkliste wiedergegeben:

Checkliste nach § 11 Muster-Bauvorlagenverordnung

Das Bauvorhaben ist eingestuft in die **Gebäudeklasse**			
Das Bauvorhaben ist ein **Sonderbau** ja / nein			
	Anforderung mit gültiger Rechtsgrundlage	**Geplante Ausführung**	**Anforderung erreicht? Ja / Nein**
Baustoffklassen • Brandverhalten der Baustoffe			
Feuerwiderstandsfähigkeit (Feuerwiderstandsklasse) von Bauteilen mit Anforderungen an den Brandschutz • Brandwände (oder Wände anstelle von • Brandwänden) • Decken • Trennwände • Unterdecken • Installationsschächte und -kanäle • Lüftungsanlagen • Feuerschutzabschlüsse			
Bauteile mit Anforderungen an den Brandschutz mit Lage und ggf. Bemessung • Rauchschutztüren • Öffnungen zur Rauchableitung • Fenster zur Belüftung von Treppenräumen			

Erforderliche Zahl von • Nutzungseinheiten • Brandabschnitte • Rauchabschnitte **Aus Gründen des Brandschutzes erforderliche Abstände** • innerhalb des Gebäudes • außerhalb des Gebäudes		
Rettungswege (notwendige Treppenräume, notwendige Flure, mit Rettungsgeräten der Feuerwehr erreichbare Stellen einschließlich der Fenster, die als Rettungswege aus einer Nutzungseinheit dienen, unter Angabe der lichten Maße und Brüstungshöhen usw.) • erster Rettungsweg • zweiter Rettungsweg		
Flächen für die Feuerwehr • Zu- und Durchgänge • Zu- und Durchfahrten • Bewegungsflächen • Aufstellflächen für Hubrettungsfahrzeuge		
Löschwasser • Löschwasserversorgung		
Bei Sonderbauten, Mittel- und Großgaragen müssen, soweit es für die Beurteilung erforderlich ist, zusätzlich Angaben gemacht werden insbesondere über:		
Brandschutzrelevante Einzelheiten der Nutzung, insbesondere • Anzahl und Art der die bauliche Anlage nutzenden Personen • Explosions- oder erhöhte Brandgefahren • Brandlasten • Gefahrstoffe • Risikoanalysen		

Zusätzliche Angaben zu Rettungswegen

- Rettungswegbreiten
- Rettungswegelängen
- Einzelheiten der Rettungswegführung und -ausbildung
- Sicherheitsbeleuchtung und -kennzeichnung

Technische Anlagen und Einrichtungen zum Brandschutz, wie

- Branderkennung
- Brandmeldung
- Alarmierung
- Brandbekämpfung
- Rauchableitung
- Rauchfreihaltung

Notstrom

- Sicherheitsstromversorgung

Zusätzliche Angaben zum Löschwasser

- Bemessung der Löschwasserversorgung
- Einrichtungen zur Löschwasserentnahme
- Löschwasserrückhaltung

Betriebliche und organisatorische Maßnahmen zur

- Brandverhütung
- Brandbekämpfung
- Rettung von Menschen und Tieren wie
- Feuerwehrplan
- Brandschutzordnung
- Werkfeuerwehr

Bestellung von

- Brandschutzbeauftragten
- Selbsthilfekräften